JN116255

建設現場の
安全クイズ

建設労務安全研究会　編

労働新聞社

はじめに

建設業を取り巻く環境は年々変化しており、働き方改革・建設従事者の高齢化・担い手の確保・ノウハウの伝承など多くの課題があり、現場における安全の確保にも大きな影響を及ぼしています。

建設業における労働災害は、長期的には減少傾向にあり、死亡災害・死傷災害ともに下げ止まりの状況にあるようにみえますが、死亡者数は令和２年に過去最少を記録したものの、その後、増加に転じてしまっています。

労働災害を防止するために各団体、各企業において様々な取組みを行っていますが、安全衛生教育の充実が重要との認識は共通しており、特に若手の技術者は、以前と比べ現場へ出る時間が減っており、現物や技能者と接する機会が減っているとの声を度々聞きます。

このため今般、本書を発行するにあたり、若手技術者の教育・勉強を主眼におき安全一般から代表的な工種に関する法・ポイントをクイズ形式でまとめました。

また、統括管理の観点から職長・安全衛生責任者の責務も知っておく必要があるので、最終章を職長・安全衛生責任者の章として掲載しています。

若手技術者の使用を主眼においていますが勿論、ベテラン技術者も知識の再確認に活用できるものとなっています。

社内外での教育・勉強に幅広く活用され、安全衛生の向上に役立て、少しでも労働災害の減少に寄与することを願っております。

令和５年 10 月

建設労務安全研究会　理事長　細谷　浩昭

目　次

第1章　一　般

建設現場で実施する安全施工サイクル活動についての次の①～⑤の記述のうち、正しいものには○、誤っているものには×をつけなさい。

① 安全施工サイクル活動は、毎日・毎週・毎月ごとに安全衛生管理上の実施事項を定型化して組み入れることによって施工と安全衛生管理の一体化を図り、工程どおりに高品質かつ無事故・無災害で工事を完成させることを目的としており、お互いの挨拶や声掛けなどのコミュニケーション活動は含まれない。

② 安全施工サイクル活動とは、関係請負人（関係協力会社）の自主的で積極的な安全衛生活動を習慣化し、安全衛生の先取りを創意工夫して、職種間の協力関係や責任の明確化を図ることである。

③ 安全衛生協議会（災害防止協議会）は月１回以上、労働安全衛生法第30条に基づき特定元方事業者（元請会社）が設置し、すべての関係請負人が参加した中から選出された事業者を議長として定期的に運営する。

④ 作業や行事等が月単位・週単位の実施で、毎日の打合せには参加しない職種や納入業者・委託業者は、安全工程打合せや点検、一斉片付けなどの活動に参加する必要はない。

⑤ 毎日の安全施工サイクル活動の一般的な実施事項は、次のとおりである。

安全朝礼　→　安全ミーティング（KY活動）　→　作業開始前点検　→　安全巡視　→　作業中の指導・監督　→　安全工程打合せ・作業安全指示　→　作業場の後片付け　→　退場

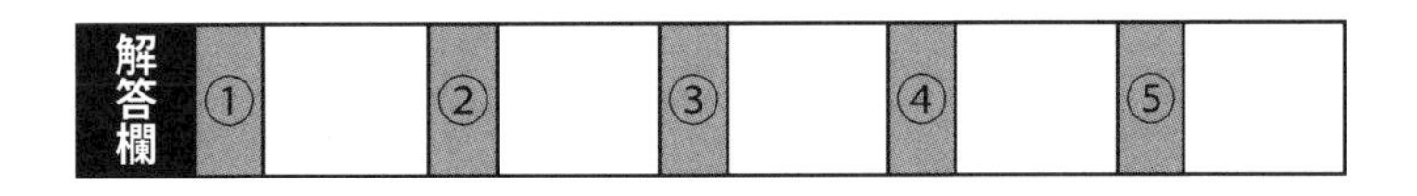

解答欄	①		②		③		④		⑤	

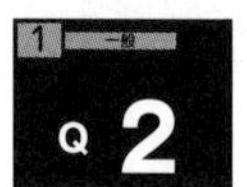

建設現場の安全衛生管理体制において選任するべき責任者等についての次の記述の空欄①～⑤に適当な言葉をア～キより選びなさい。

1．同一の場所で元方事業者・協力会社合わせて常時50人以上（ずい道等の建設・圧気・一定の橋梁架設工事の場合は30人以上）の労働者が混在して作業を行う建設現場においては［①］を選任し、特定元方事業者の講ずべき統括管理および［②］の指揮等を行う。

2．［①］を選任した建設工事において［②］は［①］の指揮に基づき特定元方事業者の講ずべき措置に関する技術的事項の管理を行う。なお、［①］を選任するべき常時労働者数未満の建設工事のうちずい道等の建設・圧気・一定の橋梁架設・鉄骨または鉄骨鉄筋コンクリート造の建築工事において労働者の数が常時20人以上で［①］および［②］を選任しない場合には［③］を選任し、［③］は法令等の定める職務を行う。

3．［①］を選任すべき建設工事において仕事を行う協力業者（関係請負人）は［④］を選任し、［④］は法令等の定める職務を行う。なお、［⑤］は建設業種で作業する労働者を直接指揮または監督する者であり、法令の定める職務は［④］と異なるので、建設現場において［④］と［⑤］を同一人物で選任する場合、その者は、［④］と［⑤］両方の職務を行う。

ア	元方安全衛生管理者	イ	店社安全衛生管理者	ウ	統括安全衛生責任者
エ	発注者	オ	下請負人	カ	安全衛生責任者
キ	職長				

解答欄	①		②		③		④		⑤	

建設現場において選任するべき作業主任者についての次の①～⑤の記述のうち、正しいものには○、誤っているものには×をつけなさい。

---

① 労働安全衛生法第14条では、危険性または有害性の高い一定の作業については免許または技能講習修了者の内から作業主任者を選任し、労働災害防止のための管理を行わせることとされている。その際、作業主任者は工事の元方事業者から選任されるならば、その作業の1次以降各関係請負人からの選任は不要である。

② 作業主任者は、労働者の直接指揮や安全帯等の保護具の使用状況を監視する必要があるので、その実施が可能な作業場所を単位として選任する。

③ 作業主任者の職務の詳細は、法令等の定める当該作業に係る作業主任者特有の職務の他、基本的には次の事項である。
- 作業の方法および労働者の配置の決定と作業の直接指揮
- 器具および工具の点検と不良品の除去
- 要求性能墜落製紙用器具等の保護具の使用状況の監視

④ 同一の作業を同一の場所で行う場合で、作業主任者を2人以上選任した時は、作業主任者の職務分担を定めなければならない。

⑤ 作業主任者を選任したときは、その氏名および行わせる事項を作業場の見やすい個所に掲示する等により労働者に周知する。なお、「見やすい個所に掲示する等」の「等」には、「氏名」については作業主任者が腕章をつける、特別の帽子を着用する等の措置が含まれる。

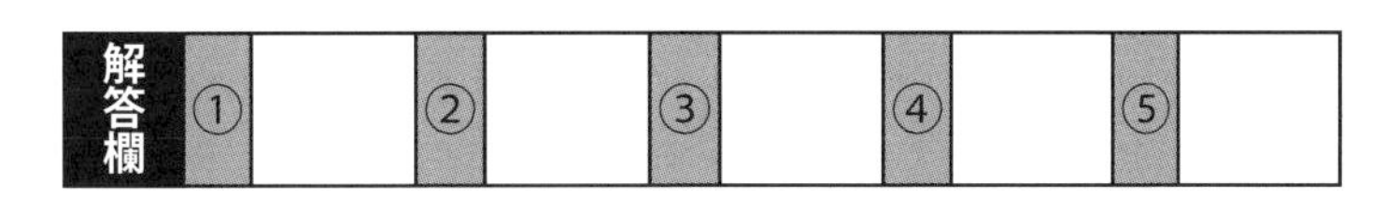

解答欄	①		②		③		④		⑤	

建設現場の混在作業の連絡調整と実施事項の決定についての次の記述の空欄①～⑤に適当な言葉をア～キより選びなさい。

1．安全衛生の連絡を行う災害防止 [①] には、事業者自社が担当する作業の内容、作業を行う場所、および関連他業者が行う作業の種類、進行予定、問題点を把握して出席する。

混在作業となる場合や、クレーン等の機械類について共用の必要のある場合には、個々の作業においてそれぞれ実施すべき災害防止措置を申し入れ、協議を行い、実施事項を相互に確認する。災害防止 [①] において決定された事項、あるいは関係者への連絡事項は、出席した関係請負人、安全衛生責任者が、その日の内に現場において、作業を指揮する者や関係請負人および関係請負人の労働者に伝達する。

特定元方事業者が作成する工事・安全衛生管理計画表（案）の [②] に基づいて、当月の作業計画を立て作業過程の進行に応じて危険予測を行い、具体的な対策を実行するため、特定元方事業者工事事務所と協議して実施事項を決定する。

2．安全衛生責任者は、毎日一定の時間に行われる安全工程打合せに出席して、関係者（元方事業者担当者および他職の [③] 全員）と、全体作業の進行状況や作業実施状況を確認し合い、後工程との関係を見ながら翌日に行う作業を決定し、作業それぞれについて実施方法と安全対策を打合わせる。

＜打合せ会で検討する事項＞

- 作業の進捗状況の確認と予定作業の決定
- 混在作業による危険の防止
- 共用機械類使用の調整
- 使用時間、作業内容、作業方法等の確認と調整
- 作業の責任者、誘導者、合図者、運転者
- 玉掛者等の有資格者の配置
- 共用設備使用の調整
- 使用時間、作業内容、作業方法の確認と調整
- 点検整備の実施
- ［　④　］区域の周知
- 関係者以外の［　⑤　］区域の確認と措置の確認
- 関係業者、特に新規入場業者への周知
- 酸欠空気、有害ガス等の測定、換気方法、保護具の使用、合図等の確認

ア	立入禁止	イ	職長	ウ	月間工程
エ	危険	オ	委員会	カ	協議会
キ	安全衛生責任者				

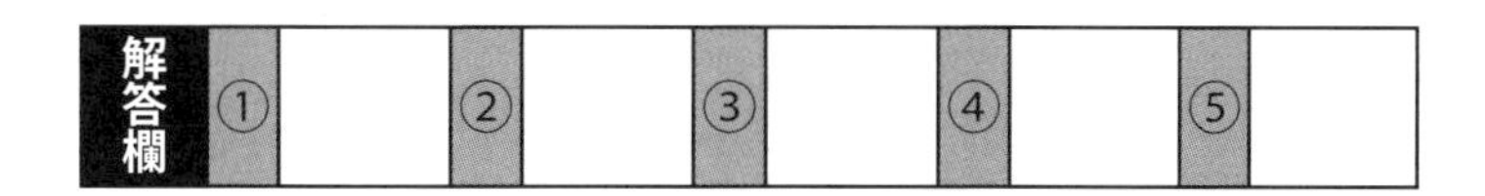

建設現場における労働災害発生の芽（リスク）を事前に摘み取るリスクアセスメントの次の記述の空欄①～⑤に適当な言葉をア～キより選びなさい。

1．リスクアセスメントの実施手順

手順1＜危険性または ［　①　］ の特定＞「この作業のリスクは何か」

すべての作業工程を対象に、発生のおそれがある「第三者災害・労働災害・健康障害（不安）」を抽出する。

手順2＜危険性または ［　①　］ ごとのリスクの見積り＞「不安を数値で表現」

見積もりは、発生のおそれのある負傷・疾病の“ ［　②　］ と発生の ［　④　］ の程度”の両者の組合せで数値化。

手順3＜リスク低減のための ［　③　］ の設定・リスク低減措置内容の検討＞「至急対策が必要なリスクの決定」

リスクの見積による数値で判断

手順4＜リスクの低減措置の実施＞「対策措置の決定！」

1）計画の段階における危険な作業の廃止、変更等

2）インターロック（安全装置、保安装置等）の設置等の工学的対策

3）マニュアルの整備等の管理的対策

4）個人用保護具の使用

…以上の優先順位で検討し、合理的に決定

2．リスクアセスメントにより危険有害要因を特定し、作業手順書に「予想される災害」として組み入れる。

特定した危険有害要因（予想される災害）に対し、その［①］と発生の［④］から算出された［⑤］点をもとにその重要度を［⑤］し、その除去、低減のための実施事項（防止対策）を特定する。

1）［⑤］ … 死亡から不休災害までの災害の大きさにより5段階［⑤］

2）発生［⑤］ … 発生件数・発生頻度、発生の［④］の度合いに基づき5段階［⑤］

3）［⑤］点 … 対策の［③］、［②］×発生［④］で算出する

ア	合理性	イ	緊急性	ウ	評価
エ	有害性	オ	優先度	カ	重篤度
キ	可能性				

解答欄	①		②		③		④		⑤	

建設現場における、作業手順書についての次の①～⑤の記述のうち、正しいものには○、誤っているものには×をつけなさい。

① 法令等で、特定元方事業者に作業計画を定めることや、作業主任者に作業方法を決定することが義務付けられている作業と、また法令の規定以外にも危険性の高い作業については必ず作業手順書を作成しなければならない。

<以下、作業手順書を作成する作業の例>

② 法令等で作業計画の作成が義務付けられ、作業方法等の決定等が求められている次の機械を用いて行う作業、等
- 車両系荷役運搬機械（フォークリフト等）
- 車両系建設機械
- 高所作業車
- 移動式クレーン（車両積載形クレーン含む）

③ 作業主任者、作業指揮者の職務で、作業方法の決定が義務付けられている次の作業、等
- 車両系荷役運搬機械の修理、アタッチメントの装着または取外し
- 一の荷で 100kg 以上のものを不整地運搬車に積卸しする作業
- コンクリートポンプ車の輸送管等の組立てまたは解体の作業
- 型枠支保工の組立てまたは解体の作業

④ 元方事業者が指定した重点危険作業など、法令等の規定にない作業の作業手順書を作成する必要はない。

⑤ 上記の他、例えば次の例示のような法令等の規定にない作業の作業手順書の作成を検討する必要はない。
- 今後も繰り返し行われる作業
- 相当の危険を伴う作業
- 工期等に余裕のない作業

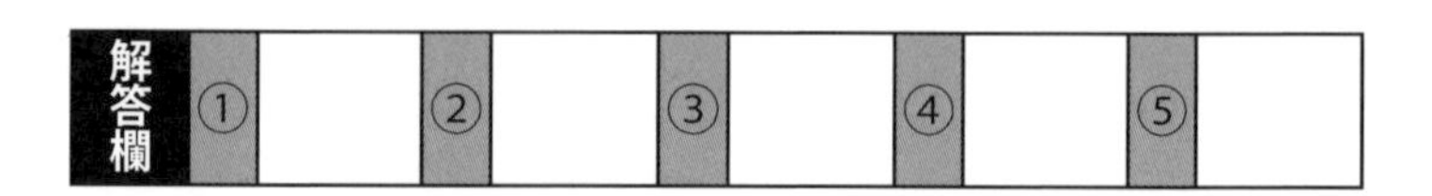

建設現場における、関係請負人の安全巡視についての次の記述の空欄①～⑤に適当な言葉をア～キより選びなさい。

1．［　①　］は、作業場等を巡視し、設備、作業方法等に危険のおそれがあるときは、直ちに、その危険を防止するため必要な措置を講じなければならない。また［　②　］は、作業場等を巡視し、設備、作業方法または衛生状態に有害のおそれがあるときは、直ちに、労働者の健康障害を防止するため必要な措置を講じなければならない。このため、事業者は、［　①　］または［　②　］に対し、安全または衛生に関する措置ができる［　③　］を与えなければならない。

2．事業者より［　③　］を移譲された［　①　］、または［　②　］は、関係する請負建設現場において定期的に［　④　］を実施する。特に、［　⑤　］が安全衛生管理上の責務を果たしているか点検を行う。［　④　］は、再請負業者とともに実施する。

ア	権限	イ	元方安全衛生管理者	ウ	パトロール
エ	統括安全衛生責任者	オ	職長・安全衛生責任者	カ	安全管理者
キ	衛生管理者				

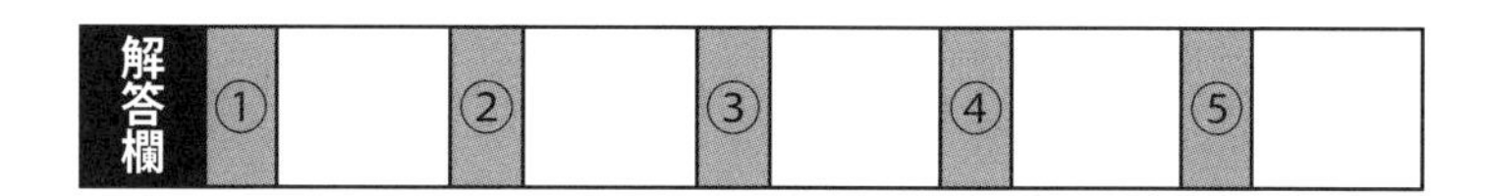

解答欄	①		②		③		④		⑤	

建設現場における、点検および点検項目と点検方法についての次の記述の空欄①～⑤に適当な言葉をア～キより選びなさい。

1．安全衛生管理上の点検は、［ ① ］点検、［ ② ］点検、［ ③ ］点検に大別される。［ ① ］点検は、毎日の［ ① ］に人的項目（保護具・健康・技能・資格・適正配置）、管理的項目（作業内容、作業手順、職種間調整、緊急時の措置）や環境項目（作業場所・有害物・照度・温度・湿度）について実施する。［ ② ］点検は、機械の性能・構造に変化が無いか等を法定期間内にごとに［ ② ］に実施する。また、［ ③ ］点検は、作業終了後（作業場の設備や使用した機械の異常の有無）、暴風雨・地震等の発生後、作業再開後（設備の異常の有無）に実施する。

2．安全衛生点検の実施方法は、次の方法で実施する。

1）対象となる機械などを把握して［ ④ ］する。

2）点検を制度化するために、点検対象（機械名・設備名・使用場所）、点検時期（日常・定期・随時・臨時）、実施者（担当者／監督者／管理職／専門職）点検内容（項目・方法・点検基準・判断基準・事後措置）の項目ごとに実施する。

3）目視／触診／聴覚により設備の配置、取付状況、変形、亀裂、腐食、汚れ、油漏れ、緩み、異常音などの有無を確認する。

4）無負荷運転を行い、機能の良否、稼働（回転）状況、異常振動・異常音の有無を確認する。

3．持込機械については、対象機械毎にそれぞれ点検者を指名し、日常（ ① ）点検および ② 検査等（月例・年次）を法令等に則して確実に実施し、点検記録等、 ⑤ な保守管理を徹底する。

ア	随時	イ	定期	ウ	台帳化
エ	自主的	オ	作業終了時	カ	作業開始前
キ	法定				

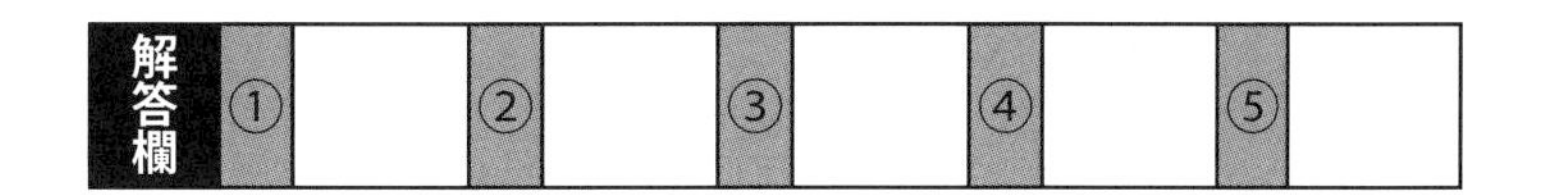

建設現場における、点検に際しての改善・是正・記録等書類管理についての次の記述の空欄①～⑤に適当な言葉をア～キより選びなさい。

1．安全衛生責任者の巡視は、一般的に、次のように実施する。

1）作業のやり方を見守り、作業前の指示や［　①　］活動のとおり全員が正しい作業をしているかチェックをする。

2）作業の進行状況を確認し、本日の出来高の予測を立てる。

3）他工種との混在による危険の有無を確認する。

4）作業箇所が複数ある場合は、危険性の高い作業箇所から優先して巡視する。

5）危険作業を行う場合の立合者として要領書や手順書に基づく実施の確認が重要な責務となる。

2．事業者が自社の安全衛生責任者の巡視状況を点検した際の一般的な確認事項は、下記のとおりである。

1）巡視の結果を作業手順書や［　②　］・安全常会等の安全日誌等に記録しているか。

2）事業主は安全衛生責任者を現場巡視に同行させ、作業手順書どおりの作業が実施されているかを確認し、そのとおりの実施でないか、作業手順書の不備が判明した場合には、安全衛生責任者に速やかに改善（作業手順書の見直し）を行わせる。

3）事業者の店社の会議体（［　③　］等）の審議事項とする。

3．点検の一般的手順は次による。

- 点検担当者には点検項目についての知識・経験のあるものを指名する。
- 点検項目・内容を定めた点検票を作成し、実施する。
- 点検の結果は上司に報告し、指示を受けて、改善すべき状況の是正対策を立てて補修・取替・改造等の［　④　］を講じる。
- 点検結果とその［　④　］については、上司等の関係者に連絡・報告する。

4．関係請負人は自社の持ち込み機械等の「使用届」を「持込時の点検表」を添えて特定元方事業者に提出する。特定元方事業者は構造・性能が適切なこと、機械の定期点検を実施していることを確認して「持込機械［　⑤　］証を交付する。関係事業者は同［　⑤　］証を機械に貼付し、作業開始前点検を実施してから作業を開始する。

ア	安全衛生委員会	イ	是正措置	ウ	リスクアセスメント
エ	届済	オ	安全衛生ミーティング	カ	災害防止協議会
キ	KY				

解答欄	①		②		③		④		⑤	

建設現場における、安全教育・指導の目的についての次の①〜⑤の記述のうち、正しいものには○、誤っているものには×をつけなさい。

① 法令等により、元方事業者は、関係請負人が行う労働者の安全または衛生のための教育について、その教育を行う場所の提供、その教育に使用する資料の提供等の指導および援助をすることとされている。

② 法令等により、事業者は、労働者を雇い入れたときは、雇用の1年以内に労働災害防止のための教育を実施しなくてはならない。

③ 労働者の作業内容を変更したとき、事業者は「雇入れ時の教育」と同様の教育を実施しなくてはならない。

④ 事業者は、危険または有害な業務で法令等に定めるものは、労働者に特別の教育（特別教育）を実施しなければならない。

⑤ 特別教育の必要な業務は、安全衛生特別教育規程（昭47.9.30）の他、クレーン則、ゴンドラ則、高圧則、酸欠則、電離則　粉じん則、石綿則等の法令等に規定されている。

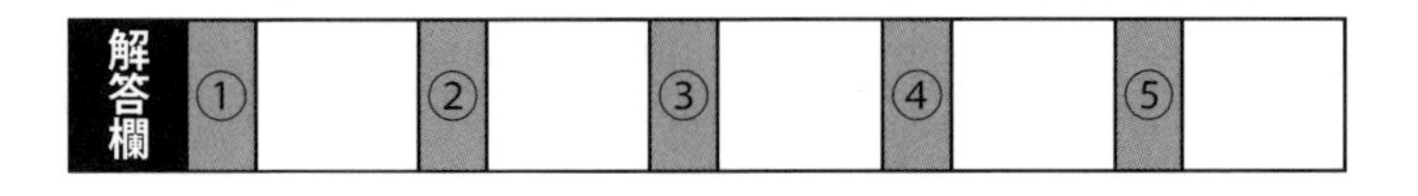

解答欄	①		②		③		④		⑤	

建設現場における、法令等の定める特別教育についての次の記述の空欄①～⑤に適当な言葉をア～キより選びなさい。

1．事業者が実施する法定の安全衛生教育には、［　①　］、作業内容変更時の教育、安全衛生のための特別の教育、職長等への教育、危険・［　②　］に就いている者に対する教育があり、安全教育には、原則として［　③　］がある。なお、特別教育の講師の資格要件は定められていないが、教育科目について十分な［　④　］を有する者でなければならない。また事業者は、特別教育を行ったときは、受講者、科目等の記録を作成して、３年間保存しなければならない。また安全衛生管理の他に諸々の現場概要やルール等も説明する機会として新規入場者教育がある。

2．事業者は、特別教育の科目の全部または一部について十分な知識および技能を有していると認められる労働者については、その科目について省略することができる。この省略が認められる者は、当該業務に関連した［　⑤　］（技能免許または技能講習修了）を有する者、他の事業場においてすでに特別の教育を受けた者、当該業務に関し、職業訓練を受けた者が該当する。

ア	上級の資格	イ	雇入れ時の教育	ウ	知識・経験
エ	実技科目	オ	送り出し教育	カ	有害な業務
キ	学科試験				

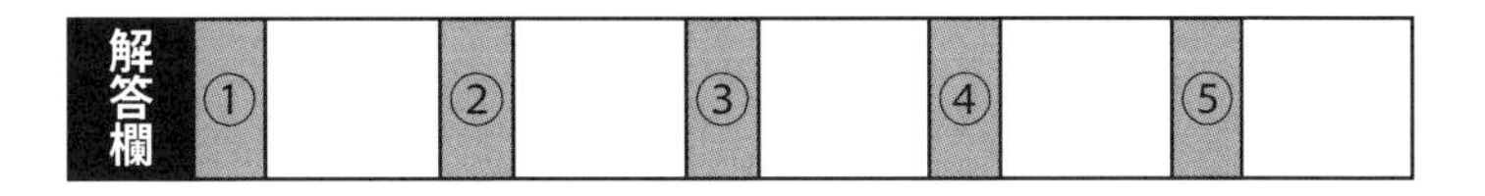

法令等に基づく一般健康診断の次の①～⑤の記述のうち、正しいものには○、誤っているものには×をつけなさい。

<労働安全衛生法第 66 条第 1 項に基づく一般健康診断>

① 雇入時健康診断…常時使用する労働者を雇い入れるときに実施

② 定期健康診断…常時使用する労働者に対し、1 年以内ごとに 3 回、定期に実施

③ 特定業務従事者健康診断

労働安全衛生規則第 13 条第 1 項第 3 号の業務に常時従事する労働者に対し、当該業務に配置換えの際および 1 年以内ごとに 1 回、定期に上記定期健康診断項目について実施

④ 海外派遣労働者の健康診断

1）本邦外の地域に 6 カ月以上派遣のときに、あらかじめ定期健康診断の項目等について実施

2）本邦外の地域に 6 カ月以上派遣した者を本邦の地域内の業務に就かせるときも同様に実施（一時的を除く）

⑤ 給食従業員の検便

事業附属の食堂または炊事場における給食業務従事者に対し、雇入の際、または当該業務への配置換えの際に実施

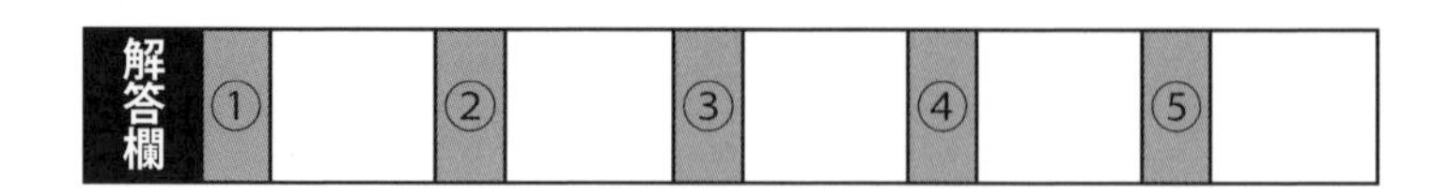

法令等に基づく健康診断実施後の措置についての次の記述の空欄①〜⑤に適当な言葉をア〜キより選びなさい。

健康診断実施後の措置とは、事業者は［ ① ］医等の医師の意見を勘案し、必要があると認めるときは、当該労働者の実情を考慮して、就業場所の変更、作業の転換、労働時間の短縮、［ ② ］の回数の減少等の措置を講ずるほか、［ ③ ］の実施、施設または設備の設置または整備、医師等の意見の衛生委員会等への報告その他の適切な措置を講じることである。

なお、医師等の意見の衛生委員会等への報告に当たっては、個人が特定できないように加工をする等労働者の［ ④ ］に適正な配慮を行うことが必要である。

事業者は、健康診断を実施した場合、健康診断の結果として健康診断個人票を作成し、定められた期間保存しておかなければならない。

また、常時［ ⑤ ］以上の労働者を使用する事業者は、定められた業務従事者の各種健康診断結果を所轄労働基準監督の署長への報告すること（労働安全衛生法第 100 条）とされている。

ア	休日出勤	イ	作業環境測定	ウ	30 人
エ	産業	オ	プライバシー	カ	50 人
キ	深夜業務				

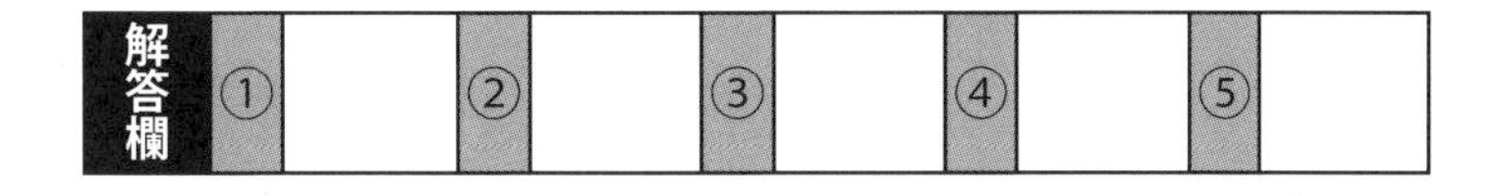

法令等に基づく特殊健康診断についての次の記述の空欄①～⑤に適当な言葉をア～キより選びなさい。

<労働安全衛生法第 66 条第 2 項に基づく特殊健診>

第 2 項に基づく健康診断は、［①］に従事する労働者に対し実施する健康診断であり、一般健康診断に対し、有機溶剤中毒予防規則等の特別規則において規定する特別の項目による健康診断として特殊健康診断と称されている。内容は第 2 項前段と後段に分れるが、後段の健康診断は、遅発性の［②］を目的としている。

なお、下表の 1 ）の対象者には、特殊健康診断と併せて特定業務従事者健康診断の実施が、また 2 ）の対象者には定期健康診断の実施が必要となる。

（建設工事に関係する健康診断）

	対象業務	対象者	実施時期
1 ）	• 高圧室内業務または潜水業務 • 放射線業務 • 除染等業務 • ［③］粉じんを発散する場所における業務 • 屋内作業場等における［④］業務	常時使用する労働者で現に当該業務に従事しているもの	雇入れ時、配置換えの際、［⑤］以内ごとに 1 回、定期に、該当する規則で定める項目について実施
2 ）	• ［③］粉じんを発散する場所における業務	当該業務に従事させたことのある労働者で、現に使用しているもの	［⑤］以内ごとに 1 回、定期に、該当する規則で定める項目について実施

ア	6カ月	イ	健康障害の早期発見	ウ	有害な業務
エ	石綿	オ	有機溶剤	カ	1年
キ	高所作業				

解答欄	①		②		③		④		⑤	

1 一般
Q15

災害が発生したときの措置は、平常時から事故・災害が発生した場合を想定して、あらかじめ予想される災害の種類、程度などに応じて、だれが、だれに、どのように、通報するか、その方法を「緊急時連絡体制」として確立しておくことが必要である。下記に災害発生時の措置の手順を各ステップ毎（ア～オ）に示す。実施手順どおりに並べなさい。

ア　直接の関係者（所属する会社、家族など）に連絡する。

イ　被災者を救出する。

ウ　救急車の派遣を求める。

エ　災害に直結した設備、機械の緊急停止。

オ　災害発生現場の保全に努める。

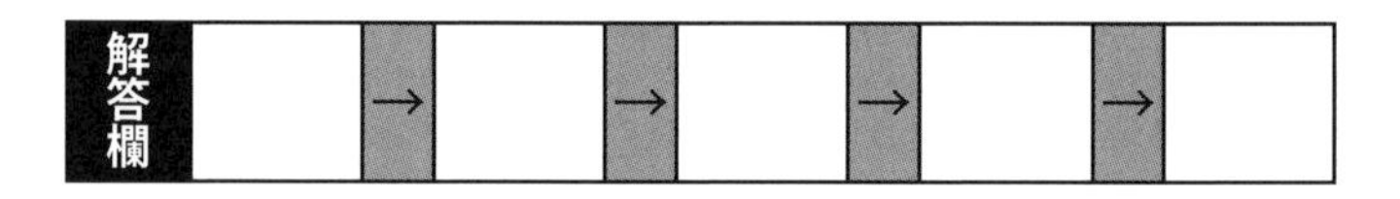

「異常時」または「異常事態」の例を、下記の①～⑥に示す。原因別にア．人的要因、イ．物的要因、ウ．管理的要因にそれぞれ区別しなさい。

① 作業手順を決めていなかった。

② 開口部の手すりの設備がなかった。

③ 危険有害作業の教育が不十分であった。

④ 作業手順を守らなかった。

⑤ 作業に熱中してわからなかった。

⑥ 使用した電動工具に安全カバーがなかった。

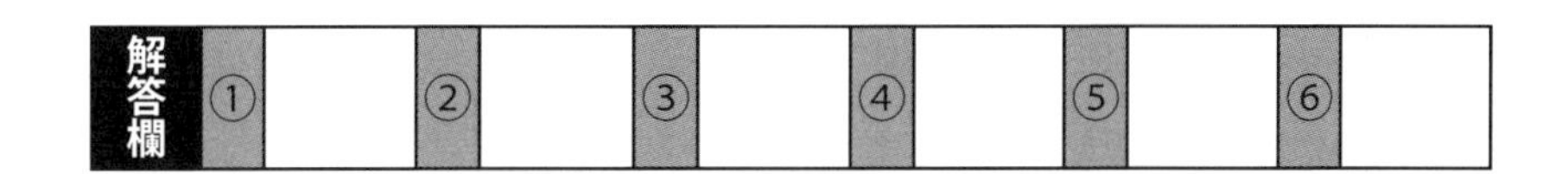

解答欄	①		②		③		④		⑤		⑥	

Q17　環境改善と環境条件の保持には、「整理・整頓・清掃・清潔・しつけ」の５Ｓは、重要な要素となり、また、「安全は５Ｓに始まり５Ｓに終わる」と言われているほど、安全確保の基礎として重要視されている。下記の①～⑤の説明と関係の深いものをア～オより選びなさい。

---

① 整理・整頓・清掃の３Ｓを行い、その清潔な状態を保つことを従業員全員の間でルールとして定め、定着させること。

② 整理・整頓の仕上げの役目を持っている。「汚さない」心がけが必要。

③ 再使用が便利なように、所定の場所に保管を行う機能を持つこと。

④ 生産過程で発生する種々の廃材・残材などによる作業場所の汚染を防止し、環境を保持すること。

⑤ 作業に必要なものと不用なものを分類し、不要なものは一定の場所に集め、廃棄するか必要になるまで保存しておくこと。

ア	整理	イ	整頓	ウ	清潔
エ	清掃	オ	しつけ		

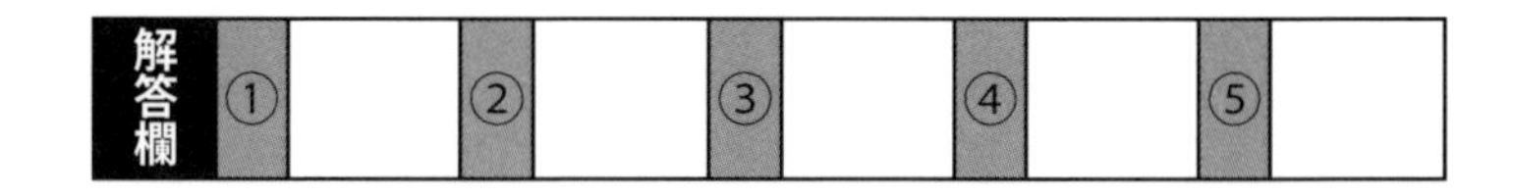

Q18 労働安全衛生規則第 552 条には架設通路に関する規定が定められている。次の設問のうち、架設通路について下線の文言が正しいものには○を、誤っているものには×をつけなさい。

① 丈夫な構造とすること。

② こう配は、30 度以下とすること。ただし、階段を設けたものまたは高さが 2 m未満で丈夫な手掛けを設けたものはこの限りではない。

③ こう配が 30 度を超えるものには、踏さんその他の滑り止めを設けること。

④ 墜落の危険のある箇所には、次に掲げる設備（丈夫な構造の設備であって、たわみが生ずる恐れがなく、かつ、著しい損傷、変形または腐食がないものに限る）を設けること。

- 高さ 75cm 以上の手摺またはこれと同等以上の機能を有する設備
- 高さ 35cm 以上 50cm 以下の桟またはこれと同等以上の機能を有する設備

⑤ たて坑内の架設通路でその長さが 20 m以上であるものは、10 m以内ごとに踊り場を設けること。

⑥ 建設工事に使用する高さ 8 m以上の登り桟橋には、7 m以内ごとに踊り場を設けること。

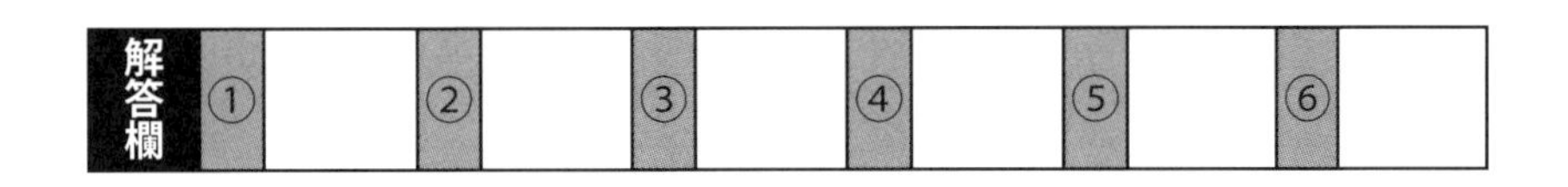

Q19　工事現場内に置いて、危険場所や設備の周知を目的として、安全標識を設置するが、下記の安全標識のイラストが示す内容について①～⑥に正しいものをア～クより選びなさい。

（建災防統一安全標識による）

①

②

③

④

⑤

⑥

ア	感電注意	イ	墜落注意	ウ	足もと注意
エ	立入禁止	オ	頭上注意	カ	開口部注意
キ	酸欠注意	ク	安全帯使用		

解答欄	①		②		③		④		⑤		⑥	

1 一般 Q20 工事現場の仮囲い等には工事の内容等が記載されている看板の設置が義務付けられている。下記①〜④の記述が何の看板について説明しているのか、ア〜エより選びなさい。

---

① 「労働保険の保険料の徴収等に関する法律施行規則」第77条の規定に基づき、労災保険の保険関係が成立している事業のうち建設の事業に係る事業主は、縦25cm以上、横35cm以上のサイズで見やすい場所に掲げなければならないとされています。

② 厳しい要件をクリアして建設業許可を得たことを第三者に証明するものです。これは法律で必ず掲示しなければならないと決められており、自らの信用の高さをアピールできるものとも考えられます。

③ この交付を受けた建築物および工作物の工事に着手するときは、工事現場の見やすい位置に、建築基準法に即していることを示す表示板を掲示する必要があります。

④ 作成された施工体系台帳に基づいて、各下請負人の施工分担関係が一目で分かるようにした図のことです。これを見ることによって、工事に携わる関係者全員が工事における施工分担関係を把握することができます。

ア	建設業許可証明書（確認書）	イ	建築基準法による確認済
ウ	労働災害保険関係成立票	エ	施工体系図

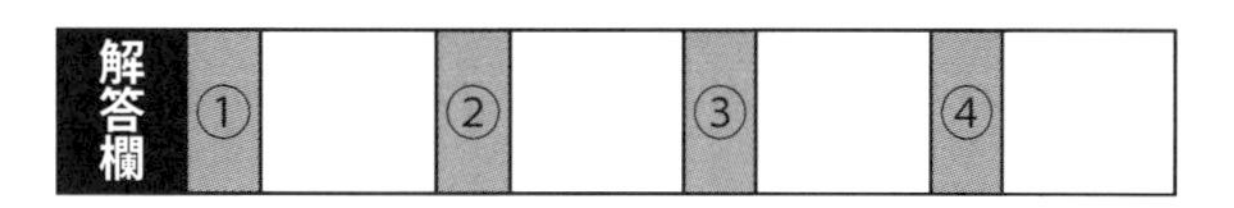

解答欄	①		②		③		④	

1 一般 Q21 厚生労働省では、時間外労働および休日労働を適正なものとすることを目的として、36 協定で定める時間外労働および休日労働について定められております。下記は時間外労働の上限規程について記載したものですが、空欄①～⑥に正しい数値をア～シより選びなさい。

1．時間外労働の上限は、月［　①　］時間・年［　②　］時間となり、臨時的な特別の事業が無ければ、これを超えることはできません。

2．臨時的な特別の事情があって労使が合意する場合でも、年［　③　］時間、複数月平均［　④　］時間以内（休日労働を含む）、月［　⑤　］時間未満（休日労働を含む）を超えることはできません。また、月 45 時間を超えることができるのは、年間［　⑥　］カ月までです。

ア	60	イ	45	ウ	360
エ	420	オ	800	カ	720
キ	90	ク	80	ケ	100
コ	110	サ	12	シ	6

解答欄	①		②		③		④		⑤		⑥	

88条申請（機械等設置届）として、その規模によって監督署へ提出が必要となるが、下記の内、監督署への届出が必要な場合は○を、提出義務がない場合は×をそれぞれ記載しなさい。

---

① 型枠支保工の計画が3.5 mのもの

② 足場（つり足場、張り出し足場以外）の高さが4 mのもの

③ 通路足場の高さおよび長さがそれぞれ9 mの構造のもの

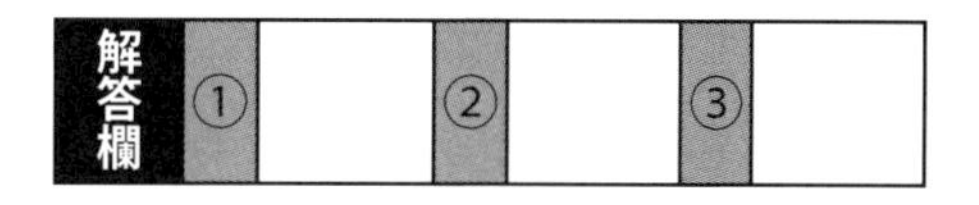

適用事業報告書の説明について文章中の①～④ではそれぞれ正しいものを選びなさい。

適用事業報告と労働者を①（**ア**．雇い入れた時・**イ**．雇入れる前）から労働基準法の適用事業所となります。適用事業報告はその事実を所轄労働基準監督署長に報告するための書類です。

この場合の労働者とは、臨時労働者、季節労働者、パートタイム労働者、アルバイト等は②（**ウ**．含みます・**エ**．含まれません）。また労働者のうち、同居の親族を雇い入れた場合、提出する必要が③（**オ**．あります・**カ**．ありません）。労働者を雇用するようになったら、遅滞なく提出しなければなりませんが、「労働者を雇って事業を開始したのだから労働保険や雇用保険の手続きをすればいいのでは？」と考える場合も多く、この報告書の提出を忘れている会社もかなり多いのが実態のようです。適用事業報告を提出していない場合、④（**キ**．罰則・**ク**．忠告）をもらう可能性がありますが、建設業などの一部の業種を除き、行政官庁もあまり厳しく取り締まっていないのが現状のようです。書類提出を怠っていて重大な労働災害などが起こってしまった場合は、刑事罰の対象となることもありますので忘れずに提出しましょう。

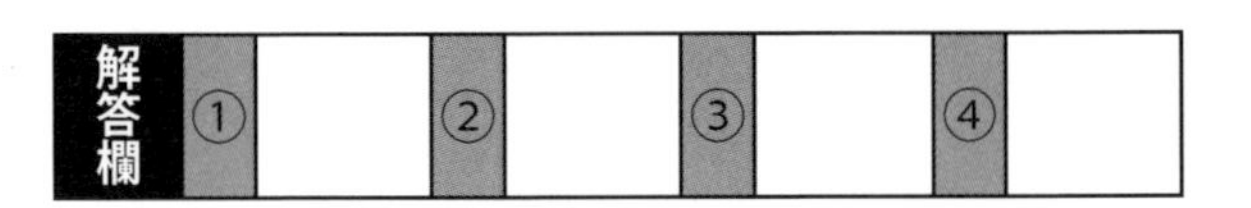

1 一般 Q24 保護帽には『飛来・落下物用』『飛来物・墜落時用』『飛来物・電気用』『飛来物・墜落時・電気用』などの種類がある。墜落時用には、帽体の内側に発泡スチロールが入っており、これが『衝撃吸収ライナー』と呼ばれる物で、頭部に加わる力を和らげるためのものである。衝撃荷重試験の結果によると、ライナーなしで11.8kN、ライナーありで4.7kNで衝撃の違いが大きくあることが結果として出ている。建設現場で使用する保護帽は、作業の用途に合わせて選択する必要があるが、通常は『飛来物・墜落時用』を着装すべきである。下記に保護帽の使用上の注意すべき事項を①～⑤に示す。正しいものは○、間違っているものは×をつけなさい。

---

① 頭によくあったものを使用し、あごひもは必ず正しく締める。

② 一度でも大きな衝撃を受けた保護帽は、外観に損傷がなくても使用しない。

③ 保護帽は改造あるいは加工し、自分なりに使いやすいようにして使用する。

④ 保護帽は、定期的に点検し、すり傷や汚れ等がない場合は、長期間使用することができる。

⑤ 着装体（ハンモック・ヘッドバンド・あごひも、など）は、1年程度で交換する。

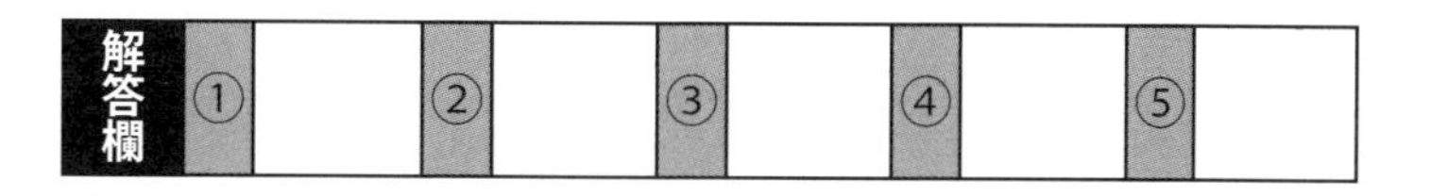

Q25

墜落制止用器具を着装し、万一に備えるためには、使用する墜落制止用器具の各部の点検を行い、常に最適な状態を保たなければならない。墜落制止用器具はフック、ロープ、Ｄ環、ベルトの各部分で構成されており、これらの使用開始前の点検が重要となる。なお、安全帯研究会では、使用開始年月からロープで２年程度、ロープ以外のもので３年程度を交換の目安と指導している。使用頻度が少なく、使用条件が過酷でない場合でも、一般的に５年までと言われている。また、墜落制止用器具は、使用の状態でも大きく効果を減退させることがあるので、正しい使用方法を確実に行うことが重要となる。下記の図はそれぞれの使用方法を示したものである。正しい使用方法の組合せはどれか、ア～エの中から選びなさい。

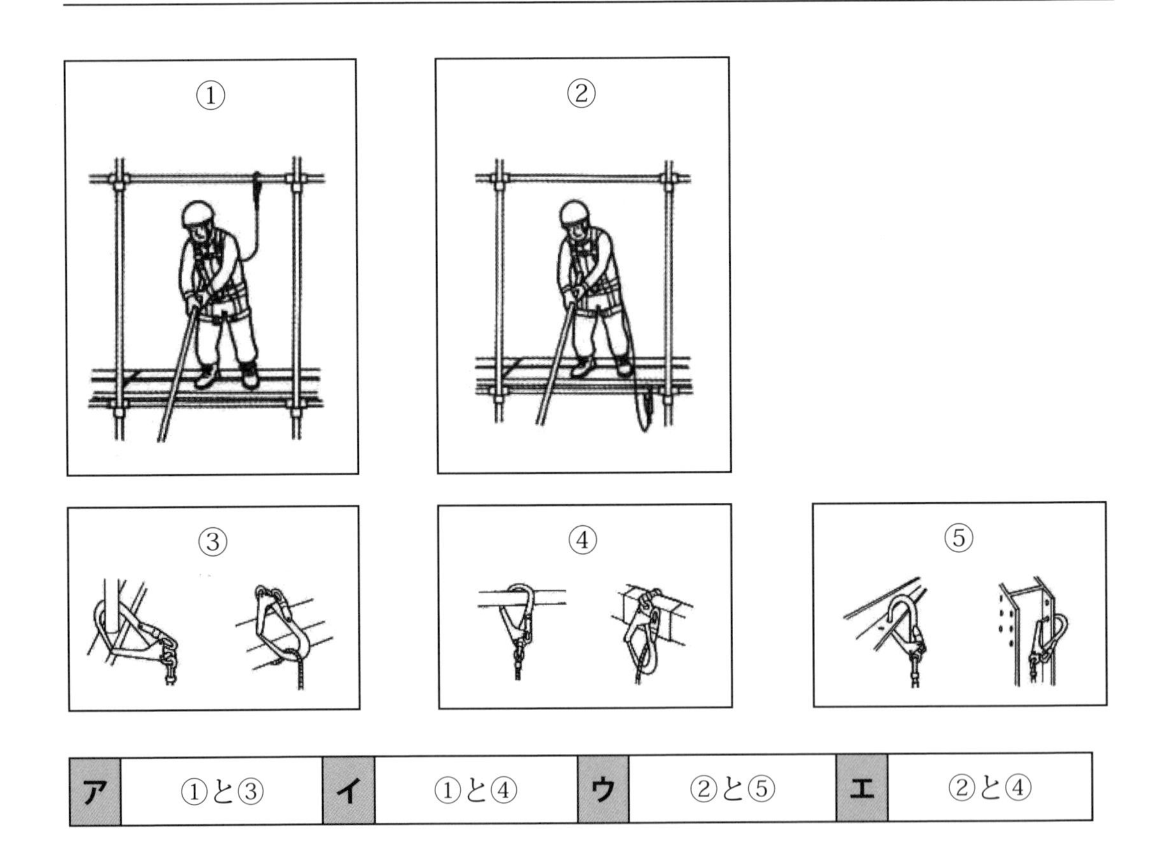

ア	①と③	イ	①と④	ウ	②と⑤	エ	②と④

解答欄

1 一般 Q26

墜落制止用器具は、厚生労働大臣が定める規格に適合したものを使用しなければならない。墜落制止用器具には多くの種類があるが、建設現場用としては、作業床の有無や作業高さなどに合わせてハーネス型、胴ベルト型が使用されている。また、最近の墜落制止用器具の機能には、

A　墜落時に人体の衝撃を緩和するショックアブソーバ付きのもの

B　ロープを巻き取り式にしたもの

C　墜落時にロープの出をロックするもの

D　ハーネスベルト（落下傘式ベルト）式のもの

などの種類を有しているものまたは、これらの機能を組み合わせたものがある。さて、墜落制止用器具の使用は、高さが２ｍ以上で墜落の危険がある場所で作業を行う場合となっているが、この墜落の危険に該当するものには○を、該当しないものには×をつけなさい（いずれも２ｍ以上の場所での作業とする）。

---

①　作業床の幅が 20cm の場所での作業

②　作業床や手摺がある場所での作業

③　手摺があるが身を乗り出してする作業

④　開口部からの資材の搬出入の作業

⑤　こう配が 40 度の法面作業

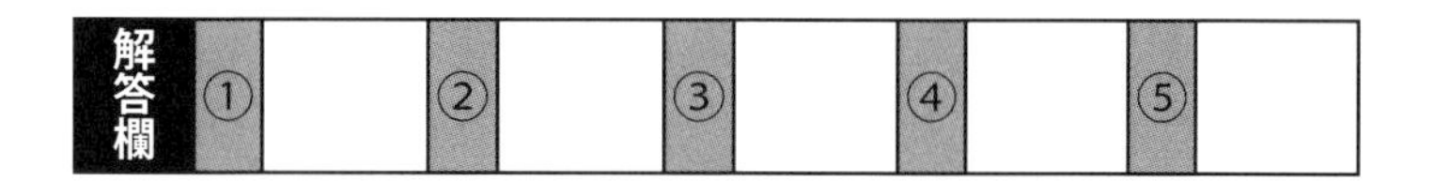

下記に防じんマスクの使用上の留意点をあげたが、正しいものには○を、間違っているものには×をつけなさい。

---

① 有機溶剤などを取り扱う作業にも効果がある。

② 自分の顔にピッタリフィットしていなければ効果がない。

③ タオルなどを口に当てた上からマスクをするとさらに効果が期待できる。

④ ひげ、もみあげ、前髪などが接顔面に入り込むと、マスクが密着しないことがある。

⑤ 使い捨て式（ろ過材と面体が一体となっているもの）は、表示されている使用限度時間に達しても多少余裕があるので、すぐには破棄しなくてもよい。

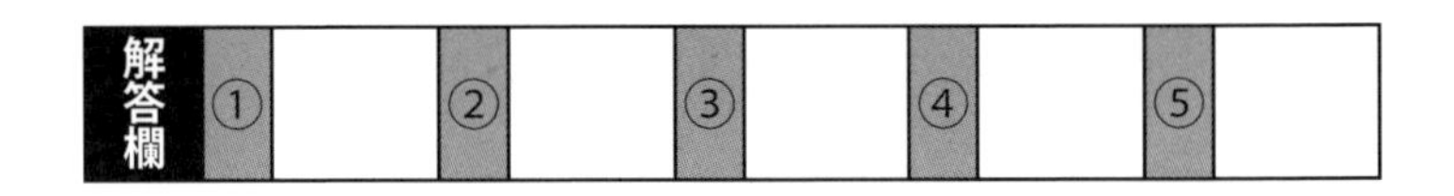

第2章　墜落防止

高さが２ｍ以上の高所からの墜落・転落災害を防止するための措置として、下記にある記述で誤っているのはどれか。

ア　こう配が 40 度以上の斜面は転落防止措置を講じなければならない。

イ　強風、大雨、大雪等の悪天候のため墜落・転落の危険が予想されるときは作業を行わない。

ウ　地上での作業を除き、足場の組立て等の作業に満 18 歳未満の年少者を就労させてはならない。

エ　作業床の設置または墜落制止用器具使用の、いずれかの措置を講じればよい。

解答欄	

建設業における墜落制止用器具の使用について、下記にある記述で正しいものはどれか。

ア フルハーネス型の使用が原則であるが、高さ６m以下では胴ベルト型も使用可能である。

イ ブーム式の高所作業車では、高さに関わらず胴ベルト型を使用すればよい。

ウ 足下にフック等を掛けて作業を行う必要がある場合は、第１種ショックアブソーバを選定しなければならない。

エ 高さが２m以上で作業床を設けることが困難なところにおいてフルハーネス型を使用する作業は、特別教育の対象となる。

解答欄

Q 3

昇降設備、通路について、下記にある①～④で正しいものをア～コより選びなさい。

1．深さ［ ① ］をこえる掘削箇所には、安全に昇降できる設備を設けなければならない。

2．通路面から高さ［ ② ］以内に障害物を置いてはならない。

3．機械や設備の間に設ける通路は、幅［ ③ ］以上のものとしなければならない。

4．移動梯子の幅は［ ④ ］以上としなければならない。

ア	2.5 m	イ	2 m	ウ	1.8 m	エ	1.5 m
オ	1 m	カ	80cm	キ	60cm	ク	50cm
ケ	30cm	コ	20cm				

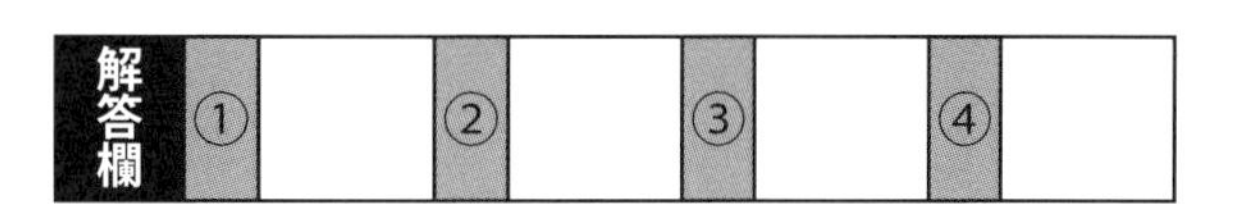

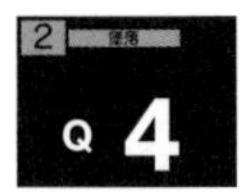

スレート等の屋根上作業の墜落・転落災害を防止するための措置として、下記にある記述で誤っているのはどれか。

ア 作業指揮者を指名して、その者に直接作業を指揮させる。

イ 踏み抜きの恐れがあるときは、防網を張り墜落制止用器具を使用させなければならない。

ウ 墜落制止用器具を使用させるときは、墜落制止用器具およびその取付け設備の異常の有無を随時点検しなければならない。

エ 踏み抜きの恐れがあるときは、幅が25cm以上の歩み板を設置しなければならない。

解答欄	

架設通路について、下記にある記述で誤っているのはどれか。

ア こう配は、30 度以下とすること。ただし階段を設けたものまたは高さが 2 m 未満で丈夫な手掛を設けたものはこの限りでない。

イ こう配が 20 度を超えるものには、踏桟その他の滑止めを設けること。

ウ 架設通路に取り付ける踏桟の間隔に法で定められたものはないが、約 30cm 等間隔に釘止めするのが一般的である。

エ 墜落の危険のある箇所に手すりを設置する場合は高さ 85cm 以上とし、中桟を高さ 35cm 以上 50cm 以下の位置に取り付ける。

解答欄	

2 [illegible]

Q 6

たて坑および登り桟橋の踊り場について、下記の空欄①～④に入るものをア～コより選びなさい。

1．たて坑内の架設通路でその長さが［　①　］以上であるものは、［　②　］以内ごとに踊場を設けること。

2．建設工事に使用する高さ［　③　］以上の登り桟橋には、［　④　］以内ごとに踊り場を設けること。

ア	6 m	イ	7 m	ウ	8 m	エ	9 m
オ	10 m	カ	11 m	キ	12 m	ク	13 m
ケ	14 m	コ	15 m				

解答欄	①		②		③		④	

作業床の端、開口部等の墜落防止について、下記にある記述で誤っているのはどれか。

ア 高さ２m以上の作業床の端、開口部等には囲い、手すり、覆い等を設けなければならない。

イ 囲い等を設けることが困難なときまたは作業の必要上臨時に囲い等を取り外すときは、防網を張り、墜落制止用器具を使用させる等の措置を講じなければならない。

ウ 開口部等の防護設備を取り外して作業を行う場合には、開口部および開口部付近のへの関係者以外の立ち入りを禁止し、かつ、見やすい箇所に「開口部使用中注意」等の表示をしなければならない。

エ 不用のたて坑・坑井・斜坑（50 度以上）は閉塞しなれればならない。

解答欄

2 墜落

Q 8 墜落災害防止のため仮設工業会が“墜落防止設備等に関する技術基準”を作成しているが、開口部他の手すりの使用上の注意点として正しくないものはどれか。

ア 手すりは使用する前または定期に部材および取付部の変形、破損、腐食、ゆるみ等の状態を点検し、異常を認めたときは直ちに補修する。

イ 手すりまたは中桟を踏さんがわりに昇降してはならない。

ウ 必要な強度を満たしていても手すりから墜落制止用器具のランヤードの固定、資材荷揚げのつり元として使用してはならない。

エ 手すりに材料等をたてかけてはならない。

解答欄

鋼製足場についての規定で、下記にある記述で正しいものには○を、誤っているものには×をつけなさい。

① 脚輪を取り付けた移動足場で、足場上作業時に移動足場をすぐに移動させるので脚輪を固定させないで足場上で作業した。

② 枠組足場の組立ては、建枠を組上げるごとに脚柱ジョイント部の抜け止めを確実に行う。

③ くさび式緊結足場で、最上部からの割り付けから、1段目の床付き床板の高さを地上より 2.1 mとした。

④ 足場の構造の高さとは、最上層の手すり等を布材（構造上重要な役割を持つ水平部材）として用いた場合は布材の高さを足場の構造の高さとする。

⑤ コンクリートスラブ上での枠組足場の根がらみの設置は、敷板を並べた上にジャッキ型ベース金具を所定の本数の釘止めしたので脚柱（建地）同士を単管等での連結はしなかった。

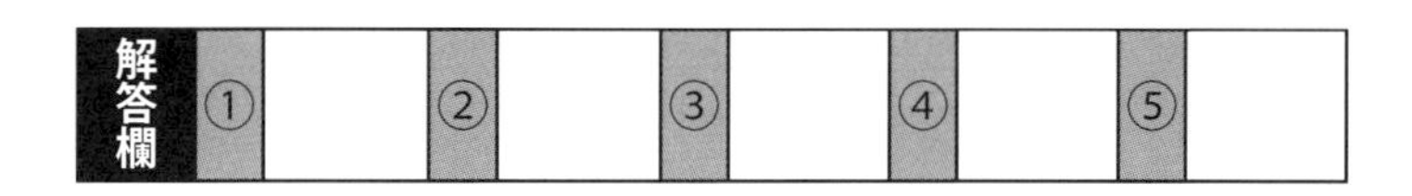

鋼管足場の部材、附属金具についての記述で、正しいものには○を、誤っているものには×をつけなさい。

① 単管足場での壁つなぎの設置間隔は、垂直方向５ｍ、水平方向5.5ｍ以下とする。

② 鉄骨造での足場の壁つなぎ設置で外壁施工の前なので専用の壁つなぎ金物を使用せず、単管とキャッチ（鉄骨用）クランプで下記のように設置して、計算上の許容支持力は4.41kNとした。

③ くさび緊結式足場の壁つなぎは、支柱と横架材の交点付近に設置した。

④ 枠組足場に３スパン開口の梁枠を設けた時、建物との通路確保のため筋交いを外して開口隣接スパンに渡り通路を設置した。

⑤ 枠組足場で床付き布板を使用した場合でも、水平剛性確保のために最上階および５層以内ごとに単管＋クランプで水平材を設置しなければならない。

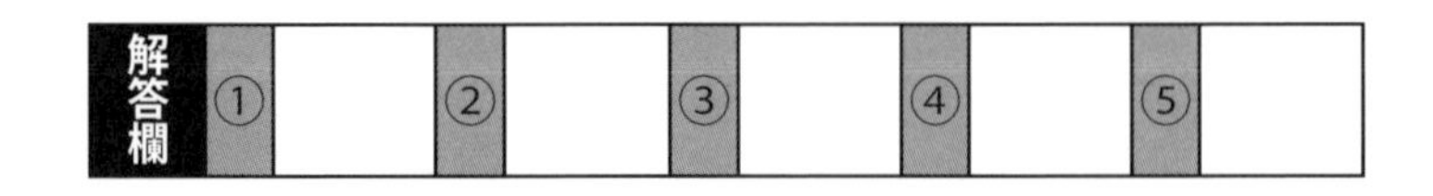

解答欄	①		②		③		④		⑤	

Q11 鋼管足場（単管足場・枠組足場）にあって、労働安全衛生規則の規定について、下記の文書の空欄①～⑤に適当なものをア～ケより選んで入れなさい。

1. 単管足場の建地の間隔は桁行方向を 1.85 m、梁間方向を ［①］ 以下とすること。

2. 単管足場の地上第 1 布の高さは ［②］ 以下の位置とし、建地間の積載荷重は ［③］ 以下とすること。

3. 高さ 20 m以上の枠組足場の場合、使用する主枠の高さは ［②］ 以下、主枠間の間隔は ［④］ 以下とすること。

4. 枠組足場の壁つなぎの間隔は垂直方向 9 m、水平方向を ［⑤］ 以下にすること。

ア	1.8 m	イ	1.85 m	ウ	2.1 m	エ	370kg
オ	2.0 m	カ	400kg	キ	1.5 m	ク	7.2 m
ケ	8.0 m						

解答欄	①		②		③		④		⑤	

鋼管足場（単管足場・枠組足場）において、下記の記述で、空欄①～⑤に適当なものをア～ケより選んで入れなさい。

1．くさび緊結式足場とは、「くさび緊結式足場の部材および付属金具」の認定基準に適合し、認定を受けた部材を使用し、組立てられる足場をいう。

- ビル工事用くさび緊結式足場

  くさび緊結式足場のうち、ビル工事等の建築、補修および解体工事等に使用されるもので、高さ［　①　］（建地補強含む）以下で使用する本足場

- 住宅工事用くさび緊結式足場

  くさび緊結式足場のうち、軒の高さ［　②　］未満の木造家屋等低層住宅の建築、補修および解体工事等に使用される足場

2．枠組足場において、手すり枠を交さ筋かいに代えて使用するときは、労働安全衛生規則の足場の規定のほか、以下の定めによること。

- 床付き布枠を［　③　］に用けること。
- 枠組足場の一部に梁枠を使用するときは、梁枠の上部（梁枠の端の上部含む）の［　④　］以内には手すり枠を用いないこと。
- 枠組足場の壁つなぎの間隔は垂直方向９m、水平方向［　⑤　］以下とすること。

ア	45 m	イ	15 m	ウ	10 m
エ	２段毎	オ	50 m	カ	各層各スパン
キ	２層	ク	３層	ケ	８m

解答欄	①		②		③		④		⑤	

2 墜落

Q13 労働安全衛生法第16条・労働安全衛生規則第565条において、つり足場、張出足場または高さが5m以上の足場の組立、解体、変更の作業（ゴンドラのつり足場は除く）における作業主任者の選任が明記されているが、次のうち作業主任者の職務に含まれていないものはどれか。

ア 材料の欠点の有無を点検し、不良品を取り除くこと。

イ 器具、工具、要求性能墜落制止用器具および保護帽の機能を点検し、不良品を取り除くこと。

ウ 作業員の健康状態を監視し、異常があるときは作業に従事させないこと。

エ 要求性能墜落制止用器具および保護帽の使用状況を監視すること。

解答欄

Q14 労働安全衛生規則第 655 条に、労働者に足場を使用させるときは、最大積載量を定め、かつ、これを足場の見やすい場所に表示することとあります。最大積載量を定めるのは、次のうち誰か。

ア 事業主（足場を使用する専門工事業者）

イ 足場組立者

ウ 注文者（元方事業者）

エ メーカー（足場材の所有者）

解答欄

Q15 平成 27 年 7 月 1 日より足場の組立、解体または変更の作業に係る業務は特別教育を修了していなければ従事できないことになったが、次のうち、特別教育が必要でない業務はどれか。

ア 内装工事で使用する脚立足場を組み立てる作業

イ 高さ 2 m未満の足場を組み立てる作業

ウ 昇降式移動足場（アップスター）を伸縮させる作業

エ 足場上で、材料を運搬する作業

解答欄

2 建築
Q16 労働安全衛生規則第518条には、一定の高さ以上の箇所で作業を行う場合は、作業床を設けなければならないとなっています。一定の高さとは、次のうちどれか。

ア	1.5 m	イ	1.8 m	ウ	2.0 m	エ	2.5 m

解答欄	

2 建築
Q17 狭あいな現場で使用する足場に関する下記の記述で、空欄①～⑥に適当なものをア～シより選んで入れなさい。

主に狭あいな現場で使用される［ ① ］については、労働安全衛生規則に定める手すりの設置等の［ ② ］措置が適用されないことから、［ ③ ］を使用するために十分な幅（幅が［ ④ ］以上の場所）においては、［ ③ ］を使用しなければならない。ただし、［ ⑤ ］を使用するとき、または［ ⑥ ］その他の足場を使用する場所の状況により［ ③ ］を使用することが困難なときは、この限りではない。

ア	本足場	イ	一側足場	ウ	つり足場
エ	墜落防止	オ	飛来落下防止	カ	倒壊防止
キ	80cm	ク	1 m	ケ	1.2 m
コ	予算	サ	工程	シ	障害物の存在

解答欄	①		②		③		④		⑤		⑥	

足場の点検について、下記にある記述で誤っているものはどれか。

ア　事業者は、足場における作業を行うときは、その日の作業を開始する前に、作業を行う箇所の足場用墜落防止設備について点検しなければならない。

イ　事業者および注文者は、悪天候若しくは中震以上の地震または足場の組立て、一部解体若しくは変更の後に、足場における作業を行うときは、作業を開始する前に定められた事項について点検しなければならない。

ウ　その日の作業を開始する前の足場の点検、悪天候若しくは地震または足場の変更等の後の足場の点検では、点検者をあらかじめ指名しなければならない。

エ　悪天候若しくは地震または足場の変更等の後の足場の点検を行ったときに、記録しなければならないのは、点検結果および点検結果に基づく補修等の措置の２点である。

解答欄

作業床に関する下記の記述で、空欄①～④に適当なものをア～コより選んで入れなさい。

1．幅 ［ ① ］ 以上（つり足場を除く）

2．床材の隙間 ［ ② ］ 以下（つり足場を除く）

3．床材と建地の隙間 ［ ③ ］ 以下（つり足場を除く）

4．手すりの高さ ［ ④ ］ 以上（一側足場を除く）

ア	3 cm	イ	5 cm	ウ	12cm	エ	30cm
オ	40cm	カ	50cm	キ	70cm	ク	80cm
ケ	85cm	コ	90cm				

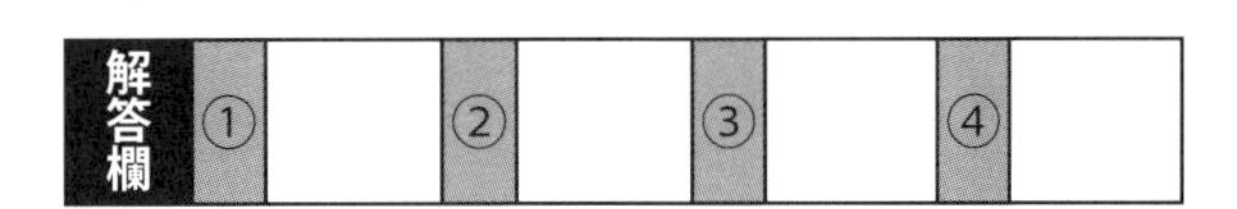

つり足場について、下記にある記述で誤っているのはどれか。

ア つりチェーンのリンクは、短径９mm 以上、長径が 36mm 以上で 42mm 以下、太さが 5.7mm 以上等の定められた規格に適合していなければならない。

イ つりチェーンおよびつりフックの安全係数を５以上として、最大積載荷重を定めなければならない。

ウ 作業床は幅を 40cm 以上とし、かつ、床材のすき間は３cm 以内としなければならない。

エ つり足場の上で脚立、梯子を用いた作業を行ってはならない。

脚立について、下記にある記述で正しいのはどれか。

ア 脚と水平面のとの角度を 80 度以下とする。

イ 折りたたみ式であれば、開き止めの金具はなくてもよい。

ウ 著しい損傷や腐食があっても、短時間であれば使用しても良い。

エ 踏さんの幅は５cm 以上が望ましい。

移動はしごについて、下記にある記述で誤っているのはどれか。

ア 材料は、著しい損傷、腐食等がないものとする。

イ 幅は 30cm 以上とする。

ウ すべり止め装置の取付けその他転位を防止するために必要な措置を講ずる。

エ 踏さんは、20cm 以上 30cm 以下の間隔で、かつ、等間隔に設けられていることが望ましい。

解答欄

はしご道に関する下記の記述で、空欄①～④に適当なものをア～タより選んで入れなさい。

1．はしごの上端を床から　①　以上突出させる。

2．坑内はしご道でその長さが　②　以上のものは、　③　以内ごとに踏だなを設ける。

3．坑内はしご道のこう配は、　④　以内とする。

ア	20cm	イ	25cm	ウ	30cm	エ	35cm
オ	40cm	カ	60cm	キ	80cm	ク	1 m
ケ	3 m	コ	5 m	サ	8 m	シ	10 m
ス	15 m	セ	75 度	ソ	80 度	タ	85 度

解答欄	①		②		③		④	

労働安全衛生規則では、建築物等の鉄骨の組立て等の作業における危険の防止として、作業計画に示すものとして定められていないものは次の事項のどれか。

ア 作業の方法および順序

イ 部材の落下または部材により構成されているものの倒壊を防止するための方法

ウ 作業に係る労働者の配置および指示命令系統

エ 作業に従事する労働者の墜落による危険を防止するための設備の設置の方法

労働安全衛生規則では、建築物等の鉄骨の組立て等の作業における危険防止措置として、定められてないものは次の事項のどれか。

ア 作業を行う区域内には、関係労働者以外の労働者の立入りを禁止すること。

イ 強風、大雨、大雪等の悪天候のため、作業の実施について危険が予想されるときは、当該作業を中止すること。

ウ 材料、器具、工具等を上げ、または下すときは、つり綱、つり袋等を労働者に使用させること。

エ 作業床や手すりがある場所で作業を行うこと。

鉄骨組立て等作業主任者の職務内容で定められてないものは次の事項のどれか。

ア 作業の方法および労働者の配置を決定し、作業を直接指揮すること。

イ 器具、工具、要求性能墜落制止用器具等および保護帽の機能を点検し、不良品を取り除くこと。

ウ 要求性能墜落制止用器具等および保護帽の使用状況を監視すること。

エ 作業の進行状況を監視すること。

解答欄

鋼橋架設の作業を行うときには、作業計画に示すものとして定められていないものは次の事項のどれか。

ア 作業の方法および順序

イ 部材（部材により構成されているものを含む）の落下または倒壊を防止するための方法

ウ 作業に従事する労働者の転倒による危険を防止するための設備の設置の方法

エ 使用する機械等の種類および能力

解答欄

鋼橋架設の作業で講じなければならない措置で定められてないものは次の事項のどれか。

ア 作業を行う区域内には、関係労働者以外の労働者の立入禁止

イ 強風、大雨、大雪等の悪天候のため、作業の実施について危険の実施について危険が予想されるときは、当該作業を中止

ウ 材料、器具、工具等を上げ、または下すときは、つり綱、つり袋等を労働者に使用させる。

エ 架設用設備の落下または倒壊の恐れがあるときは、関係労働者に周知させれば退避させる必要はない。

解答欄	

2 頻出

Q29 鋼橋架設等作業主任者についての記述で、空欄①～⑥に適当なものをア～カより選んで入れなさい。

橋梁の［　①　］構造であって、高さが［　②　］m以上であるものまたは当該上部構造のうち橋梁の［　③　］が［　④　］m以上である部分に限り、［　⑤　］製の部材により構成されているものにおいて、架設、解体または［　⑥　］の作業を行う際に労働災害の防止を行う。

ア	5	イ	金属	ウ	変更
エ	30	オ	支間	カ	上部

解答欄	①		②		③		④		⑤		⑥	

ロープ高所作業におけるメインロープ等の強度について、定められてないものは次の事項のどれか。

ア メインロープ等とは、メインロープ、ライフライン、これらを支持物に緊結するための緊結具、身体保持器具およびこれをメインロープに取り付けるための接続器具である。

イ 著しい損傷、摩耗、変形または腐食のないものを使用

ウ 堅固な支持物に外れないように緊結

エ 適当な長さ

オ 突起物による切断防止措置

カ 身体保持器具のメインロープへの接続器具による取付け

解答欄	

ロープ高所作業を行う時は、墜落または物体の落下による労働者の危険を防止するため、あらかじめ作業を行う場所について、次の項目を調査し、その結果を記録する必要がある。定められてないものは次の事項のどれか。

ア　作業箇所およびその下方の状況

イ　メインロープ、ライフラインを堅結する支持物の位置、状態および周囲の状況

ウ　作業箇所および支持物に通ずる通路の確保

エ　切断された箇所の確認

解答欄	

2 Q32 ロープ高所作業を行うときは、調査および記録を踏まえ、次の項目が示された作業計画を作り、関係労働者に周知し、作業計画に従って作業を行う必要がある。定められてないものは次の事項のどれか。

ア 作業の方法、順序

イ 作業に従事する労働者の年齢

ウ メインロープ等の支持物の位置、種類および強度、長さ

エ 切断防止措置および墜落防止措置

オ 物体の落下防止措置、災害発生等の応急措置

解答欄

2 墜落

Q33 事業者は、ロープ高所作業を行うときは、当該作業を指揮する者を定め、その者に労働安全衛生規則第539条の5の作業計画に基づき作業の指揮を行わせるとともに、次の事項を行わせなければならない。定められているものには○を、そうでないものには×をつけなさい。

---

① 第539条の3第2項の措置が同項の規定に適合して講じられているかどうかについて点検すること。

② 作業中、墜落制止用器具の使用状況を監視すること。

③ 作業中、保護帽の使用状況を監視すること。

④ 物体の落下による危険の防止

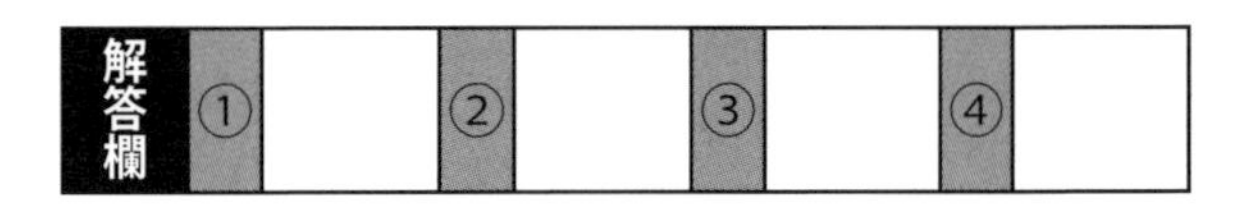

解答欄	①		②		③		④	

ロープ高所作業を行うときの作業開始前点検について、定められてないものは次の事項のどれか。

ア メインロープ等の状態の点検

イ 墜落制止用器具の状態の点検

ウ 保護帽の状態の点検

エ 点検し異常を認めたときの対応（緊急性がなければ、使用後に補修）

木造建築物の組立等等作業主任者の職務内容で定められてないものは次の事項のどれか。

ア 作業の方法および順序を決定し、作業を直接指揮すること。

イ 器具、工具、要求性能墜落制止用器具等および保護帽の機能を点検し、不良品を取り除くこと。

ウ 要求性能墜落制止用器具等および保護帽の使用状況を監視すること。

エ 作業員を適正に配置する。

在来軸組工法において、手順が正しいものには○を、そうでないものには×をつけなさい。

---

① 土台敷→1階床組、仮床取付→通し柱の建込み→1階軸組の組立、1階小屋梁取付

② 土台敷→1階床組、仮床取付→1階軸組の組立、1階小屋梁取付→通し柱の建込み

③ 2階根太、仮床取付→2階軸組の組立→小屋組→本筋かい、たる木の取付→野地板張り、2階床板決め

④ 2階軸組の組立→2階根太、仮床取付→小屋組→本筋かい、たる木の取付→野地板張り、2階床板決め

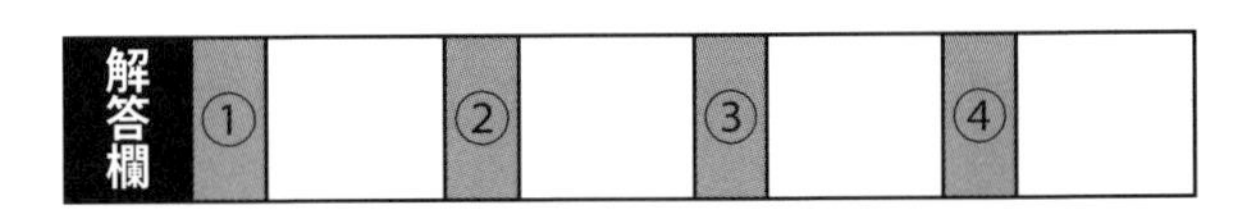

木造建築物における枠組壁工法で小屋組での足場に関する記述で、正しいものには○を、誤っているものには×をつけなさい。

① 天井根太組は、２階床受けに足場を設けて行う。

② 棟木、屋根梁等の取付け作業には、天井根太の上に足場板等仮敷して行う。

③ 屋根枠組作業後、直ちに外部足場を設ける。

④ 野地板作業後に、軒先からの墜落防止として足場を設ける。

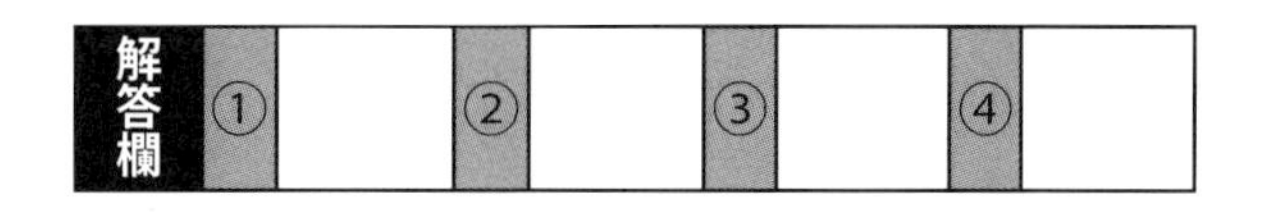

木造建築物の解体作業の機械こわし工程で、正しいものには○を、誤っているものには×をつけなさい。

① 建具・畳の撤去→瓦の撤去→妻部の解体→屋根の解体

② 瓦の撤去→屋根の解体→妻部の解体→建具・畳の解体

③ 小屋組の解体→梁・柱の解体→外壁・外柱の解体→基礎の解体

④ 梁・柱の解体→小屋組の解体→外壁・外柱の解体→基礎の解体

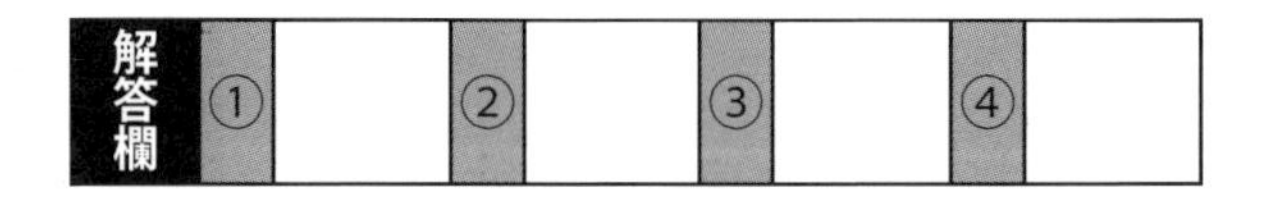

第3章　飛来・落下防止

3 飛来・落下 Q1

一定以上の高所から物体を投下するときは、適当な投下設備を設け、監視人を置く等の措置を講じる必要があるが、その高所とは何m以上のことか、ア～エより選びなさい。

ア	2 m	イ	3 m	ウ	5 m	エ	10 m

解答欄

3 飛来・落下 Q2

足場から物体が落下し労働者に危険を及ぼすおそれのあるときは、幅木、メッシュシート、もしくは防網（水平ネット）またはこれらと同等以上の機能を持つ設備を設ける必要がある。このうち幅木を設ける場合、高さ何cm 以上である必要があるか、正しいものをア～エより選びなさい。

ア	5 cm	イ	10cm	ウ	15cm	エ	20cm

開口部等からの物体落下の危険が生じる状態の具体例として挙げた以下５点について、危険が生じる可能性がある具体例の数をア～エより選びなさい。

- 開口箇所に開口表示がされていない
- 所定の高さ以上の幅木が設置されていない
- 防網（水平ネット）が設置されていない
- 開口箇所に設置されている足場等に資材等が立て掛けられている
- 開口箇所付近に資材が放置している

ア	2つ	イ	3つ	ウ	4つ	エ	5つ

解答欄	

3 飛来・落下

Q 4 「はい」(倉庫、上屋、土場に積み重ねられた荷の集団のこと)に係る作業での照度の保持について、以下①～③の作業において必要な明るさの組合せが正しいものをア～エより選びなさい。

① はい付け、はいくずしの作業が行われている場所

② 倉庫内であって作業のため通行する場所

③ 屋外であって作業のため通行する場所

	①	②	③
ア	15ルクス以上	5ルクス以上	5ルクス以上
イ	20ルクス以上	8ルクス以上	5ルクス以上
ウ	30ルクス以上	13ルクス以上	8ルクス以上
エ	40ルクス以上	15ルクス以上	10ルクス以上

解答欄

「はい作業」における高さ基準について、正しい組合せをア～エより選びなさい。

- 高さ [①] mを超えて「はい」の上で作業する場合、昇降設備を設置する必要がある。
- 高さ２m以上で袋等の荷により構成される「はい」のはいくずし作業は、ひな段状に崩し、各段（最下段を除く）の高さは [②] m以下とする。

	①	②
ア	1.5	1.5
イ	1.5	2
ウ	2	1.5
エ	2	2

解答欄

第4章　崩壊・倒壊防止

4 崩壊・倒壊防止
Q 1

型枠支保工に係る倒壊災害や墜落災害も多く発生しており、また、これらの災害は重大災害になるケースも数多く、型枠支保工の組立て作業の安全を確保することが、大きな課題となっている。下記は型枠支保工について書かれた文書ですが、正しいものには○を、間違っているものには×をつけなさい。

---

① パイプサポートを支柱として用い、高さ 3.5 mを超える場合は、変位を防ぐために高さ２m以内毎に水平つなぎを設けなければならない。

② パイプサポートの設置は、できるだけまっすぐに設置することが望ましいが、高さ 3.4 mで５cm 程度斜めになっても強度的な影響はほとんど無い。

③ パイプサポートの設置位置や締め付け金具の配置などは、「型枠支保工の組立等作業主任者」の経験とカンに基づいて決定した。

④ パイプサポートの専用差し込みピンが、現場に無い予備がなかったのでセパレータや鉄筋などで代用して使用した。

⑤ 型枠の組立て・解体作業を行う職種は、重量物の取り落とし、踏抜きなどの危険を伴うので、安全靴を使用することが必要である。

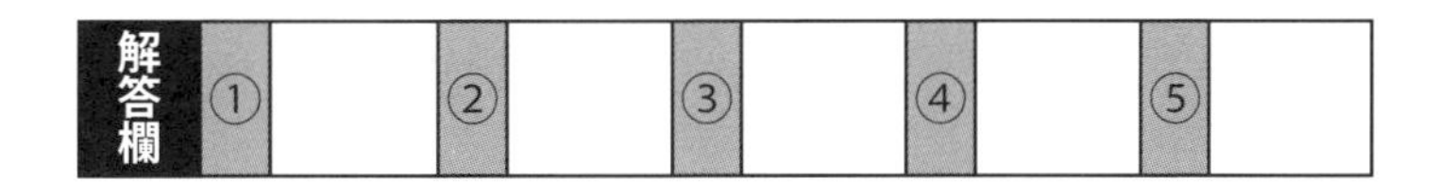

4 検査・保護帽

Q 2

型枠支保工の組立て等作業主任者の職務（労働安全衛生規則第247条）について、下記の文書の空欄①～⑥に適当なものをア～カより選んで入れなさい。

1．作業の方法を [①] し、作業を [②] すること。

2．材料の [③] の有無並びに器具および工具を点検し、[④] を取り除くこと。

3．作業中、[⑤] および保護帽の使用状況を [⑥] すること。

ア	要求性能墜落制止用器具等	イ	直接指揮	ウ	欠点
エ	不良品	オ	決定	カ	監視

解答欄	①		②		③		④		⑤		⑥	

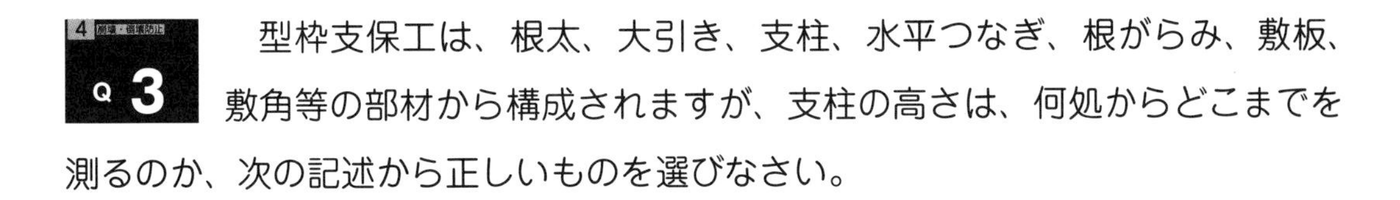

Q 3　型枠支保工は、根太、大引き、支柱、水平つなぎ、根がらみ、敷板、敷角等の部材から構成されますが、支柱の高さは、何処からどこまでを測るのか、次の記述から正しいものを選びなさい。

ア　敷板または敷角から大引きまでの高さ

イ　敷板または敷角から受け板（支柱の上部ベース板）までの高さ

ウ　支柱の台板（支柱の下部のベース板）から大引きまでの高さ

エ　支柱の台板（支柱の下部のベース板）から受け板（支柱の上部ベース板）までの高さ

オ　敷板または敷角から根太までの高さ

解答欄	

下記は、型支保工作業に関する文書が書かれていますが、正しいものには○を、間違っているものには×をつけなさい。

① マンション新築工事で、入口エントランス部が吹き抜けとなっており、高さが５mあったが、型枠支保工組立図を作成せず、作業を行い、また、１カ所のため型枠支保工計画届を所轄監督署に届けなかった。

② パイプサポートを３本つないで１階床の型枠支保工を組み、支柱の継手は、４本のボルトでつなぎ、高さ２m以内に水平つなぎを一方向に設け、筋交いで変位を防止した。

③ 枠組（鋼管枠）式型枠支保工では、鋼管枠と鋼管枠との間に交差筋かいを設け、最上層と５層以内毎に側面、枠面、交差筋かい方向に水平つなぎを設け、筋かい等で変位を防止した。

④ 型枠支保工の組立・解体作業で、作業を行う区域には、関係者以外立入禁止の措置を行い、作業中に強風（10分間の平均風速が毎秒10m以上の風）が吹き始め、危険が予想されたが作業を継続した。

⑤ 型枠支保工の組立て等作業主任者を１人選任し、その者に５階での型枠支保工組立て作業、および２階での型枠支保工の解体作業を担当させた。

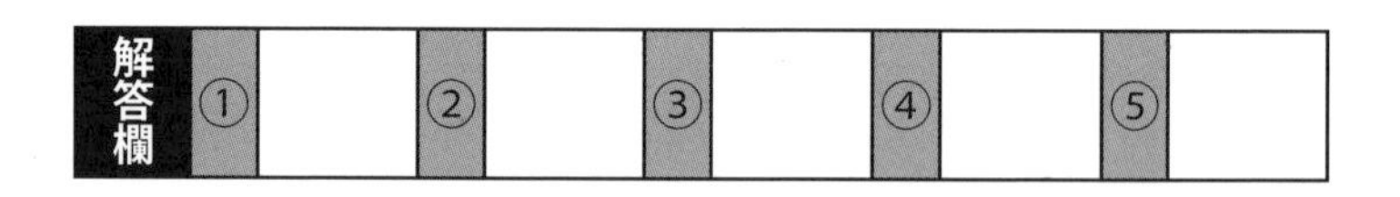

型枠支保工の組立て時の措置について、下記に書かれた文書から、正しいものには○を、間違っているものには×をつけなさい。

---

① 敷角の使用、コンクリートの打設、くいの打ち込み等支柱の沈下を防止するための措置を講じること。

② 支柱の脚部の固定、根がらみの取付け等支柱の脚部の滑動を防止するための措置を講ずること。

③ 支柱の継手は、突合せ継手または差し込み継手とすること。

④ 鋼管（パイプサポート除く）を支柱とする場合は、高さ２ｍ未満ごとに水平つなぎを設け変位を防止すること。

⑤ 段状の型枠支保工では、型枠の形状によりやむを得ない場合を除き、敷板、敷角等を２段以上はさまないこと。

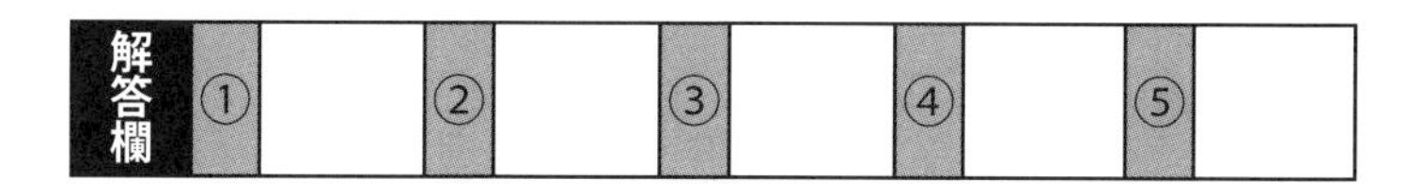

4

Q 6

下記は、型枠支保工について、書かれたものです。空欄①～⑧に適当なものをア～ケより選んで入れなさい。

1．パイプサポート等の支保工の脚部は、設置面（床面）より［　①　］ところで、［　②　］を使用し脚部の滑動を防ぐこと。

2．パイプサポートの台板と床面の間に敷板を設けたときは、台板を敷板の２カ所以上に［　③　］にて固定すること。

3．枠組足場を使用しての、支保工では、交差筋交いは建地の［　④　］、［　⑤　］を折り返し、措置漏れがないように作業終了後に点検すること。

4．梁式型枠支保工では、［　⑥　］にて、［　⑦　］、水平変位防止の措置を設け座屈や倒壊・崩壊を防ぐこと。

5．鋼製材の大引きを木製端太角に変更したときは、強度が不足にならないよう大引きの間隔を［　⑧　］設ける。

ア	ピンに差し込み	イ	チェーン、単管	ウ	梁の倒壊防止
エ	近い（10～30cm）	オ	ピンの先端	カ	根がらみクランプ
キ	広く	ク	狭く	ケ	釘

解答欄	①		②		③		④		⑤		⑥		⑦		⑧	

Q 7 柱型枠、壁型枠や梁型枠の組立て作業で使用される脚立足場や可搬式作業台について、下記に書かれた文書から、正しいものには○を、間違っているものには×をつけなさい。

---

① 脚立足場に使用する脚立は、脚部に滑り止めのついたものを用い、平たんで安定した場所に据え付けること。また、脚立には開き止め金具を確実に働かせること。

② 脚立と脚立の間隔は、1.8 m未満とする。また、足場板は脚立の踏みさんに3点以上に架け渡し、ゴムバンド等で固定すること。

③ 可搬式作業台を使用する前に、手掛かり棒、開き止め金具、収縮部のロック機構、脚部の滑り止めの有無等を点検し、不良個所は、作業開始前に修繕すること。

④ 作業台から身を乗り出した作業や反動をともなう作業は、気を付けて作業すること。

⑤ 高さ 80cm 以下の脚立や可搬式作業台の昇降面に背を向けて昇降しても良い。

⑥ 手にものを持って昇降しないこと。

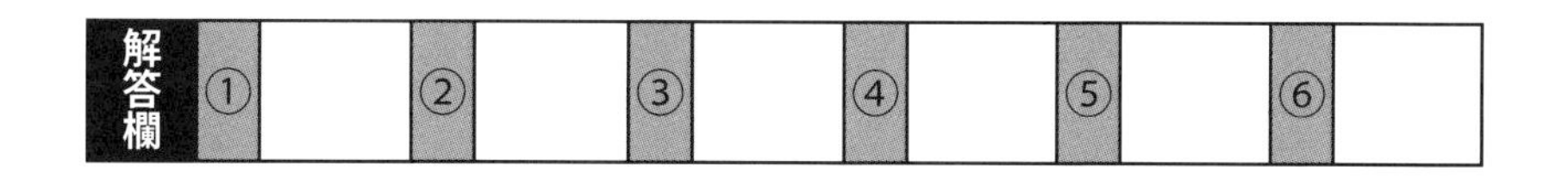

解答欄	①		②		③		④		⑤		⑥	

4 Q 8

型枠材の加工作業で使用される携帯用電動丸ノコの取扱いでの留意点について、下記に書かれた文書から、正しいものには○を、間違っているものには×をつけなさい。

---

① 丸ノコの歯に接触することを防止する安全カバーを、固定したり、取り外して使用しないこと。

② チョットした部材の切断で、部材を手で持ったり、不安定な姿勢で作業する時は注意すること。

③ 携帯用丸ノコを使用するときは、手袋をして作業すること。

④ 長尺材や幅広材は、切断部近くに支え台を設け切断作業するか、切断材を動かないよう固定して作業すること。

⑤ 携帯用丸ノコのコードが、作業場所に届かないようなときに延長する必要から電工ドラムを使用しますが、ドラムのコードは必要以上に引き出さないこと。

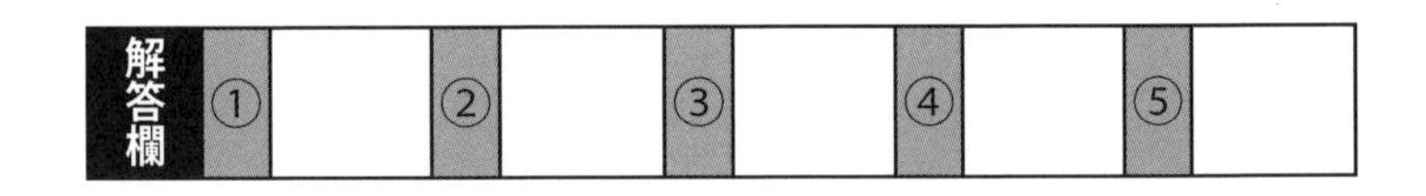

土止め支保工について、下記に書かれた文書から、正しいものには○を、間違っているものには×をつけなさい。

① 土止め支保工を組み立てるときは、あらかじめ組立て図を作成し、その組立て図により作業しなければならない。

② 土止め支保工の切りばり、腹起しの取付け、取り外し作業を行うときは、材料、器具、工具等の上げまたはおろすときは、飛来・落下による災害を防止するため確実に手渡しで行わなければならない。

③ 土止め支保工の切りばり、腹起しの取付け、取り外し作業を行うときは、作業員の立入り禁止措置を行なわなければならない。

④ 掘削深さが２ｍ以上の場合は、「土止め支保工作業主任者」を選任し、直接指揮の下で土止め支保工作業を行わなければならない。

⑤ 土止め支保工の部材の取付けは、腹起し、切りばり等の圧縮材（火打ちを除く）の継手は突合せ継手としなければならない。

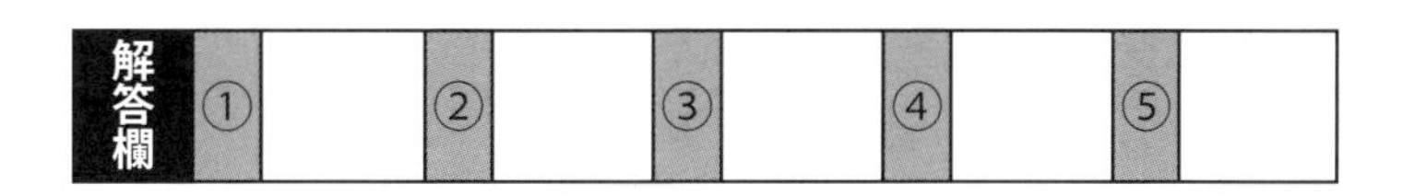

4 Q10

土止め支保工作業主任者の職務（労働安全衛生規則第 375 条）について、下記の事項を行なわなければならないと定めております。下記の文書の空欄①～⑨に適切なものをア～シより選んで入れなさい。

1．作業の［　①　］を決定し、作業を［　②　］すること。

2．材料の欠点の［　③　］並びに［　④　］を［　⑤　］し［　⑥　］を取り除くこと。

3．作業中、［　⑦　］および［　⑧　］の使用状況を［　⑨　］すること。

ア	要求性能墜落制止用器具等	イ	直接指揮	ウ	方法
エ	監督	オ	器具および工具	カ	監視
キ	不良品	ク	保護具	ケ	有無
コ	保護帽	サ	不用品	シ	点検

解答欄									
①		②		③		④		⑤	
⑥		⑦		⑧		⑨			

土止め支保工作業主任者の職務および点検について、下記に書かれた文書から、正しいものには○を、間違っているものには×をつけなさい。

① 土止め支保工を設置したときは、その後７日ごとに点検し、その記録を残すこと。

② 大雨および中震（震度４）以上の地震により地山が軟弱化するおそれのあるときは、点検しなければならない。

③ 点検により異常が認められたときは、なるべく早く補強しなければならない。

④ 土止め支保工作業主任者の職務には、作業計画を作成し、作業を直接指揮する業務がある。

⑤ 土止め支保工作業主任者の職務には、材料の欠点の有無、器具および工具の点検、不良品を取り除くことなどがある。

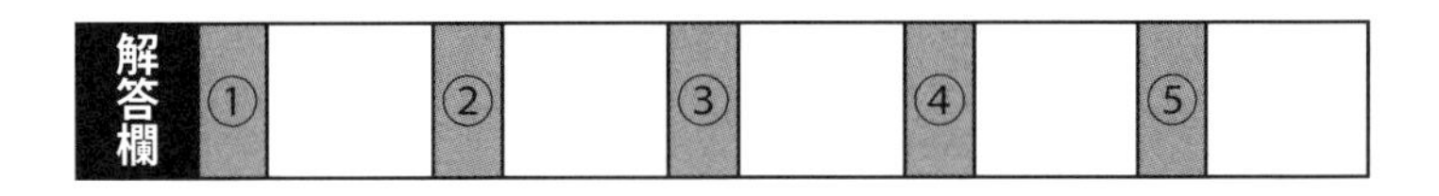

解答欄	①		②		③		④		⑤	

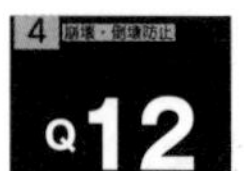

土止め支保工に使用される部材について述べたものです。空欄①～⑨に適当なものをア～コより選んで文章を完成させなさい。

① 切りばりおよび［①］は、脱落を防止するため、［②］等に確実に取り付けること。

② 圧縮材（火打ちを除く）の［③］は、［④］継手とすること。

③ 切りばりまたは火打ちの［⑤］および切りばりと切りばりの［⑥］は、当て板をあててボルトにより緊結し、溶接より接合する等の方法により堅固なものとすること。

④ 中間支持柱を備えた土止め支保工あっては、［⑦］を中間支持柱に［⑧］に取りつけること。

ア	交さ部	イ	接続部	ウ	突合せ
エ	切りばり	オ	継手	カ	腹おこし
キ	矢板、くい	ク	確実	ケ	点検

解答欄	①		②		③		④		⑤	
	⑥		⑦		⑧					

土止め支保工に使用される部材について述べたものです。①～⑦の部所部材等の名称を、下記のア～キより選びなさい。

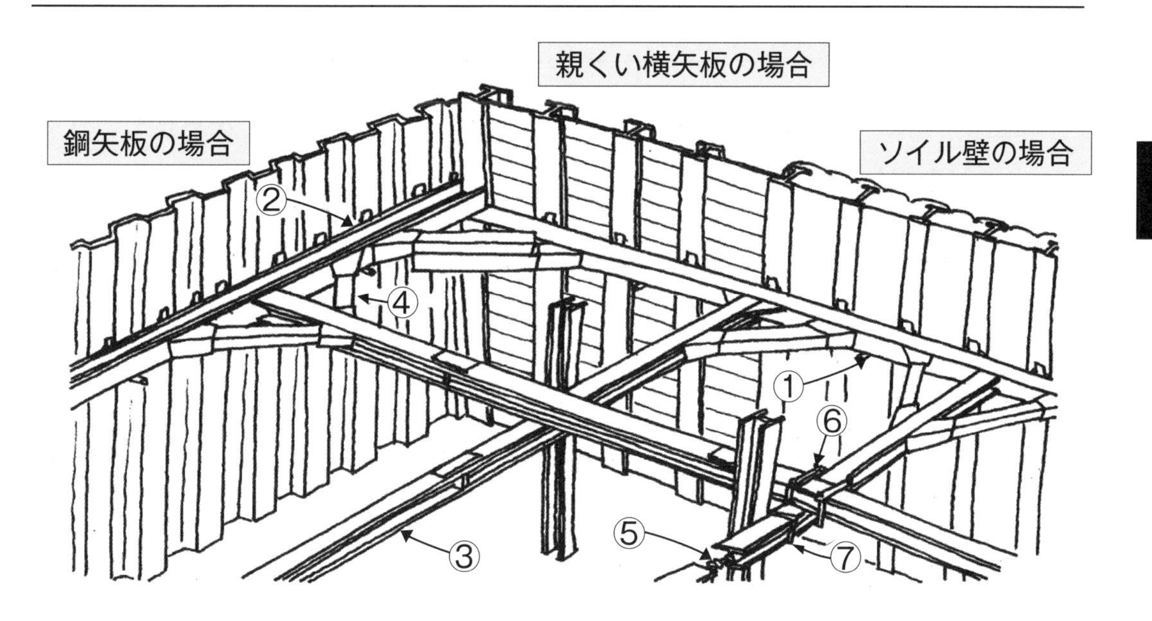

ア	切りばり	イ	切りばりブラケット	ウ	火打ちばり
エ	ジャッキ	オ	腹起こしブラケット	カ	交さ部ピース
キ	腹起こし				

解答欄	①		②		③		④		⑤		⑥		⑦	

4 崩壊・倒壊防止

Q14 明かり掘削作業（地山の掘削またはこれに伴う土石の運搬作業をいう）における、下記の文書で正しいものには○を、間違っているものには×をつけなさい。

---

① 掘削面の深さが３m以上の場合は、「地山の掘削作業主任者」を選任し、作業を直接指揮しなければならない。

② 「地山の掘削作業主任者」の職務には、要求性能墜落制止用器具や保護帽の使用状況の監視はない。

③ 作業により露出したガス管の損傷による危険があるときは、つり防護、受け防護等による防護を行うが、この防護作業には作業を指揮する者を指名して行わなければならない。

④ 地山の崩壊または土石の落下による危険があるときは、あらかじめ土止め支保工を設け、防護網を張り、立入禁止措置を講じなければならない。

⑤ 掘削作業で土砂等の飛来または落下による危険があるときは、事業者は保護帽の着用を指示しなければなりませんが、着用する、しないは作業員自身が判断しても良い。

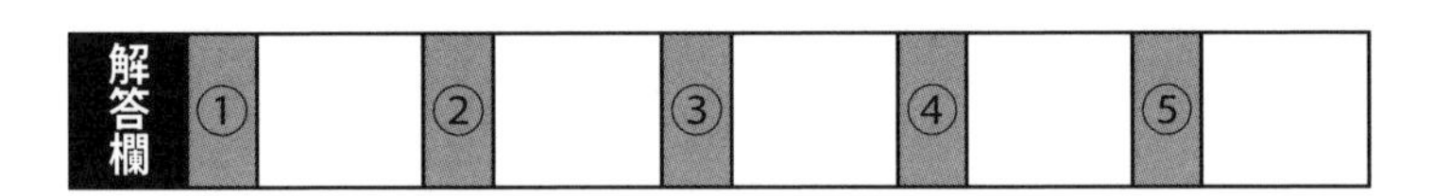

解答欄	①		②		③		④		⑤	

Q15 地山の掘削作業主任者の職務（労働安全衛生規則第360条）について、下記の事項を行わせなければならないと定めております。下記の文書の空欄①～⑦に適切なものをア～サより選んで入れなさい。

1．作業の［　①　］を決定し、作業を［　②　］すること。

2．［　③　］を点検し、［　④　］を取り除くこと。

3．作業中、［　⑤　］および［　⑥　］の使用状況を［　⑦　］すること。

ア	要求性能墜落制止用器具等	イ	直接指揮	ウ	方法
エ	監督	オ	器具および工具	カ	監視
キ	不良品	ク	保護具	ケ	作業場所
コ	保護帽	サ	不用品		

解答欄	①		②		③		④		⑤		⑥		⑦	

4 墜落・崩壊防止

Q16

明かり掘削作業するにあたり、墜落災害、土砂崩壊や重機による挟まれ災害が発生しており、明かり掘削作業での作業員の安全を確保することが大切です。下記は、明かり掘削作業について書かれている文書ですが、正しいものには○を、間違っているものには×をつけなさい。

---

① 明かり掘削の作業を行う場合は、地山の崩壊または土砂の落下による労働者に危険を及ぼすおそれのあるときは、あらかじめ、土止め支保工を設け、防護網を張る措置をしなければならない。

② 明かり掘削の作業を行う場合に上記①の措置を行ったので、労働者の立入りを禁止する等の危険を防止するための措置を行わなかった。

③ 明かり掘削で、高さ・深さ2mを超えるので、昇降設備を設けた。

④ 作業場所等の調査では、形状、地質、地層の状態やき裂、含水、湧水および凍結の有無および状態、高温のガス、蒸気の有無および状態を、ボーリングその他適切の方法で調査をした。

⑤ 重機を使用して掘削作業を開始し、掘削土砂を法肩に積み上げながら、掘削作業を進めた。

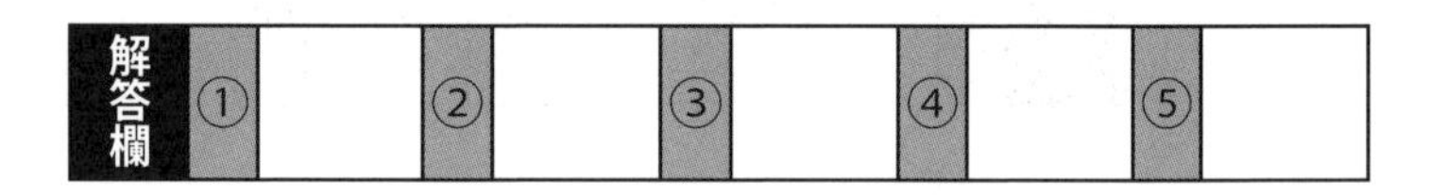

解答欄	①		②		③		④		⑤	

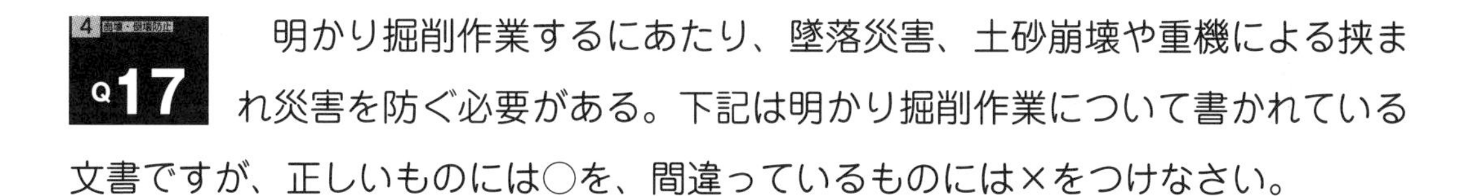

明かり掘削作業するにあたり、墜落災害、土砂崩壊や重機による挟まれ災害を防ぐ必要がある。下記は明かり掘削作業について書かれている文書ですが、正しいものには○を、間違っているものには×をつけなさい。

---

① 掘削の深さが、1.5 mを超える場合は、土質(軟弱、盛土等)に合わせ土止め支保工の検討を行う。

② 地山の掘削作業を行う時は、作業手順、安全対策等の計画を作成し、計画に基づいて作業を行う。

③ 前日の作業終了時に地山の掘削面およびその周辺の地山の点検を行っているので、手掘り掘削作業を作業指揮者の下、1.5 mの溝掘削を開始した。

④ 手掘り掘削では、50cm位までの掘削深さとし、それ以上の掘削の場合は、垂直に掘らずに土質に合わせ90度以下のこう配で掘削作業を行う。

⑤ 掘削作業を開始する前に、職長または作業主任者が必ず法面の亀裂や湧水の有無を確認してから、作業を開始する。

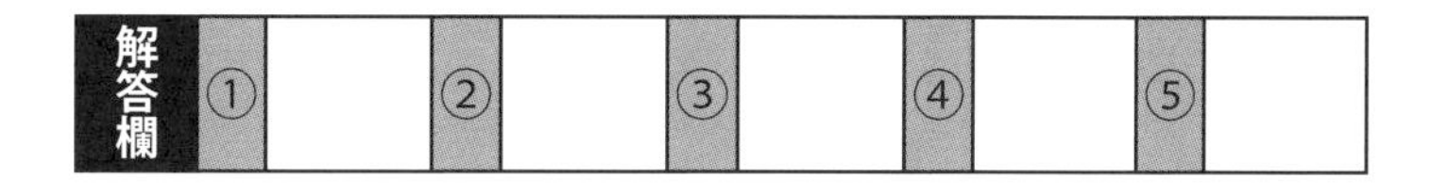

明かり掘削作業での安全点検ポイントについて、下記の文書の空欄①～⑥に適切なものをア～カより選んで入れなさい。

---

1 掘削された法肩に [①] を置いていないか。

2 地山および掘削面に、き裂および [②] はないか。

3 法肩等墜落や転落のおそれのある個所には、立ち入り禁止柵、[③] はあるか。

4 崩壊の原因となる [④] をしていないか。

5 降雨時の法面および掘削面の [⑤] はよいか。

6 夜間作業では十分な [⑥] はあるか。

ア	照明装置	イ	すかし掘り	ウ	掘削残土等
エ	含水・湧水	オ	手すり	カ	法面養生

解答欄	①		②		③		④		⑤		⑥	

土石流による労働災害の防止に関する規程について、定めなければならない項目に含まれるものには○を、含まれないものには×をつけなさい。

① 降雨量の把握の方法

② 降雨または融雪があった場合および地震が発生した場合に講ずる措置

③ 有事の場合の保存食・飲料に関すること

④ 避難の訓練の内容および時期

⑤ 退避場所の責任者または管理者に関すること

振動センサー

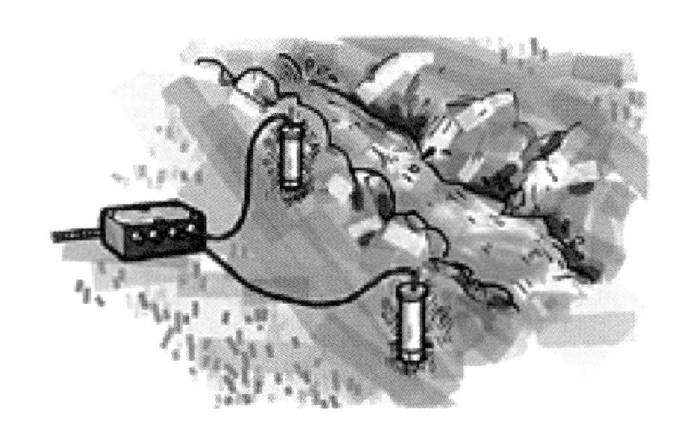

土石流や火山泥流等による振動をとらえ、そのレベルが設定値以上になると検知する

「土石流による労働災害の防止に向けて」（厚生労働省、建設業労働災害防止協会）より

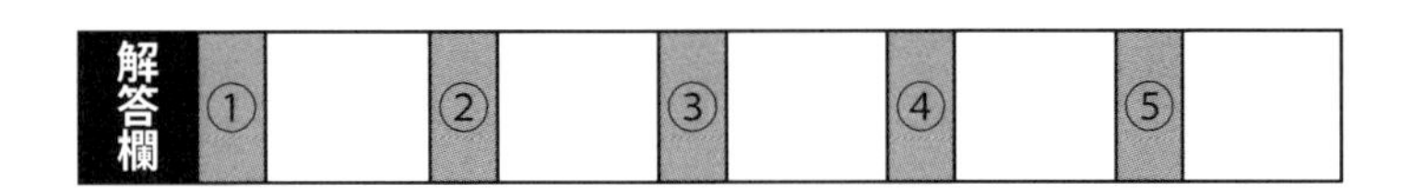

土石流の労働災害防止について、正しいものには○を、間違っているものには×をつけなさい。

① 土石流危険河川において建設工事の作業を行うときは、土石流による労働者の危険を防止するため、あらかじめ、作業場所から下流の河川およびその周辺の状況を調査し、その結果を記録しておかなければならない。

② 土石流危険河川において建設工事の作業を行う際、土石流が発生するおそれのあるときは、如何なる場合においても土石流発生を早期に把握するための措置を講じなければならない。

③ 土石流危険河川において建設工事の作業を行うときは、警報用設備を設けなければならない。ただし、その設置場所の周知までは含まない。

④ 土石流危険河川において建設工事の作業を行うときは、避難用設備を設けなければならない。

⑤ 土石流危険河川で建設工事を行うときは、作業開始前 12 時間における降雨量を把握し、記録しておかなければならない。

※土石流危険河川とは、降雨、融雪または地震に伴い土石流が発生するおそれのある河川をいう。

土石流監視および探知機器設置の位置

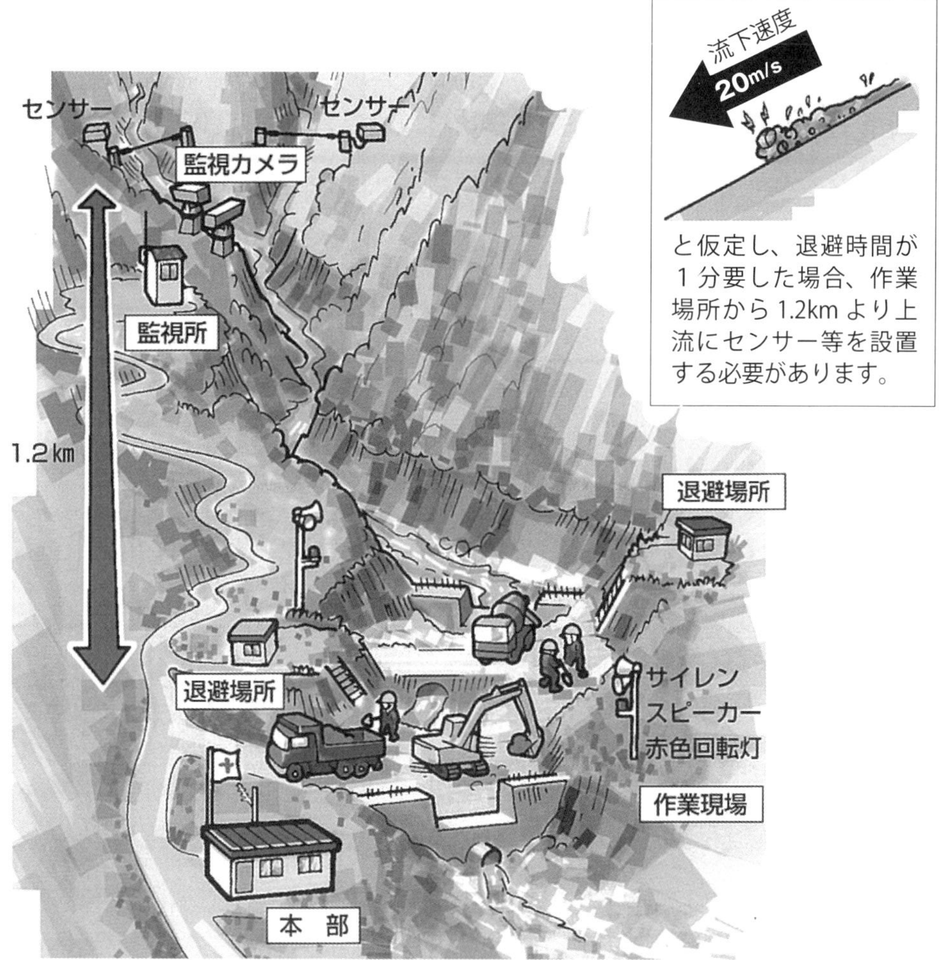

「土石流による労働災害の防止に向けて」（厚生労働省、建設業労働災害防止協会）より

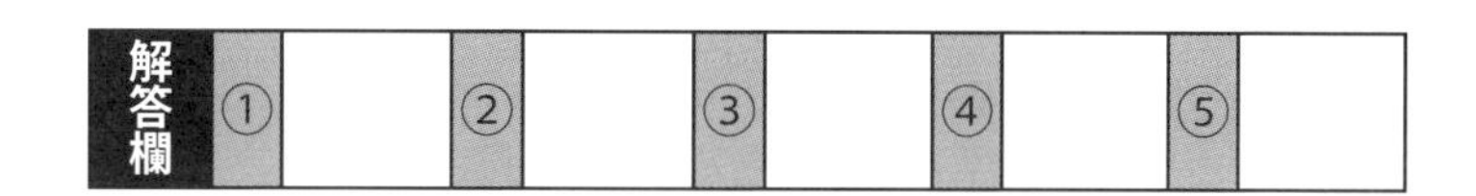

土石流の労働災害防止について、正しいものには○を、間違っているものには×をつけなさい。

① 工事開始後遅滞なく1回、およびその後1年以内ごとに1回、避難の訓練を行わなければならない。

② 避難訓練の記録は、これを5年間保存しなければならない。

③ 避難訓練の記録には、実施年月日、訓練を受けた者の氏名、訓練の内容がある

④ 降雨により土石流が発生するおそれのあるときは、監視人の配置等土石流の発生を早期に把握するための措置を講じなければならない。

⑤ 土石流による労働災害発生の急迫した危険があるときは、直ちに作業を中止し、労働者を安全な場所に退避させなければならない。

避難設備の点検・訓練

「土石流による労働災害の防止に向けて」（厚生労働省、建設業労働災害防止協会）より

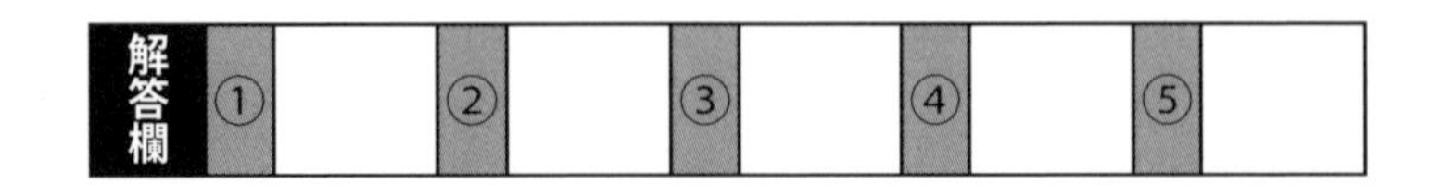

作業構台の安全点検ポイントについて、下記の文章の空欄①～⑤に適当なものをア～カより選んで入れなさい。

1．支柱、［①］等の部材に著しい損傷、変形または腐食はないか

2．支柱の滑動、［②］はないか

3．手すりの取り付けなどにより［③］防止の措置はよいか

4．構台の見えやすい場所に［④］制限の表示はあるか

5．支柱、はり、筋かい等の緊結部、接続部、取り付け部に［⑤］はないか

ア	筋かい	イ	沈下	ウ	変位、脱落等
エ	作業床	オ	墜落	カ	最大積載荷重

作業構台

手すり
覆工板
はり
大引き
筋かい
水平つなぎ
支柱

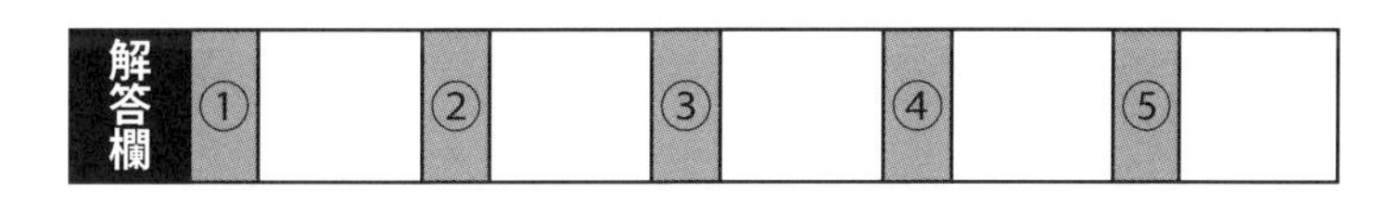

注文者における作業構台の措置として、必ずしも実施しなくても良いものはどれか。

ア　組立て後の点検、点検結果の保存

イ　一部解体・変更後の点検、点検結果の保存

ウ　組立図の作成

エ　作業床の最大積載荷重の掲示

オ　悪天候若しくは中震以上の地震後の点検、点検結果の保存

作業構台

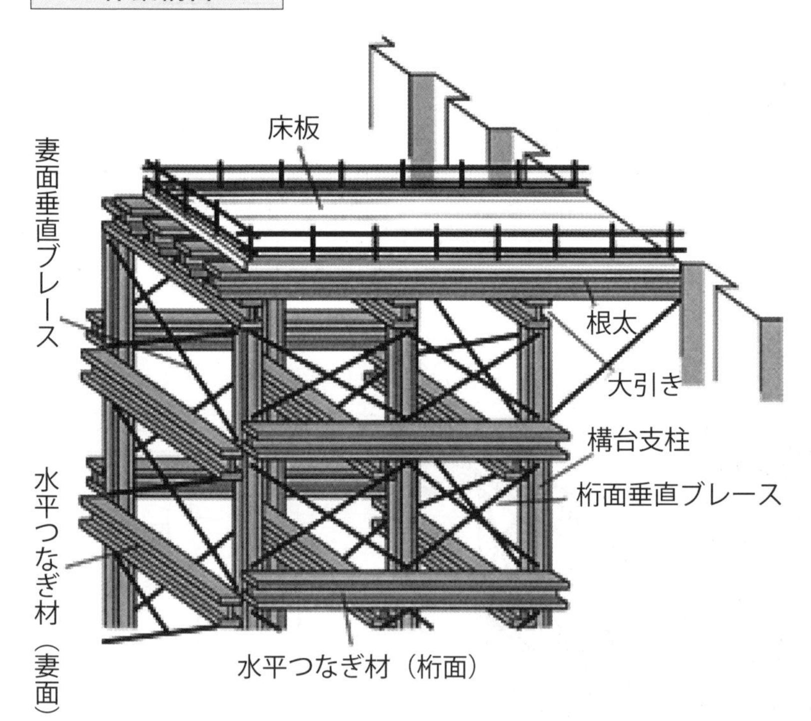

解答欄

作業構台の措置として、正しいものには○を、間違っているものには×をつけなさい。

① 支柱は、その滑動または沈下を防止するため、作業構台を設置する場所の地質等の状態に応じた根入れを行い、支柱の脚部に根がらみを設け、敷板、敷角等を使用する等の措置を講ずること。

② 支柱、はり、筋かい等の緊結部、接続部または取り付け部は、変位、脱落等が生じないよう緊結金具等で堅固に固定すること。

③ 高さ２m以上の作業床の床材間の隙間は、５cm 以下とすること。

④ 高さ２m以上の作業床の端で、墜落により労働者に危険を及ぼすおそれのある箇所には、手すり等および中桟等を設けること。

⑤ また前問の箇所には、如何なる場合であっても、手すり等を設けること。

作業構台

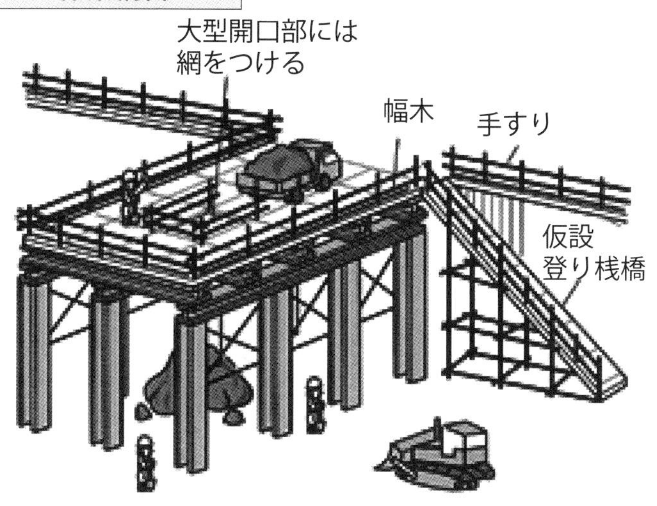

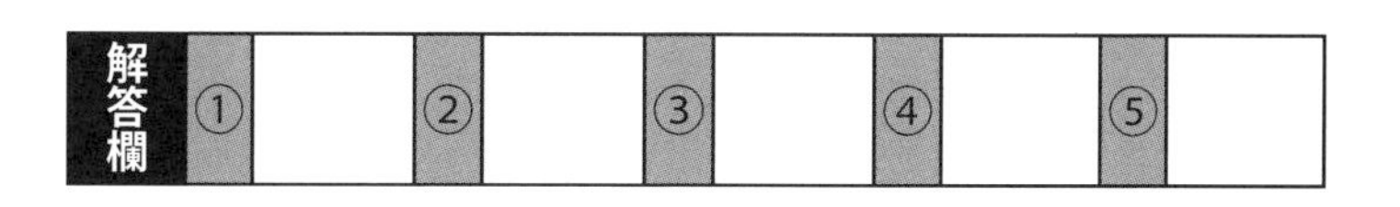

第4章 崩壊・倒壊防止 問題

解体用機械に該当するものには○を、該当しないものには×をつけなさい。

---

① 鉄骨切断機

② ブレーカ

③ クローラータワー

④ コンクリート圧砕機

⑤ 解体用つかみ機

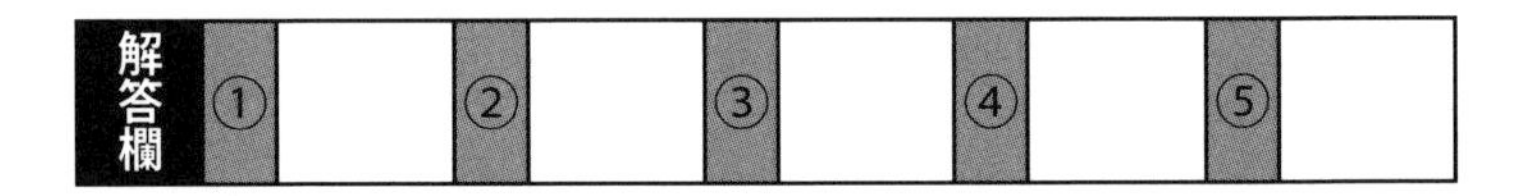

解答欄	①		②		③		④		⑤	

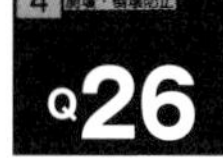

4 崩壊・倒壊防止
Q26 コンクリート工作物（高さは７ｍ）の解体・破壊作業計画に記載しなければならない項目として、正しいものには○を、間違っているものには×をつけなさい。

---

① 作業の方法および順序

② 使用する機械等の種類および能力

③ 控えの設置、立入禁止区域の設定その他の外壁、柱、はり等の倒壊または落下による労働者の危険を防止するための方法

④ 関係労働者に対する作業計画の周知

⑤ 統括安全衛生責任者の情報

鉄筋コンクリート造の転倒法による解体例

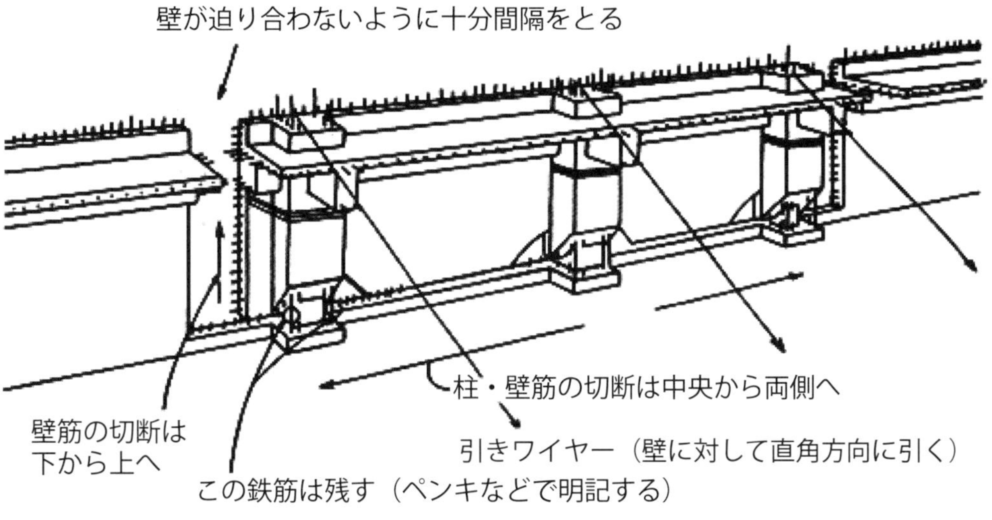

壁が迫り合わないように十分間隔をとる
柱・壁筋の切断は中央から両側へ
壁筋の切断は
下から上へ
引きワイヤー（壁に対して直角方向に引く）
この鉄筋は残す（ペンキなどで明記する）

解答欄	①		②		③		④		⑤	

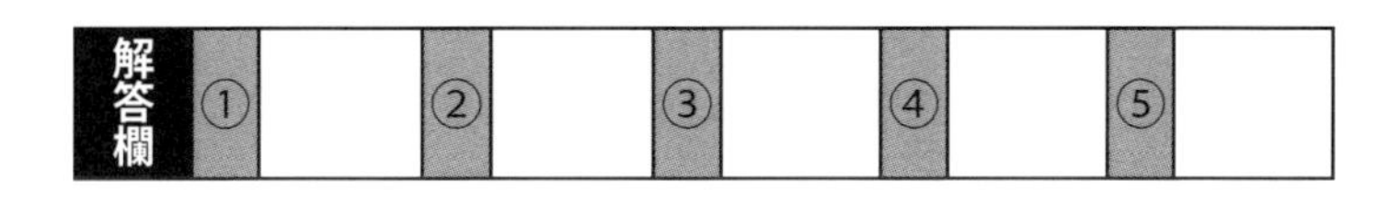

コンクリート工作物（高さは32 m）の解体・破壊作業において、正しいものには○を、間違っているものには×をつけなさい。

① 工作物の倒壊、物体の飛来または落下等による労働者の危険を防止するため、あらかじめ、当該工作物の形状、き裂の有無、周囲の状況等を調査し、当該調査により知り得たところに適応する作業計画を定め、かつ、当該作業計画により作業を行わなければならない。

② 作業を行う区域内には、すべての労働者の立入りを禁止すること。

③ 悪天候により、危険が予想されるときは、当該作業を中止すること。

④ コンクリート造の工作物の解体等作業責任者を選任し、指揮させること。

⑤ 解体・破壊工事なので、作業計画は樹立するが、所轄労働基準監督署長への届出までは不要である。

解体方法

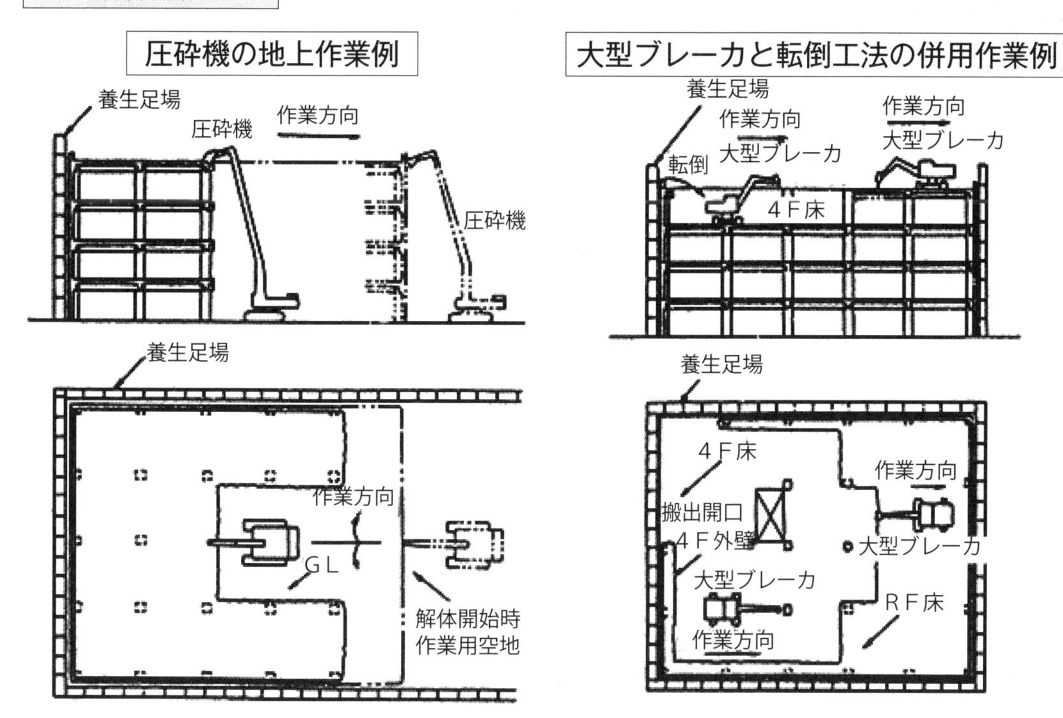
圧砕機の地上作業例
養生足場
圧砕機
作業方向
圧砕機
養生足場
作業方向
ＧＬ
解体開始時
作業用空地
大型ブレーカと転倒工法の併用作業例
養生足場
作業方向
大型ブレーカ
作業方向
大型ブレーカ
転倒
４Ｆ床
養生足場
４Ｆ床
作業方向
搬出開口
４Ｆ外壁
大型ブレーカ
大型ブレーカ
ＲＦ床
作業方向

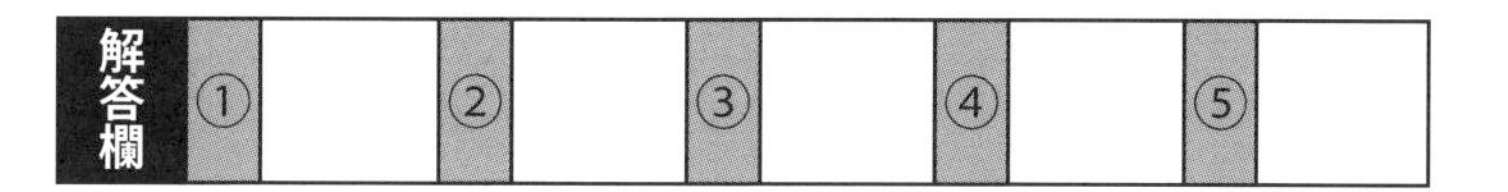
解答欄
①
②
③
④
⑤

Q28

はい付け、はいくずし作業において、正しいものには○を、間違っているものには×をつけなさい。

① 床面からの高さが２m以上のはいについて、はいくずしの作業を行なうときは、作業に従事する労働者に次の事項を行なわせなければならない。

- 中抜きをしないこと。
- 容器が袋、かますまたは俵である荷により構成される「はい」は、ひな段状にくずし、ひな段の各段（最下段を除く）の高さは１m以下とすること。

② 安全に昇降するための設備を設けている。

③ 床面からの高さが２m以上のはいと隣接のはい（単管パイプ）との間隔を、はい（単管パイプ）の下端において７cm 以上としなければならない。

④ はいの崩壊または荷が落下する可能性があるので、全労働者の立入禁止をしている。

⑤ 作業を安全に行なうため必要な照度を保持している。

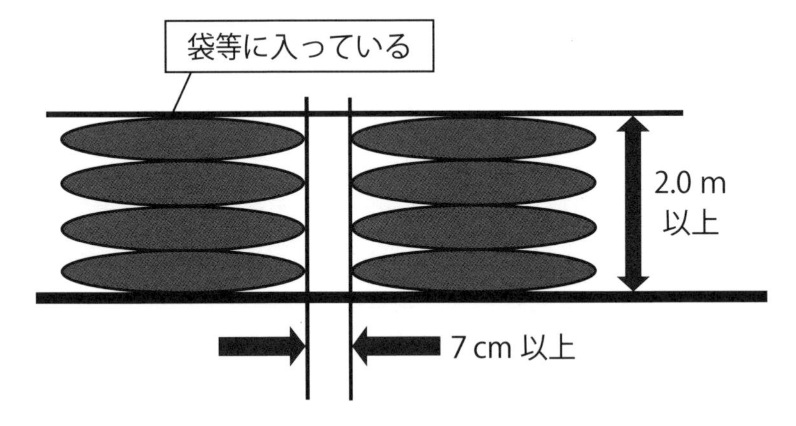

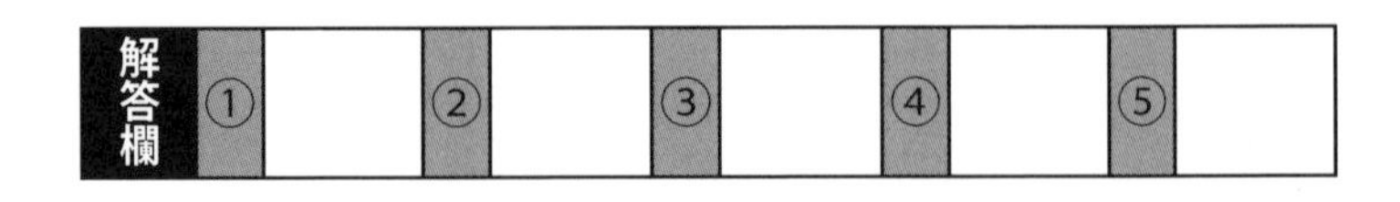

はい作業主任者の職務に含まれるもので、正しいものには○を、間違っているものには×をつけなさい。

① 作業の方法および順序を決定すること。

② 作業の直接指揮に従事している。但し、特定元方事業者や職長相互の連絡調整の際は、60分程不在になるが、作業は継続させている。これは、やむを得ないことである。

③ 器具および工具を点検し、不良品を取り除くこと。

④ 作業箇所を通行する作業員を安全に通行させるため、その者に必要な事項を指示すること。

⑤ はいからの墜落災害を防止するために要求性能墜落制止用器具（安全帯）およびヘルメットの使用状況を監視すること。

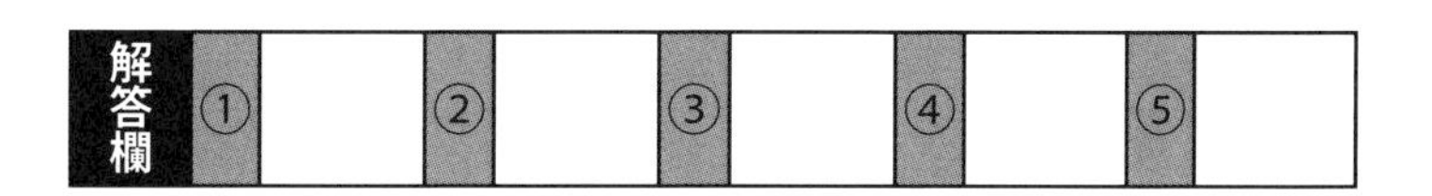

伐木の作業において、正しいものには○を、間違っているものには×をつけなさい。

---

① 伐倒の際に退避する場所を、あらかじめ、選定すること。

② かん木、枝条、つる、浮石等で、伐倒の際その他作業中に危険を生ずるおそれのあるものを取り除くこと。

③ 伐倒しようとする立木の胸高直径が 18cm 以上であるときは、伐根直径の20％以上の深さの受け口を作り、かつ、適当な深さの追い口を作ること。

④ 伐倒木等が激突することによる危険を防止するため、伐倒しようとする立木を中心として当該立木の高さの２倍に相当する距離を半径とする円形の内側には、他の労働者を立ち入らせてはならない。

⑤ 冬季の降雪は、自然現象なので、通常の作業を行う。

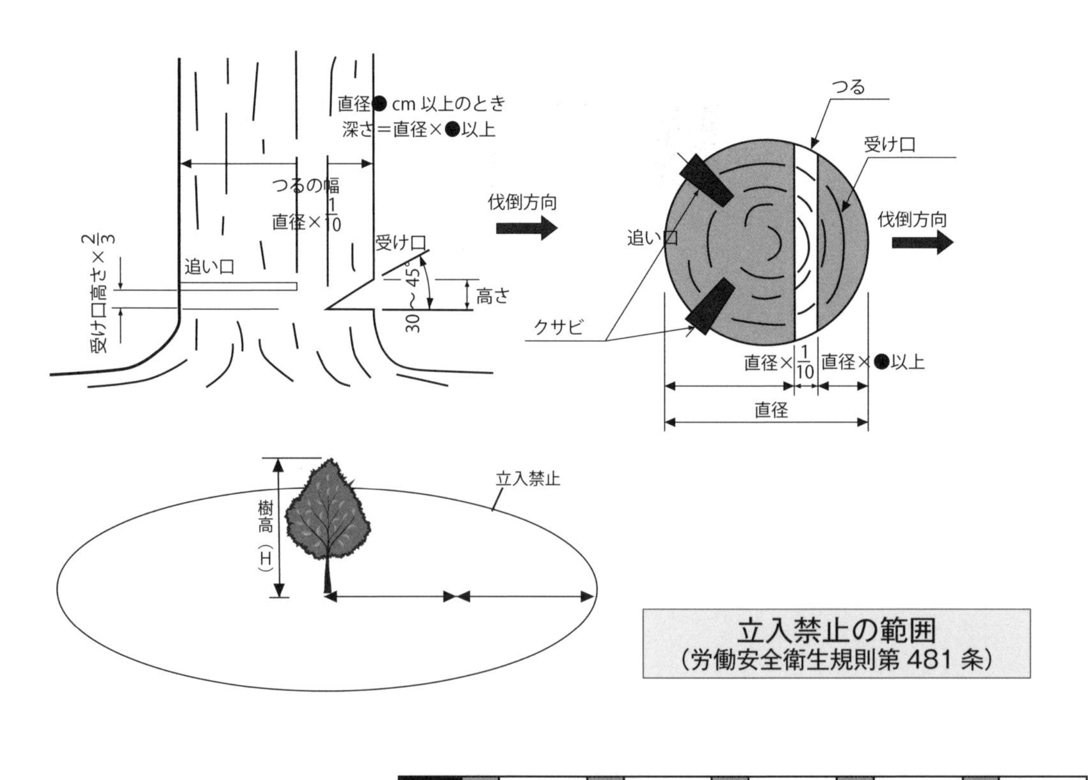

解答欄	①		②		③		④		⑤	

第5章　感電防止

5 感電防止

Q 1　電動機を有する機械または器具（電動機械器具）で、漏電しゃ断装置を設置する等の感電防止の措置義務があるものは対地電圧が何Vをこえるものか、ア〜エより選びなさい。

ア	50 V	イ	100 V	ウ	150 V	エ	200 V

解答欄

5 感電防止

Q 2　電気機械器具への感電防止用漏電しゃ断装置の取り付けについて、一部適用除外となる器具がある。以下のうち、適用除外とならないものは次のア〜エのうちどれか。

ア　非接地方式の電路に接続して使用するもの

イ　電気主任技術者が確認したうえで使用するもの

ウ　絶縁台の上で使用するもの

エ　二重絶縁構造のもの

解答欄

5 感電防止

Q 3 工作物の建設等の作業を行う場合の感電防止について、架空電線等に近接する場所で工作物を建設する等の作業を行う場合のうち、移動式クレーン、くい打機等を使用して作業する場合に講じるべき措置について、正しい組合せをア～エより選びなさい。

---

① 当該充電電路を移設する

② 感電防止の囲いを設ける

③ 当該充電電路に絶縁用防護具を装着する

④ 上記①～③の措置が困難な時は、監視人を置き作業を監視させる。

ア	①～④全て	イ	①～③	ウ	②～④	エ	①、④

解答欄

5 感電防止

Q 4 送電電圧が600 V以下の送電線近くにおける移動式クレーンの作業において、労働基準局の通達によると送電線からの最小離隔距離はア～エのうちどれか。

ア	1.0 m	イ	3.0 m	ウ	5.0 m	エ	7.0 m

解答欄

5 感電防止

Q 5 作業中や通行中に接触するおそれのある配線や移動電線については、絶縁被覆の損傷・劣化で生じる感電の防護措置をする必要がある。「接触するおそれ」がない状態にするためには側方・通路面からそれぞれ何m以上距離をとるか、正しい組合せをア～エより選びなさい。

ア 側方 0.3 m以上、通路面から 1.0 m以上

イ 側方 0.6 m以上、通路面から 1.0 m以上

ウ 側方 0.6 m以上、通路面から 2.0 m以上

エ 側方 1.0 m以上、通路面から 2.0 m以上

下記①～④の器具を使用する際、使用前に点検すべき事項をそれぞれア～エより選びなさい。

① 溶接棒等のホルダー

② 感電防止用漏電しゃ断装置

③ 移動電線、コネクター等

④ 停電作業を行う場合の検電器具

ア	作動状態（テストボタン）	イ	検電性能（テストボタン）
ウ	被覆や外装の損傷の有無（目視）	エ	絶縁防護部分とホルダー用ケーブル接続部の損傷の有無（目視）

解答欄	①		②		③		④	

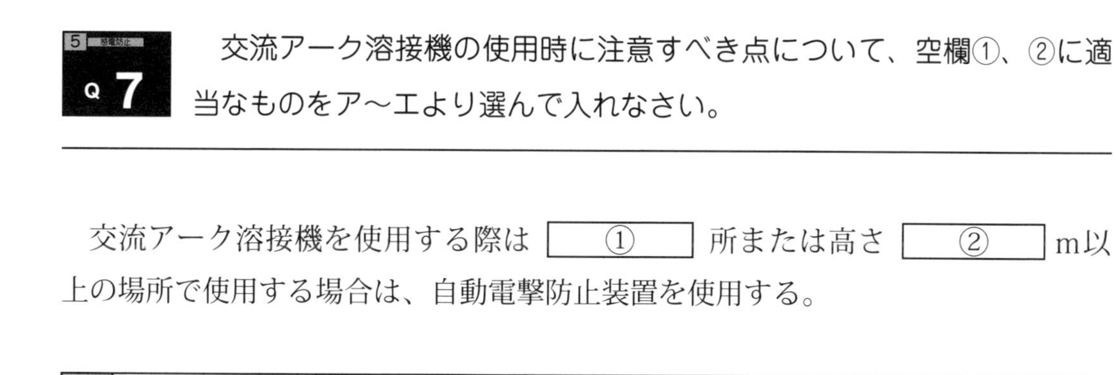

5 感電防止

Q 7

交流アーク溶接機の使用時に注意すべき点について、空欄①、②に適当なものをア～エより選んで入れなさい。

交流アーク溶接機を使用する際は［　①　］所または高さ［　②　］m以上の場所で使用する場合は、自動電撃防止装置を使用する。

ア	暗い	イ	狭あいな	ウ	2	エ	5

解答欄	①		②	

第6章　機械・器具

6 機械・器具
Q 1

人間は本来ミスをおかしやすく、安全、衛生面からは欠陥だらけであるといわれている。したがって、作業員の注意力のみに頼って安全を保つやり方は、つつしむべきである。つまり、本質安全化（不安全な状態や、不安全な行動が発生しても危険が生じないように安全対策を施しておくこと。）を目指すべきである。下記にフール・プルーフ「馬鹿保障」（人が機械設備の取扱いを誤っても事故や災害につながらないように組み込まれた安全装置）の例をあげたが間違っているものはどれか。

ア　電気洗濯機の脱水機でスイッチを切っても回転が停止しなければ蓋が開かない機構。

イ　固定ガード方式。開口部から加工物、工具などは入るが、手は危険領域に届かない。

ウ　再起動防止回転方式。急停止機構などの作動によって機械が停止したときや、停止後に機械への通電が復帰したときに、作業員が再起動操作を行わなければ、機械を再び起動できないようにする。

エ　巻過ぎ防止装置。クレーンなどで一定の高さ以上に荷をつり上げないための巻過ぎ防止装置。

解答欄	

6 機械・器具

Q 2 下記にフェールセーフ「失敗しても安全」(システムに故障が生じても、人間には危害を与えないようなシステムの仕組み。故障が発生しても、安全側にしか機能しないように工夫された仕組み) の例をあげたが間違っているものはどれか。

ア 両手操作機構。両手で同時に操作しないと機械が作動せず、手を離すと停止または逆転復帰する。

イ 電気のヒューズ。一定以上の電流が流れると、ヒューズが溶断し、電流が絶たれる。

ウ 路上の信号機。機械や電源の故障が生じたとき、赤の点滅に変わる。

エ ホールド・ツー・ラン回路方式。作業員が操作装置を押しているときに限って機械が運転を継続し、操作装置から手を離したときは直ちに機械を停止させる回路。

解答欄

6 機械・設備

Q 3

作業設備の安全化に当たっては、システム化された機械・設備については導入時には、十分な試運転・試行を行い、非定常作業（トラブル処理、検査、点検修理などの作業）ができるだけ少なくなるような措置をとることが大切です。下記の文章は機械設備の安全化について記述したが、空欄①～⑤に適当なものをア～オより選んで入れなさい。

---

① 動力電動部分、機械の作動部分上の突起物などには［ ① ］を設ける。

② 動力しゃ断装置を機械ごとに設け、［ ② ］して分解、修理などを行う場合には、起動装置に［ ③ ］、表示板などを取り付ける。

③ 構造規格に適合した機械、検定に合格した［ ④ ］および保護具を使用する。

④ 作業設備には、囲い、覆い、［ ⑤ ］、安全装置、などを設ける。

ア	施錠設備	イ	機械を停止	ウ	安全柵
エ	囲い・覆い	オ	安全装置		

解答欄	①		②		③		④		⑤	

研削といしの使用時の注意事項を下記にあげたが、正しいものには○を、間違っているものには×をつけなさい。

① その日の作業を開始する前には始業前点検（作動確認）をすれば使用しても良い。

② 研削砥石を取り替えたときには、１分間以上の試運転をしなければならない。

③ 側面を使用することを目的とする研削といし以外の研削といしの側面を使用してはならない。

④ 研削時の火花が飛散し、残材等に燃え移らないよう周囲の状況を確認しなければならない。

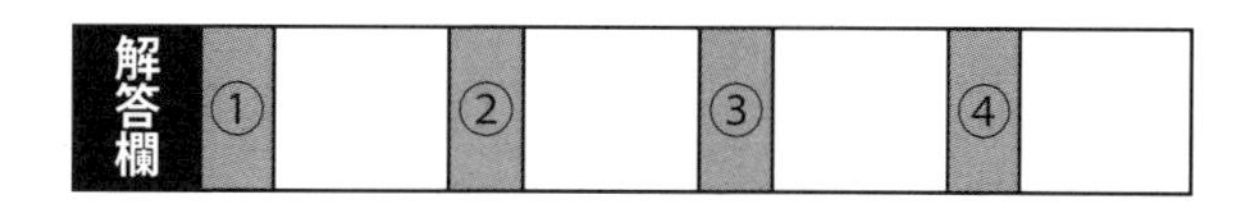

6 機械・器具

Q 5 工作機械・木材加工用機械における原動機、回転軸等による危険の防止についての注意事項を下記にあげたが、正しいものには○を、間違っているものには×をつけなさい。

---

① 機械の原動機、回転軸、歯車、プーリー、ベルト等の労働者に危険を及ぼすおそれのある部分には、覆い、囲い、スリーブ、踏切橋等を設けなければならない。

② ベルトの継ぎ目につける止め具の形状には特に規定はない。

③ 踏切橋を設ける時は、高さ 85cm以上の手すりを設けなければならない。

④ 回転軸、歯車、プーリー、フライホイール等に付属する止め具については、埋頭型のものを使用し、かつ覆いを設けなければならない。

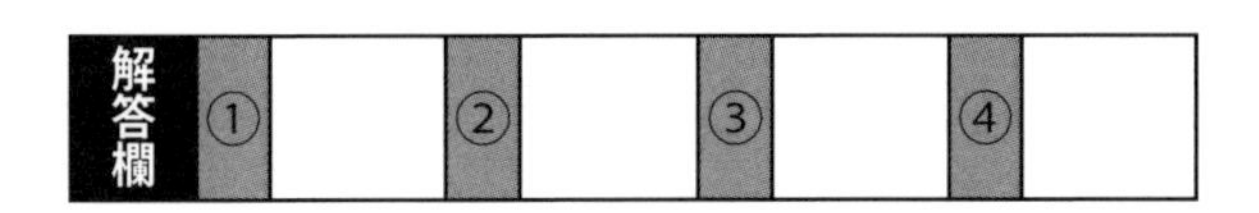

工作機械・木材加工用機械の使用上の注意事項を下記に挙げたが、正しいものには○を、間違っているものには×をつけなさい。

---

① 清掃、給油、検査、修理または調整の作業を行う場合において、労働者に危険を及ぼすおそれのあるときは、必ず機械の運転を停止しなければならない。

② 木材加工用丸のこ盤には、割刃その他の反ぱつ予防装置を設けなければないが、横切用丸のこ盤その他反ぱつにより労働者に危険を及ぼす恐れのないものには、反ぱつ予防装置を設けなくても良い。

③ 自動送り装置を有する木材加工用丸のこ盤には、歯の接触予防装置を設けなければならない。

④ 携帯用丸のこ盤の使用による災害が多発しているので、一定のカリキュラムに基づいた「特別教育に準じた教育」の受講が推奨されている。

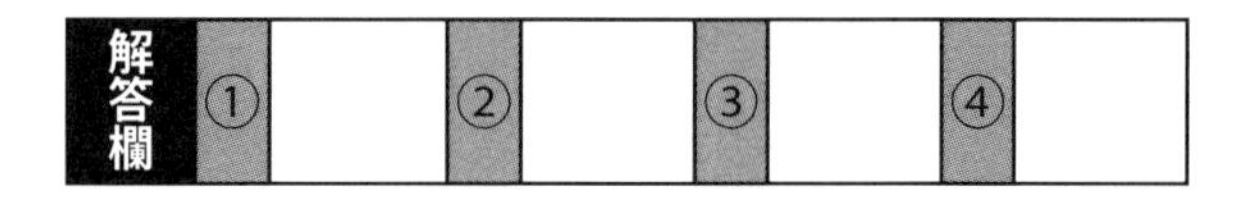

第7章　クレーン等

クレーンについて、誤っているものを１つ選びなさい。

ア　クレーンとは､動力を用いて荷をつり上げ（人力によるものは含まない)､かつ､これを水平に運搬することを目的とする機械装置（人力によるものも含む）のことである。

イ　クレーン（つり上げ荷重0.5 t 未満を除く）の定期検査・点検の種類は、作業開始前の点検、年次自主検査、および暴風・中震後等の点検の３種類である。

ウ　クレーンについて、逸走、倒壊、ワイヤロープの切断等、所定の事象が発生した時は、所轄労働基準監督署へ様式第 22 号による事故報告書を提出しなければならない。

エ　クレーンを設置する場合、所轄労働基準監督署に対し、つり上げ荷重が 0.5 t 以上３ t 未満のクレーンを設置するときは、あらかじめ設置報告書を提出。つり上げ荷重が３ t 以上のクレーンを設置しようとする場合は、設置工事開始日の 30 日前までに設置届を提出しなければならない。

解答欄	

7 クレーン等

Q 2

クレーンの安全作業について、誤っているものを１つ選びなさい。

ア クレーンの巻過防止装置についてはフック、グラブバケット等のつり具の上面または当該つり具の巻上げ用シーブの上面とドラム、シーブ、トロリフレームその他当該上面が接触するおそれのある物（傾斜したジブを除く）の下面との間隔が0.25 m以上（直働式の巻過防止装置にあっては、0.05 m以上）となるように調整しておかなければならない。

イ クレーンを用いて作業を行うときは、クレーンの運転者および玉掛けをする者が当該クレーンの定格荷重を常時知ることができるよう、表示その他の措置を講じなければならない。

ウ クレーンを用いて作業を行うときは、クレーンの運転について一定の合図を定め、関係者に周知しなければならない。また、合図を行う者は、合図方法を周知している者が行わなければならない。

エ クレーンにより労働者を運搬し、または労働者をつり上げて作業させてはならない。ただし、作業の性質上やむを得ない場合、または安全な作業の遂行上必要な場合は、この限りではない。

解答欄

7 クレーン等

Q 3 クレーンの運転に必要な教育等について、空欄①～⑥に適当なものをア～シより選んで入れなさい。

- クレーンの特別教育で運転できるのは、[　①　]が[　②　]のクレーンと[　①　]が[　③　]の弧線テルハである。
- [　④　]者は[　①　]が[　③　]のクレーン（無線操作式を含む）、床上運転式クレーン、床上操作式クレーン、跨線テルハを運転することができる。
- 床上運転式クレーンとは、床上で運転し、運転者が[　⑤　]と共に移動するクレーンのことをいい、床上操作式クレーンとは、運転者が[　⑥　]と共に移動するクレーンのことをいう。

ア	機体重量	**イ**	つり上げ荷重	**ウ**	1 t以上
エ	1 t未満	**オ**	3 t以上	**カ**	3 t未満
キ	5 t以上	**ク**	5 t未満	**ケ**	クレーン・デリック運転士免許
コ	つり荷	**サ**	クレーン	**シ**	クレーン・デリック技能講習修了

解答欄	①		②		③		④		⑤		⑥	

7 クレーン等

Q 4

建設用リフト設置にあたり、所轄労働基準監督署への届出書類と運転に必要な資格について、空欄①～⑤に適当なものをア～セより選んで入れなさい。

- 建設用リフト設置時の届出書類は、 ① である。
- ① が必要な建設用リフトとはガイドレールの高さが ② 以上（但し、積載荷重 ③ 未満を除く）
- ① は、設置工事を開始する日の ④ 前までに提出しなければならない。
- 建設用リフトの運転は、建設用リフトの ⑤ を修了していることが必要である。

ア	建設用リフト設置報告書	イ	建設用リフト設置届	ウ	5 m
エ	10 m	オ	18 m	カ	0.25 t
キ	0.50 t	ク	1 t	ケ	7日
コ	14日	サ	30日	シ	特別教育
ス	技能講習	セ	免許		

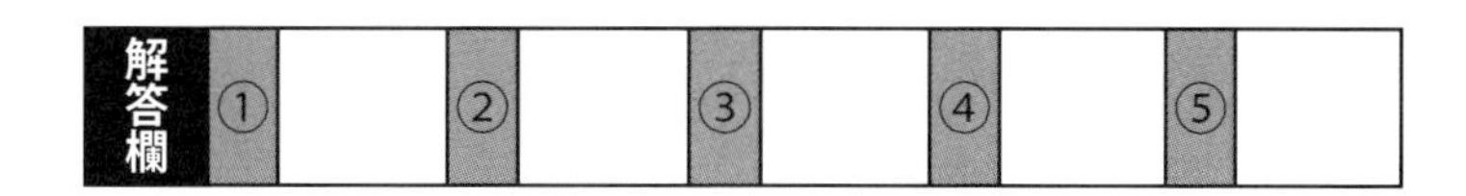

解答欄	①		②		③		④		⑤	

第7章 クレーン等 問題

建設用リフトの安全作業について、誤っているものを１つ選びなさい。

ア 建設用リフトを用いて作業を行なうときは、当該作業を行なう場所に、当該建設用リフトの建設用リフト検査証を備え付けておかなければならない。

イ 建設用リフトの搬器に修理、調整、点検等の作業以外で労働者を乗せる場合、資材の転倒等による危険が生じることのないよう、必要に応じて資材の転倒防止や乗車位置の表示を行わなければならない。

ウ 建設用リフトの運転者を搬器を上げたままで、運転位置から離れさせてはならない。

エ 建設用リフトを用いて作業を行なうときは、その日の作業を開始する前に、ブレーキおよびクラッチの機能、ワイヤロープが通っている箇所の状態について、点検を行なわなければならない。

解答欄

Q 6 工事用エレベーター設置にあたり、所轄労働基準監督署への届出書類について、空欄①～⑥に適当なものをア～スより選んで入れなさい。

- 工事用エレベーター設置時の届出書類には、[①] と [②] がある。
- [①] は、積載荷重が [③] 未満（0.25 t 未満を除く）の場合である。なお、設置期間が [④] 未満の場合は、提出不要。
- [②] は、積載荷重が [③] 以上の場合である。
- [①] は、[⑤] 提出しなければならない。
- [②] は、設置工事を開始する日の [⑥] までに提出しなければならない。

ア	工事用エレベーター設置報告書	イ	3 t	ウ	1 t
エ	工事用エレベーター設置届	オ	5 t	カ	30 日
キ	60 日	ク	100 日	ケ	あらかじめ
コ	設置後速やかに	サ	7 日前	シ	14 日前
ス	30 日前				

解答欄	①		②		③		④		⑤		⑥	

工事用エレベーターの安全作業について、誤っているものを１つ選びなさい。

ア 工事用エレベーターを運転する者は、工事用エレベーター特別教育を修了した者の中から選任し、その者に運転方法を周知しなければならない。

イ 工事用エレベーターは、１カ月以内ごとに１回、かつ１年以内ごとに１回、定期自主検査を行わなければならない。

ウ 屋外に設置されている工事用エレベーターは、瞬間風速が毎秒 30 mを超える風が吹いた後、または中震（震度４）以上の地震の後に作業を行うときは、あらかじめ、異常の有無について点検を行わなければならない。

エ 自主検査等にて異常を認めたときは、直ちに補修しなければならない。

ゴンドラについて、誤っているものを１つ選びなさい。

ア　ゴンドラ設置届は、当初設置時に所有者が所轄労働基準監督署へ提出するが、各々工事現場においては、設置の都度、所轄労働基準監督署へ設置届を提出しなければならない。

イ　ゴンドラの作業床の上で、脚立、はしご等を使用してはならない。

ウ　ゴンドラの操作を行う者は、ゴンドラが使用されている間は、操作位置を離れてはならない。

エ　ゴンドラを使用して作業を行っている箇所の下方には関係労働者以外の者が立ち入ることを禁止し、かつ、その旨を見やすい箇所に表示しなければならない。

ゴンドラの安全作業について、空欄①〜⑥に適当なものをア〜スより選んで入れなさい。

- ゴンドラの操作は、［ ① ］を修了した者が行わなければならない。
- ゴンドラを使用する場合は、その日の作業を開始する前に点検を行わなければならないが、悪天候（［ ② ］、［ ③ ］、［ ④ ］）の後に使用する場合にも、点検を行わなければならない。
- ゴンドラは、［ ⑤ ］以内ごとに1回定期自主検査を行わなければならず、その検査の記録を［ ⑥ ］保管しなければならない。

ア	ゴンドラ特別教育	イ	ゴンドラ技能講習	ウ	暴風
エ	強風	オ	大雨	カ	大雪
キ	地震	ク	1カ月	ケ	3カ月
コ	6カ月	サ	1年間	シ	3年間
ス	5年間				

解答欄	①		②		③		④		⑤		⑥	

高所作業車について、誤っているものを１つ選びなさい。

ア　高所作業車は、垂直昇降型とブーム型の２種類に分類される。

イ　高所作業車を用いて作業を行うときは、あらかじめ、当該作業に係る場所の状況、当該高所作業車の種類および能力等に適応する作業計画を定め、かつ、当該作業計画により作業を行わなければならない。

ウ　高所作業車については、積載荷重その他の能力を超えて使用してはならない。

エ　高所作業車のブーム等を上げ、その下で修理、点検等の作業を行うときは、関係労働者以外の労働者が立ち入らないよう、必要な措置を行わなければならない。

解答欄	

高所作業車の資格について、下記の文章の空欄①～⑥に適当なものをア～コより選んで入れなさい。

高所作業車の資格は、［①］と［②］の2種類に分かれている。［①］では作業床の高さが［③］、［②］では、作業床の高さが［④］と定められているが、作業床の高さの判断は、高所作業車の［⑤］で判断し、［⑥］での判断ではない。したがって、5mの高さで使用する高所作業車の能力が20mまで上昇させることができる場合、資格は、［②］が必要である。

ア	特別教育	イ	技能講習	ウ	免許
エ	安全衛生教育	オ	5m未満	カ	5m以上
キ	10m未満	ク	10m以上	ケ	機械の能力
コ	使用する作業床の高さ				

解答欄	①		②		③		④		⑤		⑥	

7 クレーン等

Q12 高所作業車について、誤っているものを1つ選びなさい。

ア 高所作業車を用いて作業を行うときは、当該作業の指揮者を定め、その者に作業計画に基づき作業の指揮を行わせなければならない。

イ 高所作業車を用いて作業を行うときは、乗車席および作業床以外の箇所に労働者を乗せてはならない。

ウ 高所作業車は積載荷重の範囲内に限り、荷のつり上げが認められているが、その際は作業計画書につり荷の種類、重量、つり上げ方法、玉掛者等を明確に記載しておかなければならない。

エ 高所作業車については、1カ月以内ごとに1回、かつ1年以内ごとに1回、定期自主検査を行わなければならない。ただし、1カ月を超えるまたは1年を超えて期間使用しない高所作業車の当該使用しない期間においては、この限りでない。

解答欄

移動式クレーンの作業方法について、空欄①～⑤に適当なものをア～コより選んで入れなさい。

- 敷板を使用、［　①　］を確実にセットする。
- ［　②　］は原則禁止。やむを得ない場合は、指揮者の直接指揮による・横引き、斜めづりは禁止。
- ［　③　］は低速で行う。
- ［　④　］は、作業中止。
- ［　⑤　］は、原則禁止。
- ジブを伸ばした状態での走行は禁止。
- 作業中または、駐車時は必ず駐車ブレーキ、車止めをする。
- 走行中、乱暴な運転は禁止。

ア	アウトリガ	イ	シートベルト	ウ	共づり
エ	一点づり	オ	旋回	カ	つり上げ
キ	大雨や大雪の時	ク	強風時	ケ	つり荷走行
コ	わき見走行				

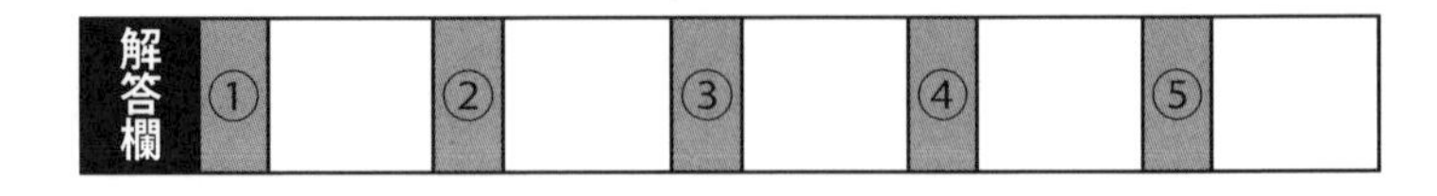

移動式クレーンの資格について、下記の文章の空欄①～⑤に適当なものをア～ケより選んで、その記号を入れなさい。

移動式クレーンの資格は、［①］、［②］、［③］の３種類に分かれており、［①］は、つり上げ荷重が［④］未満、［②］は、つり上げ荷重が［④］以上［⑤］未満、［③］は、つり上げ荷重が［⑤］以上となっている。

ア	特別教育	イ	技能講習	ウ	免許
エ	安全衛生教育	オ	0.5 t	カ	1 t
キ	3 t	ク	5 t	ケ	10 t

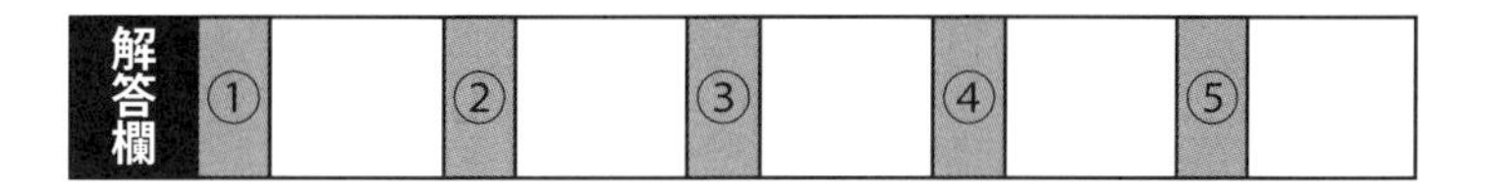

移動式クレーンについて、誤っているものを１つ選びなさい。

ア　移動式クレーンを用いて作業を行うときは、移動式クレーンの運転者および玉掛けをする者に定格荷重を周知しなければならないが、周知の方法は口頭だけでもよい。

イ　アウトリガーを使用する移動式クレーンを用いて作業を行うときは、当該アウトリガーを当該鉄板等の上で当該移動式クレーンが転倒する恐れのない位置に設置しなければならない。

ウ　移動式クレーンにより労働者を運搬し、または労働者をつり上げて作業させてはならない。但し、作業の性質上やむを得ない場合または安全な作業の遂行上必要な場合は、移動式クレーンのつり具に専用のとう乗設備を設けて当該とう乗設備に労働者を乗せることができる。

エ　移動式クレーンの運転者は、荷をつったまま、運転位置から離れてはならない。

Q16 クレーン作業を行う場合、つり上げられている荷の下に作業員を立ち入らせてはならない「つり荷の下への立入禁止」がクレーン則第29条、同第74条の2で定められています。下記の図の中で”つり荷の下への立入禁止”の範囲として正しいものには○を、間違っているものには×をつけなさい。

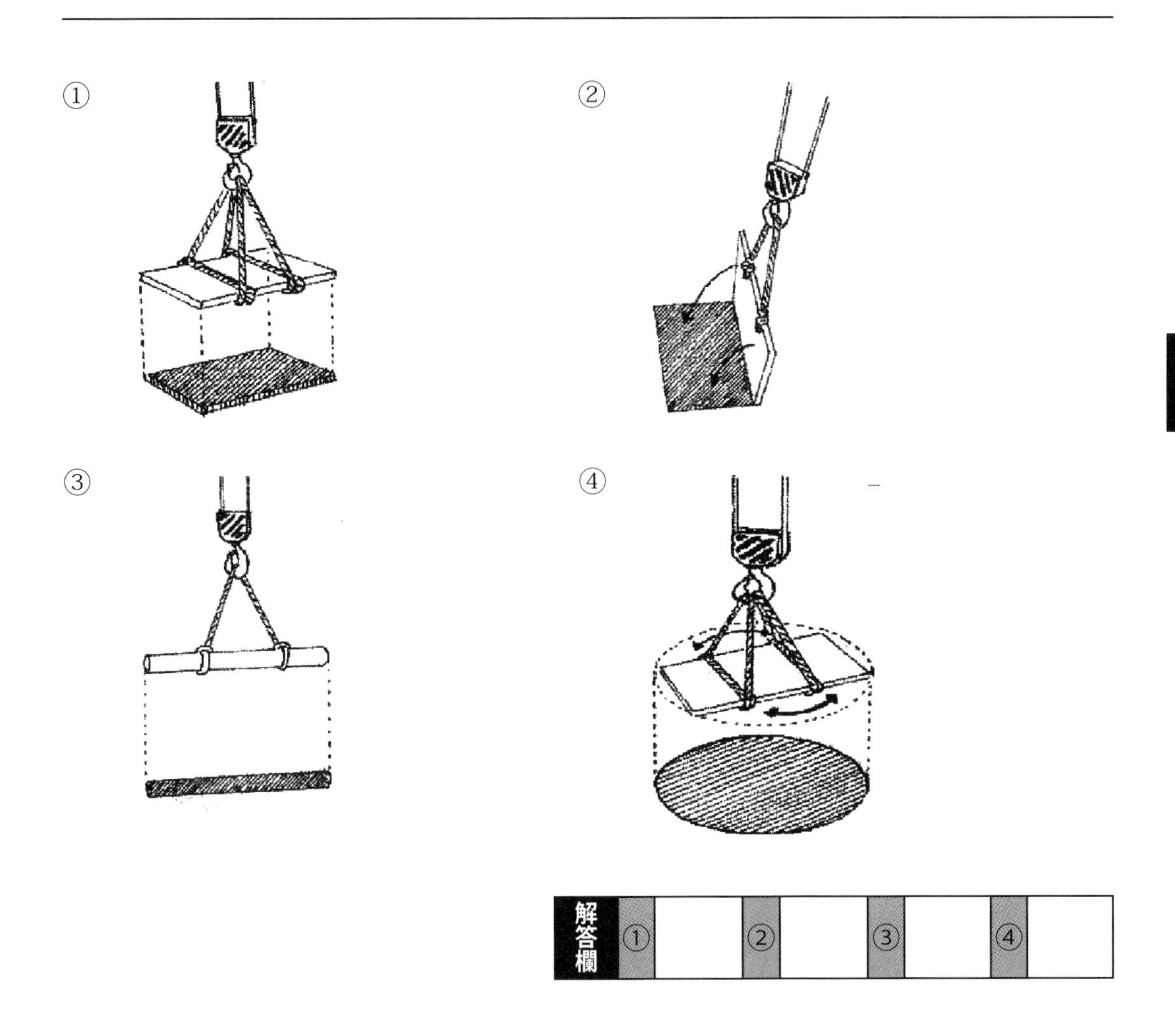

解答欄	①		②		③		④	

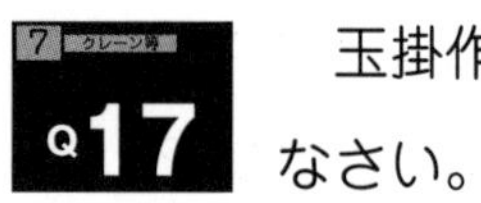

玉掛作業を行うときの作業手順として、正しいものをア〜エより選びなさい。

---

① 荷の形、大きさ、材質を調べる。

② 玉掛用具を選定する。

③ 玉掛作業を行う。

④ 玉掛の方法（掛け方、巻き方、玉掛位置）を決める。

⑤ クレーンの定格荷重を確認する。

ア	①⇒②⇒③⇒④⇒⑤
イ	②⇒④⇒⑤⇒③⇒①
ウ	⑤⇒④⇒③⇒②⇒①
エ	⑤⇒①⇒④⇒②⇒③

解答欄	

7 クレーン等

Q18 玉掛用具は常に安全に使用できる状態にしておくために、作業開始前の点検や作業の状態に応じた点検を怠ってはならない。これを怠ると用具の耐用期間を縮めるだけではなく災害を発生させることになる。点検は損傷、変形などについて調べ、異常を認めたときは直ちに補修するか、または使用禁止にしなければならない。また、使用禁止の措置が中途半端になると再び使用されることがあるので、直ちに処分するなど確実な処置をとることが大切である。下記イラストはワイヤロープの型くずれの例であるが、型くずれの名称をア～エより選びなさい。

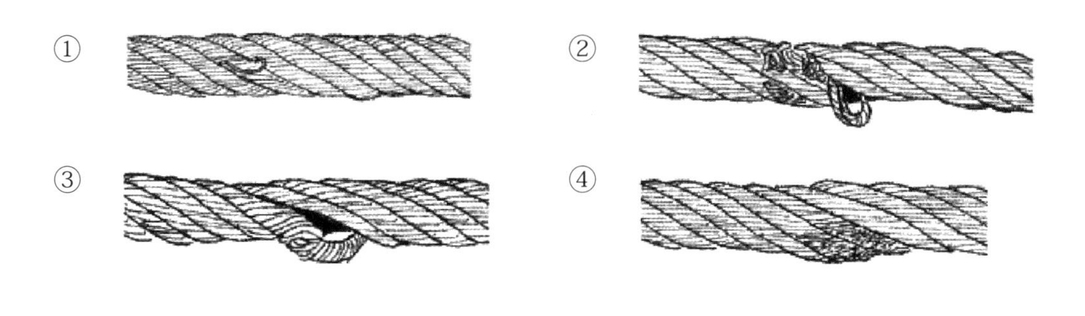

ア	ストランドの飛び出し	イ	素線の飛び出し
ウ	キンク	エ	心綱のはみ出し

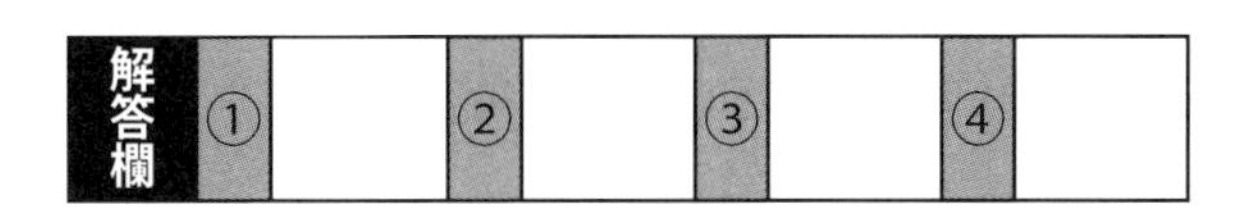

使用禁止の玉掛ワイヤーの説明のうち、正しいものには○を、間違っているものには×をつけなさい。

① 1よりの間で素線数の5％以上の素線が切断したもの

② キンクしたもの

③ 著しい型くずれ（ストランドのへこみ、心綱のはみだし）

④ 著しい腐食があるもの

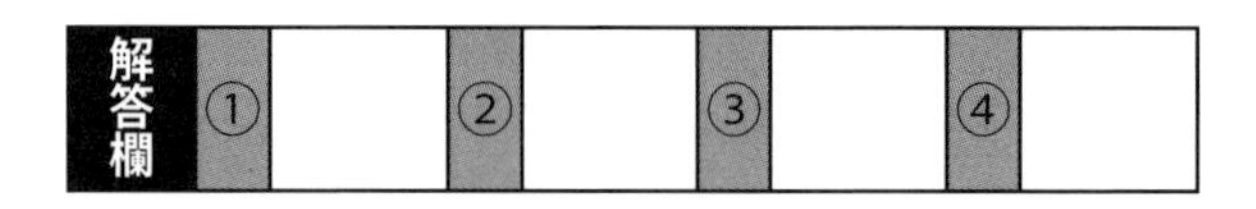

玉掛方法の選定に際して配慮する内容で、正しいものには○を、間違っているものには×をつけなさい。

① 玉掛用具の選定に当たっては、必要な安全係数を確保するか、または定められた使用荷重範囲内で使用する。

② つり角度は120度以内であること。

③ アイボルト形の使用する場合は、ワイヤロープのアイにシャックルのアイボルトを通す。

④ ワイヤロープ等の玉掛用具を取り外す際に、クレーン等のフックの巻き上げによって引き抜かない。

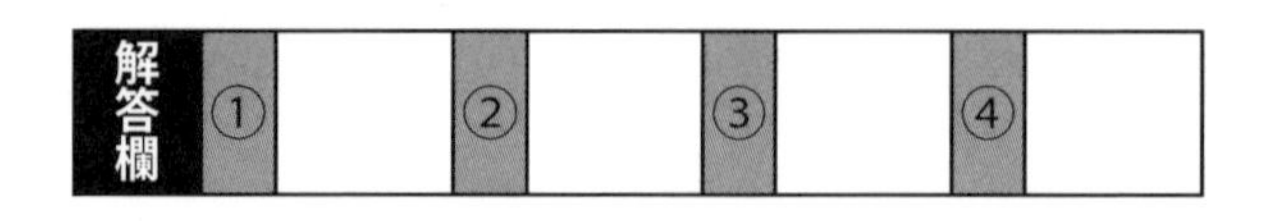

玉掛用ワイヤロープによる方法で、正しいものには○を、間違っているものには×をつけなさい。

① ２本づりの場合は、荷が回転しないようにつり金具が荷の重心位置より上部に取り付けられていることを確認すること

② フック部でアイの重なりがないようにし、クレーンのフック方向に合ったアイの掛け順によって掛けること

③ ２本４点あだ巻きづり、２本２点あだ巻き目通しづり
あだ巻き部で玉掛けワイヤロープが重ならないようにすること
目通し部を深しぼりする場合は、玉掛け用ワイヤロープに通常の２倍から３倍の張力が作用するものとして、その張力に見合った玉掛用具を選定すること

④ ２本４点半掛け
つり荷の安定が悪いため、つり角度は90°以内とするとともに、あて物等により玉掛け用ワイヤロープがずれないような措置を講じること

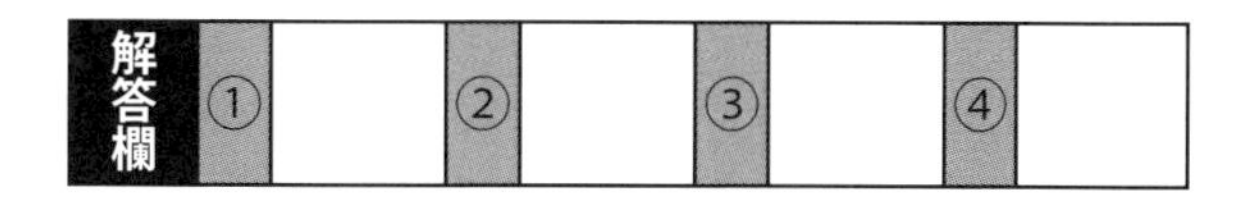

第8章　くい打機他

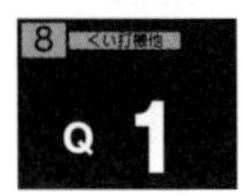

くい打工事を行うに当たり実施または確認すべき事項を１～４に示します。各事項の空欄①～④に適当なものをア～スより選んで入れなさい。

1．事業者は、くい打機を用いて作業を行うときは、使用するくい打機の能力、運行経路、作業の方法を定めて［　①　］を作成し関係する労働者に周知しなければならない。

2．事業者は、くい打機を用いて作業を行うときは、運転中のくい打機の接触により労働者に危険が生ずるおそれのある時は労働者を立ち入らせてはならない。ただし［　②　］を配置し、その者にくい打機を誘導させるときはこの限りではない。

3．事業者は、くい打機の組立、解体、変更または移動を行うときは、作業の方法、手順等を定め、これらを労働者に周知させ［　③　］を指名して、作業を行わせなければならない。

4．事業者は、くい打機を用いて作業を行うときは、その日の作業を開始する前に［　④　］を行わなければならない。

ア	機械配置図	イ	作業手順	ウ	区画の範囲図
エ	作業計画	オ	監視人	カ	作業指揮者
キ	誘導者	ク	作業主任者	ケ	安全衛生責任者
コ	打合せ	サ	KY ミィーティング	シ	始業前点検
ス	安全衛生責任者				

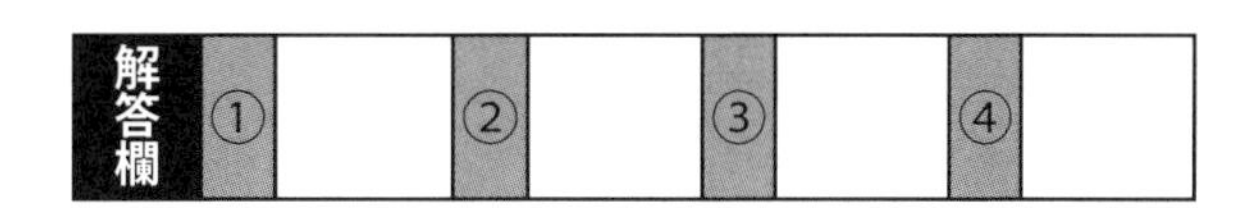

解答欄	①		②		③		④	

くい打工事を行うに当たり実施または確認すべき事項を下記に示します。各事項の空欄①～⑤に適当なものをア～オより選んで入れなさい。

1．基礎工事用機械は定期自主検査が義務付けされており、検査記録は［ ① ］保存しなければならないことになっており、運転者はこの検査の結果を確認しなければならない。

2．地下埋設物・架空工作物・鉄道施設等に近接して作業を行う場合には、各関係先に連絡しその［ ② ］を求めること。

3．事業者は、くい打機の組立て、解体、変更または移動を行なうときは、作業の方法、手順等を定め、これらを労働者に周知させ、かつ、［ ③ ］を指名して、その直接の指揮の下に作業を行わせなければならない。

4．くい打・くい抜機の運転は、機体重量が３ｔ以上については有資格者または［ ④ ］を修了した者、機体重量が３ｔ未満については［ ⑤ ］を受けた者が行うこと。

ア	技能講習	イ	作業指揮者	ウ	３年間
エ	立会	オ	特別教育		

解答欄	①		②		③		④		⑤	

第9章　車両系建設機械

9 車両系建設機械
Q 1

建設現場では、さまざまな建設機械を使用して工事を進めている。今やこの建設機械はコストや能率などの面で重要な役割を担っており、工事の内容、工程、工種等に応じていかに適切な建設機械を導入するかが重要なポイントになっている。しかし、一方建設業の三大災害にもあげられるように建設機械に関わる災害が多いのも現状である。さて、労働安全衛生法では建設機械をA．車両系建設機械、B．くい打機、くい抜機およびボーリングマシン、C．ジャッキ式つり上げ機械、D．高所作業車などに分類される。このうち車両系建設機械はさらに下記の①～⑥のように分類されているが関係の深い機械をア～カより選びなさい。

---

① 整地・運搬・積込み用機械
② 掘削用機械
③ 基礎工事用機械
④ 締固め用機械
⑤ コンクリート打設用機械
⑥ 解体用機械

ア	アース・オーガー	イ	ローラー	ウ	パワー・ショベル
エ	コンクリートポンプ車	オ	ブレーカ	カ	ブル・ドーザー

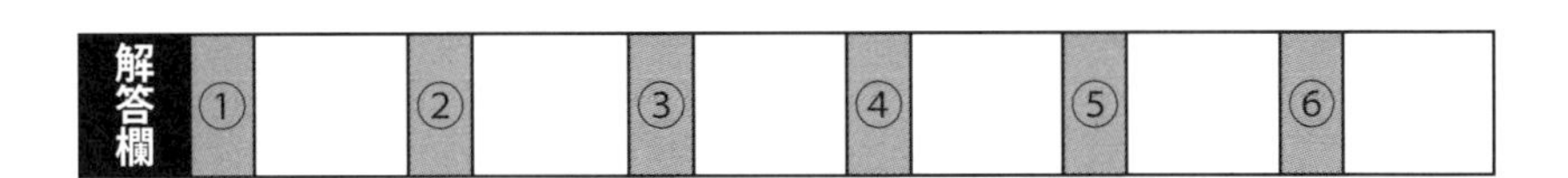

9 車両系建設機械

Q 2

車両系建設機械を使用して作業を行うときは、あらかじめ作業場所の地形、地質の状態等を調査しその結果に適応する“作業計画”を作成しなければならない。作業計画には使用する車両系建設機械の種類および能力、運行経路、作業の方法等を明記することが必要になる。具体的には、作業主任者や誘導者の選任・指名、合図の方法、危険範囲・立入禁止の措置、地形・地質、埋設物・架空線の状況、機械の転倒危険場所と防止措置など数多くの記入情報がある。下記に“作業計画”を作成する目的をあげたが正しいものはどれか。

ア　発注者へ説明のため

イ　元方事業者へ説明のため

ウ　職長・安全衛生責任者が元方事業者担当者と打合せのため

エ　職長・安全衛生責任者が重機運転手と打合せのため

オ　関係労働者へ周知のため

解答欄	

9 車両系建設機械

Q 3 建設機械による災害防止のため、労働安全衛生規則では作業の内容により“誘導者の配置”を義務付けているが、下記の表の組合せで正しいものをア〜オより選びなさい。○が誘導者が義務付けられていることを示す。

	車両系建設機械		移動式クレーン	高所作業車
	転倒・転落の危険	接触の危険	作業半径内の接触の危険	作業員を乗せて走行の危険
ア	×	○	○	×
イ	○	×	○	○
ウ	○	○	×	○
エ	○	○	○	×
オ	○	×	×	○

解答欄

車両系建設機械に関して、労働安全衛生規則上正しいものには○を、間違っているものには×をつけなさい。

① 前照灯（ヘッドライト）を備えなければならない。ただし作業を安全に行うため必要な照度が保持されている場所において使用する場合はこの限りでない。

② 岩石の落下などによる危険がある場所で作業するときは、堅固なヘッドガードを備えなければならない。

③ 機械を使用する場所について、あらかじめ地形、地質の状態などを調査し、その結果を記録しなければならないが、一見して安全を確保される状態の場所においてはこの限りでない。

④ 機械を使用するときは、地形、地質の状態に応じた制限速度（最高速度が毎時10km以下のものを除く）を定めなければならないが、一見して安全を確保される状態の場所においてはこの限りでない。

⑤ 機械の転倒または転落、機械との接触などによる危険があるときは、誘導者を配置しなければならない。

⑥ 機械の運転者は、誘導者が行う誘導を参考にしなければならないが、運転者として最終的な判断は自分でしなければならない。

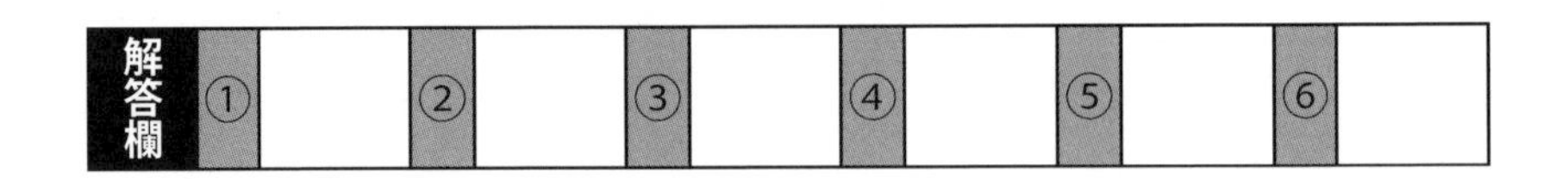

解答欄	①		②		③		④		⑤		⑥	

車両系建設機械に関して、労働安全衛生規則上正しいものには○を、間違っているものには×をつけなさい。

① 機械の運転者が、運転席から離れるときは、バケット、ジッパー等の作業装置などを地上におろさなければならない。

② 機械の運転者が、運転席から離れるときは、エンジンを止め、走行ブレーキをかけなければならないが、すぐ近くで打合せや休憩などをする場合は機械の状況が把握できるのでこの限りでない。

③ 機械を使用して作業するときは、乗車席以外の箇所に労働者を乗せないようにするのが原則だが、誘導員を配置した場合は乗せてもよい。

④ 機械をトレーラーなどに積卸しを行う場合、転倒・転落などの危険を防止するため、盛土や架設台などは使用してはならない。

⑤ 機械を使用して作業するときは、転倒およびブーム、アームなどの作業装置の破壊による危険を防止するため、定められた安定度、最大使用荷重などを守らなければならない。

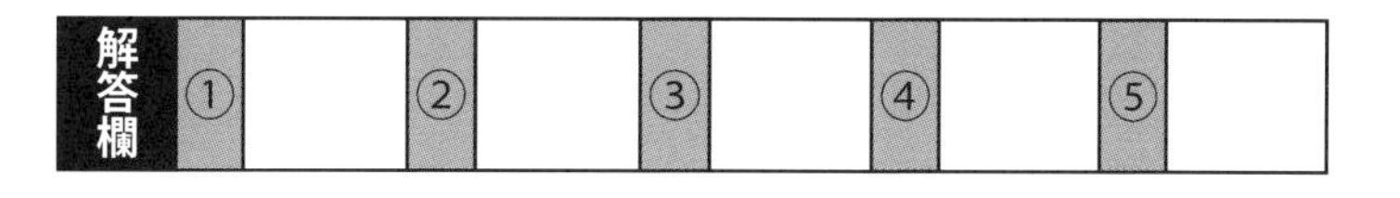

9 車両系建設機械

Q 6

車両系建設機械は、主たる用途以外に使用してはならないが、パワー・ショベルによる荷のつり上げ作業では、いくつかの例外が認められている。下記の作業のうち認められているものには○を、認められていないものには×をつけなさい。下記のいずれの作業にも安全確保措置はされているものとする。

---

① 移動式クレーンを頼む予算がないため

② 移動式クレーンが入ることのできない場所で土砂崩壊による危険を防止するために土留め用矢板をつり込むため

③ 移動式クレーンを頼むと遠隔地のため相当の時間がかかるため

④ つり上げる荷の重量が 500kg 以内で比較的軽量であるため

⑤ 作業場所が狭く移動式クレーンを使うとかえって危険なため

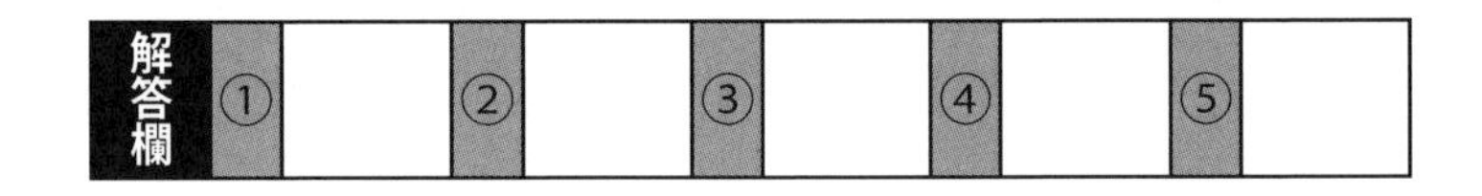

9 車両系建設機械

Q 7 パワー・ショベルによる荷のつり上げは、原則として禁止されているが、一定の条件によっては認められる場合がある。その安全確保の措置条件として該当するものには○を、該当しないものには×をつけなさい。

---

① アーム、バケット等の作業装置に取り付けるフック、シャックル、その他のつり上げ用器具等は、負荷させる荷重に応じた十分な強度を有する必要があること

② フックには外れ止めが付いていること

③ 合図者は荷のつり上げ作業の近くにいる者が、そのつど行うようにすること

④ 荷の落下、接触の危険個所はみんなで注意をおこたらないこと

⑤ 平らな場所で行うこと

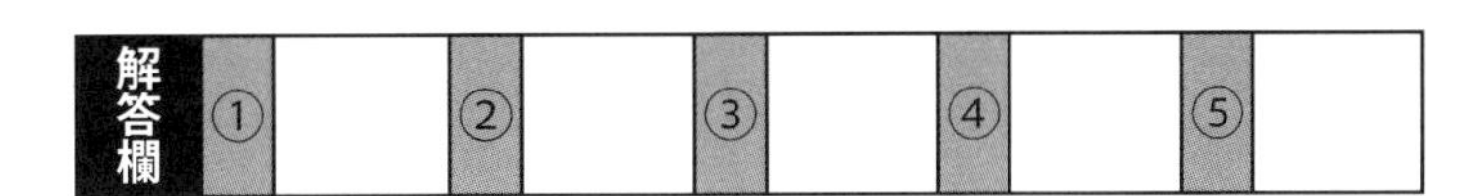

解答欄	①		②		③		④		⑤	

車両系建設機械（パワー・ショベルなど）の定期自主点検について、下記のうち正しいものはどれか。

ア 特定自主検査（年次検査）を実施していれば他の検査は必要ない。

イ 定期自主検査（月例検査）を実施していれば他の検査は必要ない。

ウ 作業開始前点検を実施していれば他の検査は必要ない。

エ 年次検査と月例検査を実施していれば他の検査は必要ない。

オ 年次検査と作業開始前点検を行っていれば他の検査は必要ない。

カ 年次検査と月例検査および作業開始前点検をそれぞれ実施しなければならない。

解答欄

9 車両系建設機械

Q 9　車両系建設機械は、労働安全衛生規則によって特定自主検査（年次検査）を義務付けられている。この検査は検査資格を有するものによって行わなければならず、実施した建設機械には次のような検査標章を貼付しなければならない。また、実施した結果を記録表に記録して、3年間保存しなければならないことになっている。次の①～⑤の検査標章の項目でそれぞれ内容で正しいものはどれか。

① 検査の種類

ア	作業開始前点検	イ	月例点検	ウ	年次点検

② 検査の実施時期

ア	平成17年3月	イ	平成17年4月	ウ	平成18年3月	エ	平成18年4月

③ 貼付場所

ア	所有者の会社	イ	機械の見やすい所

④ 検査の有効期限

ア	平成18年3月	イ	平成18年4月	ウ	平成19年3月	エ	平成19年4月

⑤ 検査者の氏名

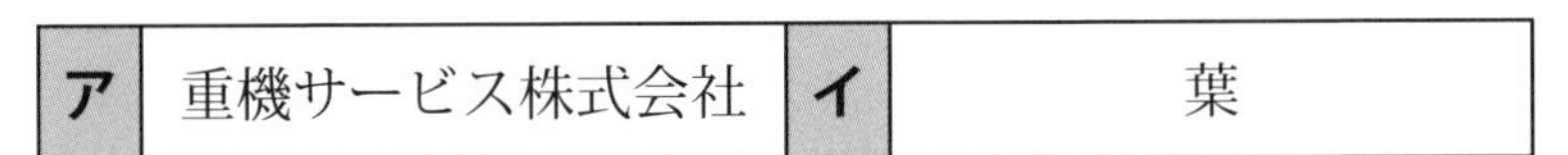

ア	重機サービス株式会社	イ	葉

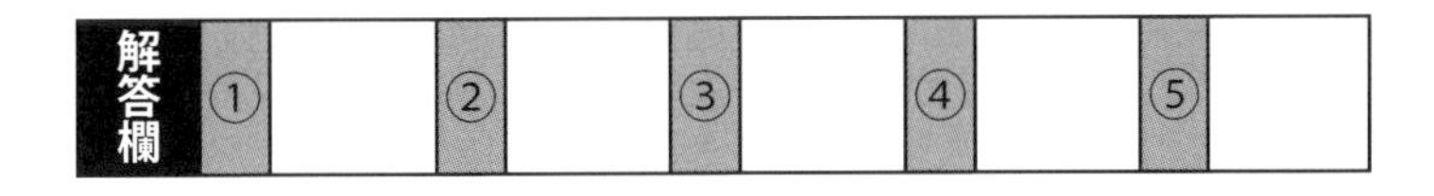

解答欄	①		②		③		④		⑤	

フォークリフトに関する記述のうち、適切なものには○を、適切でないものには×をつけなさい。

① フォークの片方の爪の先端に、フレキシブルコンテナをつり下げて搬送した。

② フォークの先端の高さを地面から 15 ～ 20cm として走行した。

③ フォークまたはフォークに積んだ荷の下に作業者を立ち入らせなかった。

④ 積載した荷が大きく視界が悪かったが、前進で搬送した。

⑤ 荷を積載して坂道を上がるときは後進し、坂道を降りるときは前進とした。

⑥ フォークリフトの許容荷重は、揚高と荷の重心位置によって異なる。

⑦ フォークリフトのマストまたはフォークの傾斜角は、前傾角よりも後傾角のほうが小さい。

解答欄	①		②		③		④		⑤		⑥		⑦	

乗用の締固め機械（ローラーなど）の使用時の注意事項を下記にあげたが、正しいものには○を、間違っているものには×をつけなさい。

① 車体重量が重く作られているため、高速運転、急発進、急停止、急旋回などをしても、転倒、転落などの危険は少ない。

② 死角の範囲が少なく、運転者は周囲が見やすいので作業員が近づいても安全である。

③ 路肩の転圧は寄りすぎないこと、特に雨の後は注意を要する。

④ 近くでランマーなどの機械を操作していると、騒音などでローラーが接近してきても気づかない場合があるので、誘導者を配置する。

⑤ 締固め作業時は、前後進を繰り返すので、安全に作業できる速度で運転する。

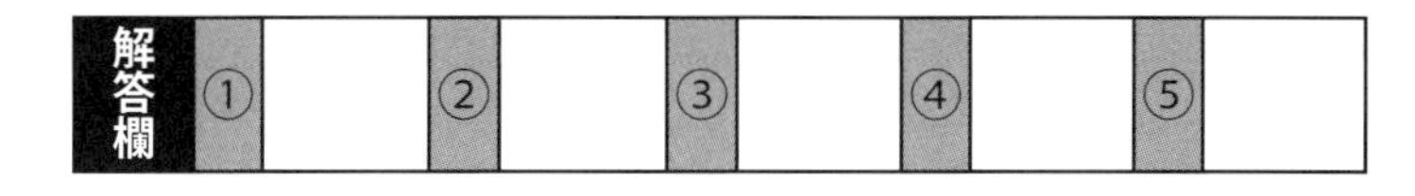

建設機械等による労働災害を防止するため、事業者が講じた措置に関する次の記述のうち、労働安全衛生法令上、違反となるものはどれか。

ア 車両系建設機械のアタッチメントの装着の作業を複数の労働者で行うとき、当該作業を指揮する者を定めないで作業を行わせた。

イ 車両系建設機械を用いた作業において、運転中の車両系建設機械に接触することにより労働者に危険が生じるおそれのある箇所に労働者を立ち入らせるとき、誘導者を配置し、その者に当該車両系建設機械を誘導させた。

ウ 車両系建設機械を用いて作業を行うとき、車両系建設機械の転倒および転落のおそれのない場所だったので、シートベルトを備えていない車両系建設機械を使用させた。

エ 作業床の高さ（作業床を最も高く上昇させた場合におけるその床面の高さ）が５mの高所作業車の運転の業務について、高所作業車運転技能講習は修了していないが、当該業務に関する安全のための特別の教育を行った者に従事させた。

解答欄

車両系建設機械による労働災害を防止するため事業者が講ずべき措置に関する次の記述のうち、労働安全衛生法令上、定められていないものはどれか。

ア 車両系建設機械を用いて作業を行うときは、その日の作業を開始する前に、ワイヤロープ、チェーン、バケットおよびジッパーの損傷の有無について点検を行わなければならない。

イ 路肩、傾斜地等であって、車両系建設機械の転倒または転落により運転者に危険が生ずるおそれのある場所においては、転倒時保護構造を有し、かつ、シートベルトを備えたもの以外の車両系建設機械を使用しないように努めるとともに、運転者にシートベルトを使用させるように努めなければならない。

ウ 車両系建設機械を用いて作業を行うときは、誘導者を配置し、その者に当該車両系建設機械を誘導させるときを除き、運転中の車両系建設機械に接触することにより労働者に危険が生ずるおそれのある個所に、労働者を立ち入らせてはならない。

エ 車両系建設機械の修理またはアタッチメントの装着若しくは取り外しの作業を行うときは、当該作業を指揮する者を定め、その者に、作業手順を決定させ、作業を指揮させなければならない。

オ 岩石の落下等により労働者に危険が生ずるおそれのある場所でブル・ドーザー、トラクター・ショベル、ずり積機、パワー・ショベル、ドラグ・ショベルおよび解体用機械を使用するときは、当該車両系建設機械に堅固なヘッドガードを備えなければならない。

解答欄

車両系建設機械による労働災害を防止するため事業者が講ずべき措置に関する次の記述のうち、労働安全衛生法令上、誤っているものはどれか。

ア 車両系建設機械を用いて作業を行うときは、あらかじめ、当該作業に係る場所について地形、地質の状態等を調査し、当該調査により知り得たところに適応する作業計画を定めなければならない。

イ 車両系建設機械のブームを上げ、その下で修理、点検等の作業を行うときは、ブームが降下することによる労働者の危険を防止するため、一定の合図を定め、合図を行う者を指名して、その者に合図を行わせなければならない。

ウ 路肩、傾斜地等であって、車両系建設機械の転倒または転落により運転者に危険が生ずるおそれのある場所においては、転倒時保護構造を有し、かつ、シートベルトを備えたもの以外の車両系建設機械を使用しないように努めなければならない。

エ 車両系建設機械を用いて作業を行うときは、誘導者を配置し、その者に当該車両系建設機械を誘導させる場合を除き、車両系建設機械に接触することにより危険が生ずるおそれのある箇所に、労働者を立ち入らせてはならない。

オ 最高速度が毎時 10km を超える車両系建設機械を用いて作業を行うときは、あらかじめ、当該作業に係る場所の地形、地質の状態等に応じた車両系建設機械の適正な制限速度を定め、それにより作業を行わなければならない。

解答欄	

9 車両系建設機械

Q15 建設機械等による労働災害を防止するため事業者が講じた措置に関する次の記述のうち、労働安全衛生法令上、違反となるものはどれか。ただし、記述中にあるコンクリート圧砕機、くい打機および解体用つかみ機は、動力を用い、かつ、不特定の場所に自走できるものとし、ボーリングマシンは、動力を用い、かつ、不特定の場所に自走できないものとする。

ア コンクリート圧砕機を用いて作業を行うとき、コンクリートの破片の飛来により労働者に危険が生ずるおそれのある箇所に、関係労働者以外の労働者の立入りを禁止したが、運転者および合図者は立ち入らせた。

イ 高所作業車の作業床に労働者が乗って作業を行っているとき、当該高所作業車の停止の状態を保持するためのブレーキを確実にかけさせてから、運転者を走行のための運転位置から離れさせた。

ウ 解体用つかみ機を用いて作業を行うとき、作業の方法、手順等を定め、これらを労働者に周知させたが、作業を指揮する者は指名しなかった。

エ コンクリートポンプ車を用いて作業を行うとき、作業装置の操作を行う者とホースの先端部を保持する者との連絡を確実にするため、一定の合図を定め、当該合図を行う者を指名して行わせたが、電話、電鈴等の装置は設けなかった。

解答欄

第10章　車両系荷役運搬機械

車両系荷役運搬機に関して、名称と写真の組合せが正しいものをア～エより選びなさい。

	①	①	③	④	⑤
ア	フォークローダー	ホイールローダー	ストラドルキャリヤー	構内運搬車	貨物自動車
イ	フォークリフト	トラクター・ショベル	フォークローダー	ドラグライン	不整地運搬車
ウ	フォークリフト	ショベルローダー	フォークローダー	ストラドルキャリヤー	不整地運搬車
エ	フォークローダー	ショベルローダー	フォークリフト	構内運搬車	ストラドルキャリヤー

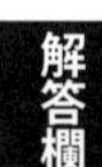

解答欄

フォークリフト、不整地運搬車に関する①～④について、組合せが正しいものをア～エより選びなさい。

■フォークリフト

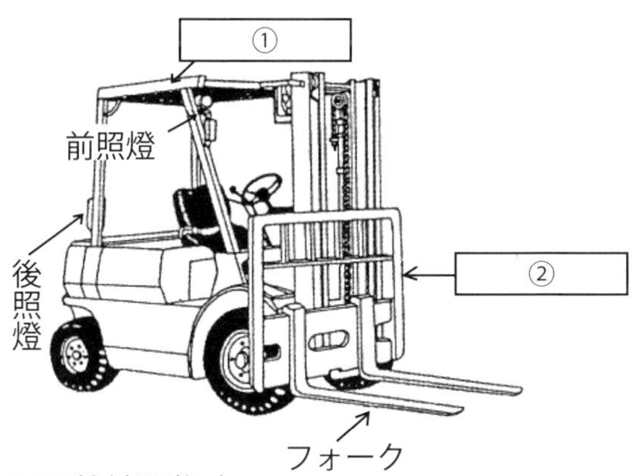

■不整地運搬車

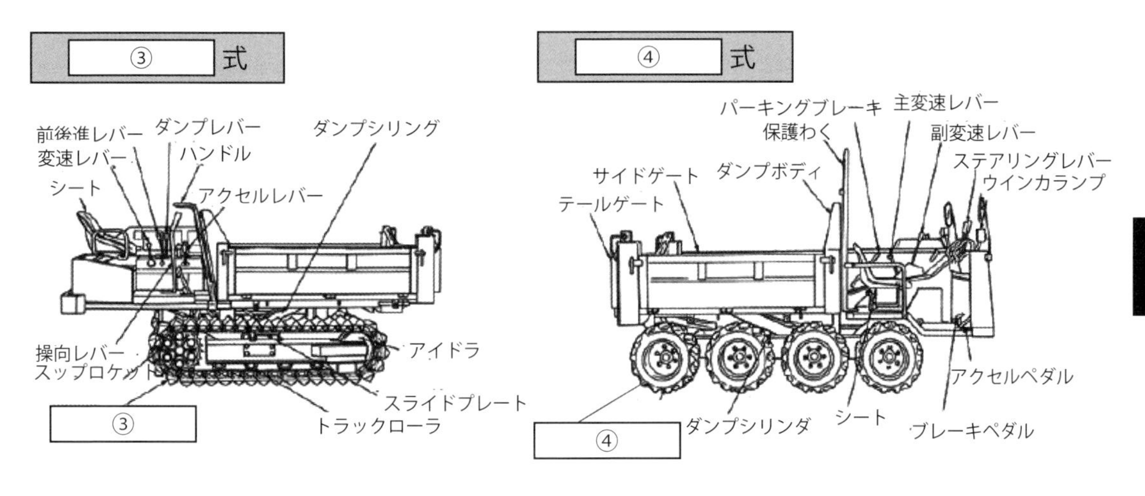

	①	①	③	④
ア	ヘッドカバー	バックガード	ホイール	クローラー
イ	ヘッドガード	バックレスト	クローラー	ホイール
ウ	ヘッドカバー	バッグレスト	ホイール	クローラー
エ	ヘッドガード	バックガード	クローラー	ホイール

車両系荷役運搬機の作業計画に関する空欄①～④について、組合せが正しいものをア～エより選びなさい。

車両系荷役運搬機械等を用いて作業を行うときは、あらかじめ、当該作業に係る場所の［　①　］および地形、当該車両系荷役運搬機械等の種類および［　②　］、荷の種類および［　③　］等に適応する作業計画を定めなければならない。作業計画は、［　④　］および当該車両系荷役運搬機械等による作業の方法が示されているものでなければならない。

	①	②	③	④
ア	位置	型式	形状	運行の方法
イ	広さ	能力	形状	運行経路
ウ	広さ	型式	重量	運行経路
エ	位置	能力	重量	運行の方法

解答欄

車両系荷役運搬機の作業に関して、事業者が講ずべき措置に関する次の記述のうち、労働安全衛生法令上正しいものはどれか。

ア 作業に使用する不整地運搬車の最高速度が毎時 15km 以下であったので、制限速度を定めなかった。

イ フォークリフトで荷役作業中、誘導者にフォークリフトを誘導させた上で作業区域に労働者を立ち入らせた。

ウ 車両系荷役運搬機械を用いて作業を行う際、作業主任者を定め作業の指揮を行わせた。

エ 車両系荷役運搬機械（不整地運搬車および貨物自動車を除く）を用いて作業を行う際、墜落による労働者の危険を防止するための措置を講じないまま、乗車席以外の箇所に労働者を乗せ走行した。

解答欄	

車両系荷役運搬機械等の就業制限等（運転資格等）に関する下記の表内の空欄①～③について、正しいものの組合せをア～エより選びなさい。

業務の区分	業務に就くことができる者
フォークリフト（最大荷重 ① t以上）の運転	フォークリフト ②
フォークリフト（最大荷重 ① t未満）の運転	フォークリフト ③
不整地運搬車（最大積載量 ① t以上）の運転	不整地運搬車 ②
不整地運搬車（最大積載量 ① t未満）の運転	不整地運搬車 ③
ショベルローダー、フォークローダー（最大荷重 ① t以上）の運転	ショベルローダー等 ②
ショベルローダー、フォークローダー（最大荷重 ① t未満）の運転	ショベルローダー等 ③

	①	②	③
ア	0.5	運転技能講習修了者	特別教育修了者
イ	1	運転技能講習修了者	特別教育修了者
ウ	1.5	運転免許取得者	運転技能講習修了者
エ	2	運転免許取得者	運転技能講習修了者

解答欄

車両系荷役運搬機に関する次の①～④の記述について、労働安全衛生法令上、定められていないものの組合せはア～エのうちどれか。

---

① フォークローダーの運転者は運転位置から離れるとき、フォークを最低降下位置に置いた。

② 構内自動車の運行経路は十分な幅員を確保した。

③ ショベルローダーの作業において、誘導者を配置したが合図は定めなかった。

④ フォークリフトのフォークを修理する際は、必ず作業指揮者に直接指揮のもと、修理を行わなければならない。

ア	①　②
イ	②　③
ウ	③　④
エ	①　④

解答欄	

車両系荷役運搬機の特定自主検査、定期自主検査に関する次の記述のうち、労働安全衛生法令上、正しいものの組合せはア～エのうちどれか。

① フォークリフトの特定自主検査を昨年６月に実施した。今年は７月に実施する。

② 不整地運搬車の特定自主検査を昨年６月に実施した、今年は７月に実施する。

③ ショベルローダーの定期自主検査を行ったが、特定自主検査は行わなかった。

④ 構内運搬車の定期自主検査の記録を３年間保管した。

ア	①
イ	②　③
ウ	②　③　④
エ	①　②　③　④

解答欄

フォークリフトに関する次の空欄①～④の記述について、正しいものの組合せはア～エのうちどれか。

フォークリフトについては、安全に作業を行うための必要な［ ① ］が保持されていない場所においては、前［ ② ］および後［ ② ］を備えたものでなければ使用してはならない。

また、［ ③ ］によりフォークリフトの運転者に危険を及ぼすおそれがある場合は［ ④ ］を備えたものでなければ使用してはならない。

	①	②	③	④
ア	照度	照灯	荷の落下	ヘッドガード
イ	視界	ミラー	転倒	シートベルト
ウ	照度	照灯	転倒	シートベルト
エ	視界	ミラー	荷の落下	ヘッドガード

解答欄

不整地運搬車、構内運搬車および貨物自動車に関する記述の空欄①～⑤について、組合せが正しいものをア～エより選びなさい。

一の荷でその重量が［ ① ］kg以上のものを積む作業（ロープ掛けの作業およびシート掛けの作業を含む）または卸す作業（ロープ解きの作業およびシート外しの作業を含む）を行うときは、当該作業を［ ② ］する者を定め、その者に次の事項を行わせなければならない。

1　作業手順および作業手順ごとの作業の方法を決定し、作業を直接［ ② ］すること。

2　器具および［ ③ ］を点検し、不良品を取り除くこと。

3　当該作業を行う箇所には、関係労働者以外の労働者を立ち入らせないこと。

4　［ ④ ］の作業および［ ⑤ ］の作業を行うときは、荷台上の荷の落下の危険がないことを確認した後に当該作業の着手を指示すること。

	①	②	③	④	⑤
ア	200	監視	工具	ロープ掛け	シート掛け
イ	200	指揮	保護具	ロープ掛け	シート外し
ウ	100	監視	保護具	ロープ解き	シート掛け
エ	100	指揮	工具	ロープ解き	シート外し

解答欄

車両系荷役運搬機械の「その日の作業開始前に点検を行なわなければならない事項」に関する①～④の記述のうち、労働安全衛生法令上、正しいものの組合せはア～エのうちどれか。

---

① 制動装置および操縦装置の機能の点検

② 荷役装置および油圧装置の機能の点検

③ 車輪の異常の有無の点検

④ 前照灯、後照灯、方向指示器および警報装置の機能の点検

ア	① ②
イ	① ② ③
ウ	② ③ ④
エ	① ② ③ ④

解答欄

フォークリフト、不整地運搬車の令和２年の災害に関する①～④の記述のうち、正しいものの組合せはア～エのうちどれか。

※令和２年厚生労働省統計資料による

グラフ１　車両系荷役運搬機械の労働災害による死亡者数の推移

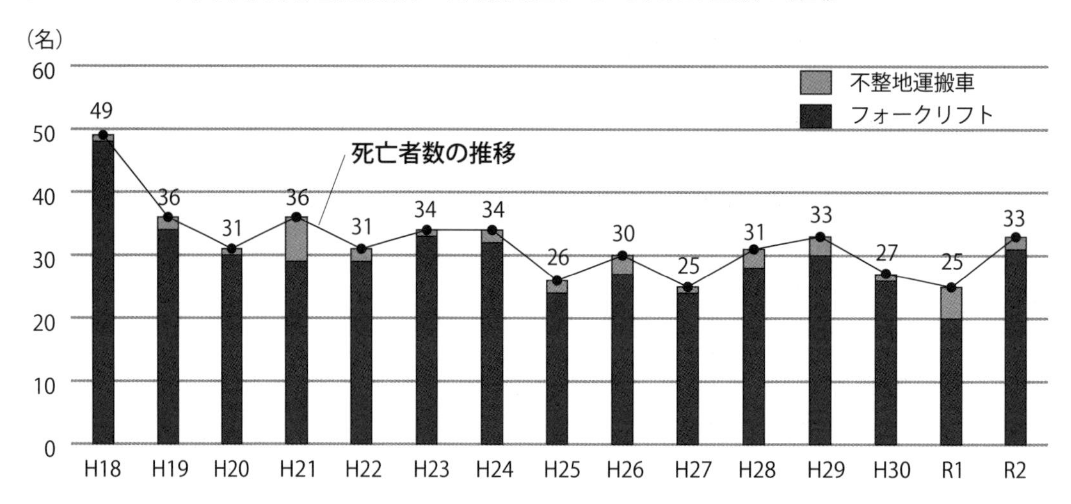

表１　車両系荷役運搬機械の種類別・業種別死亡災害発生状況（令和２年）

（単位：名）

業種 ＼ 機械の種類	製造業	鉱業	建設業	運輸交通業／貨物取扱業			農林業／畜産・水産業	商業	その他	計
				道路貨物運送業	陸上貨物取扱業	港湾荷役運送業				
フォークリフト	7	1	3	7	3	0	4	3	3	31
不整地運搬車	1	0	0	0	0	0	1	0	0	2
計	8	1	3	7	3	0	5	3	3	33

表２　車両系荷役運搬機械の種類別・事故の型別死亡災害発生状況（令和２年）

（単位：名）

事故の型 ＼ 機械の種類	墜落・転落	転倒	激突	飛来・落下	崩壊・倒壊	激突され	はさまれ・巻き込まれ	その他	計
フォークリフト	4	5	1	5	0	3	10	3	31
不整地運搬車	0	1	0	0	0	0	1	0	2
計	4	6	1	5	0	3	11	3	33

① フォークリフトと不整地運搬車による全産業の死亡者数は、ここ数年間 30 名前後である。

② フォークリフトと不整地運搬車による死亡者数は、製造業より建設業が多い。

③ フォークリフトと不整地運搬車による全産業の死亡者数は、フォークリフトの方が多い。

④ 全産業における事故の型別死亡災害の発生状況は、フォークリフトでは転倒がもっとも多い。

ア	① ③
イ	① ②
ウ	② ④
エ	① ④

解答欄	

車両系荷役運搬機械の誘導に関する記述の空欄①～⑤について、組合せが正しいものをア～エより選びなさい。

[　①　]、[　②　] 等で車両系荷役運搬機械等を用いて作業を行う場合において、当該車両系荷役運搬機械等の [　③　] または [　④　] により労働者に危険が生ずるおそれのあるときは、誘導者を配置し、その者に当該車両系荷役運搬機械等を誘導させなければならない。

車両系荷役運搬機械等を用いて作業を行うときは、運転中の車両系荷役運搬機械等またはその荷に [　⑤　] することにより労働者に危険が生ずるおそれのある箇所に労働者を立ち入らせてはならない。ただし、誘導者を配置し、その者に当該車両系荷役運搬機械等を誘導させるときは、この限りでない。

車両系荷役運搬機械等について誘導者を置くときは、一定の合図を定め、誘導者に当該合図を行わせなければならない。

	①	②	③	④	⑤
ア	軟弱地盤	不同地盤	転倒	滑落	接触
イ	路肩	傾斜地	転倒	転落	接触
ウ	路肩	不同地盤	滑動	転落	接近
エ	軟弱地盤	傾斜地	滑動	滑落	接近

解答欄

第11章　公衆災害の防止

11 公衆災害の防止

Q 1

公衆災害とは、『当該工事の関係者以外の第三者の [ ]、[ ] および [ ] に関する危害並びに迷惑』と定義されている。[ ] に入らない文字はどれか。

ア	生命	イ	身体	ウ	名誉	エ	財産

解答欄

11 公衆災害の防止

Q 2　建設工事として行われる作業のうち、著しい騒音または振動を発生する作業を「特定建設作業」と言うが、次のうち、特定建設作業に含まれない作業はどれか。

ア　定格出力 15kw の空気圧縮機を使用する作業

イ　定格出力 75kw のバックホウを使用する作業

ウ　びょう打機を使用する作業

エ　くい打機（もんけんおよび圧入式くい打機を除く）、くい抜機（油圧式くい抜機を除く）またはくい打くい抜機（圧入式くい打くい抜機を除く）を使用する作業

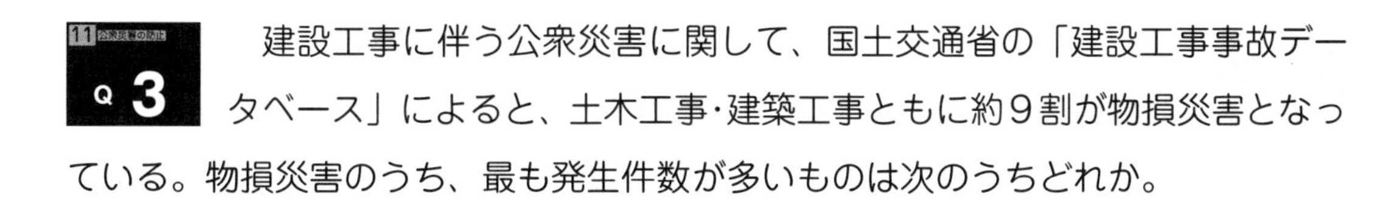

11 公衆災害の防止 Q 3

建設工事に伴う公衆災害に関して、国土交通省の「建設工事事故データベース」によると、土木工事・建築工事ともに約9割が物損災害となっている。物損災害のうち、最も発生件数が多いものは次のうちどれか。

ア 埋設物等の損傷

イ 架空線等の損傷

ウ 重機等の接触・転倒

エ 草刈り・伐採等

解答欄

11 公衆災害の防止 Q 4

公衆災害を防止するためには、少なからず経費が発生する。その経費を負担すべき者は次のうちどれか。

ア 施工者（元方事業者）

イ 発注者

ウ 所轄労働基準監督署

エ 専門工事業者

解答欄

11 公衆災害の防止

Q 5

廃棄物の処理および清掃に関する法律（以下:「廃掃法」という）では、建設副産物の管理において多量の廃棄物を生ずる事業場を設置している事業者として政令で定めるものを「多量排出事業者」というが、“多量”の定義としてどの程度の量であるか、次の中から選びなさい。

ア 前年度の産業廃棄物発生量が 800 t 以上（特別管理産業廃棄物を除く）

イ 前年度の産業廃棄物発生量が 1,200 t 以上（特別管理産業廃棄物を除く）

ウ 前年度の産業廃棄物発生量が 30 t 以上（特別管理産業廃棄物のみ）

エ 前年度の産業廃棄物発生量が 50 t 以上（特別管理産業廃棄物のみ）

解答欄	

11 公衆災害の防止

Q 6

総務省発表の資料によると、令和元年度の全国の公害苦情の受付件数は70,458件であり、前年度比＋5.5%でした。その中で、「大気汚染」「水質汚濁」「土壌汚染」「騒音（低周波音含む）」「振動」「地盤沈下」を『典型７公害』と呼んでいるが、『典型７公害』で上位３項目を示したものの組合せは次のうちどれか。

ア 振動、騒音、大気汚染

イ 水質汚濁、騒音、地盤沈下

ウ 大気汚染、悪臭、振動

エ 騒音、大気汚染、悪臭

解答欄

施工計画および工法選定における危険性の除去と施工前の事前評価について、次の記述のうち誤っているのはどれか。

ア 発注者および施工者は、土木（建築）工事による公衆への危険性を最小化するため、原則として、工事範囲を敷地内に収める施工計画の作成および工法選定を行うこととする。

イ 発注者および施工者は、土木（建築）工事による公衆への迷惑を抑止するため、原則として一般の交通の用に供する部分の通行を制限して、第三者と施工者の動線が重ならないことを前提とした施工計画の作成および工法選定を行うこととする。

ウ 施工者は、土木（建築）工事に先立ち、危険性の事前評価（リスクアセスメント）を通じて、現場での各種作業における公衆災害の危険性を可能な限り特定し、当該リスクを低減するための措置を自主的に講じなければならない。

エ 施工者は、いかなる措置によっても危険性の低減が図られないことが想定される場合には、施工計画を作成する前に発注者と協議しなければならない。

近年、無人航空機（ドローン）を使用する機会が増えているが次の記述のうち、無人航空機（ドローン）を使用する際に講じなければならない措置として、間違っているものはどれか。

ア　原則として、飛行する空域の土地所有者からあらかじめ許可を得ること。

イ　航空法第 132 条で定める飛行の禁止空域（航空機の航行の安全に影響を及ぼすおそれがあるものとして、国土交通省令で定める空域、国土交通省令で定める人または家屋の密集している地域の上空）を飛行する場合は、あらかじめ国土交通大臣の許可を得ること。

ウ　航空法第 132 条の 2 で定める飛行の方法（航空機の航行の安全並びに地上および水上の人および物件の安全を損なうおそれがないものとして国土交通省令で定める飛行を行う場合、国土交通大臣がその飛行により航空機の航行の安全並びに地上および水上の人および物件の安全が損なわれるおそれがないと認めて許可した場合）を守ること。ただし、周囲の状況等によりやむを得ず、これらの方法によらずに飛行させようとする場合には、安全面の措置を講じた上で、あらかじめ国土交通大臣の承認を受ける必要は無い。

エ　飛行前には、安全に飛行できる気象状態であること、機体に故障等が無いこと、電源や燃料が十分であることを確認しなければならない。

11 公衆災害の防止

Q 9

施工者は、可動式の建設機械を休止させておく場合には、傾斜のない堅固な地盤の上に置くとともに、運転者が当然行うべき措置を講ずるほかに講じる措置として、次のうち正しいものはどれか。

ア ブームを有する建設機械については、そのブームを最も立てた位置に固定するとともに、そのブームに自重以外の荷重がかからないようにすること。

イ ウインチ等のワイヤー、フック等のつり下げ部分については，それらのつり下げ部分を固定し、ワイヤーに張りを持たせると荷重による切断の恐れがあるため、緊張をかけないでおくこと。

ウ ブル・ドーザー等の排土板等については、足を挟むおそれがあるため、最も上げた位置で固定させておくこと。

エ 車輪または履帯を有する建設機械については，歯止め等を適切な箇所に施し，逸走防止に努めること。

解答欄

覆工部の維持管理に関して、施工者は保安要員を配置し、常時点検してその機能維持に万全を期することが必要であるが、その上さらに注意しなければならない事項としてあげた項目のうち間違っている記述は次のうちどれか。

ア 覆工板の摩耗、支承部における変形等による強度の低下に注意し、所要の強度を保つよう維持点検すること。

イ 滑止め加工のはく離、滑止め突起の摩滅等による機能低下のないよう維持点検すること。

ウ 覆工板のはね上がりやゆるみによる騒音の発生、冬期の凍結および振動による移動についても維持点検すること。

エ 覆工板の損傷等による交換の必要性が生じた際は、直ちに新たな覆工板を作成し、速やかに交換すること。

解答欄

外部足場に良く見られる防護棚（朝顔）の設置基準として、間違っているものは次のうちどれか。

ア　工事を行う部分が、地盤面からの高さが10 m以上の場合にあっては1段以上、30 m以上の場合にあっては2段以上設けること。

イ　最下段の防護棚（朝顔）は、建築工事等を行う部分の下10 m以内の位置に設けること。

ウ　防護棚（朝顔）は、すき間がないもので、落下の可能性のある資材等に対し十分な強度および耐力を有する適正な構造であること。

エ　各防護棚（朝顔）は水平距離で2 m以上突出させ、水平面となす角度を20度以上とし、風圧、振動、衝撃、雪荷重等で脱落しないよう骨組に堅固に取り付けること。

解答欄	

施工者は、工事着手前の施工計画立案時において強風、豪雨、豪雪時等、悪天候時における作業中止の基準を定めるとともに、中止時の仮設構造物、建設機械、資材等の具体的な措置について定めておかなければなりません。悪天候の基準として、次のうち間違っているものはどれか。

ア 「強風」とは、瞬間風速が毎秒 30 mを超える風

イ 「大雨」とは、1回の降雨量が 50mm 以上の降雨

ウ 「大雪」とは、1回の降雪量が 25cm 以上の降雪

エ 「中震以上の地震」とは、震度階数 4 以上の地震

解答欄

第12章 防　火

次のうち防火管理者を選任しなければならない場合はどれか。

ア　作業場　勤務者 50 人以上

イ　寄宿舎の居住者 30 人以上

ウ　新築工事の場合、延べ面積が 5,000 m^2 以上

エ　地階の床面積の合計が 3,000 m^2 以上

防火管理者の資格に関し、次の記述のうち正しくないものはどれか。

ア 特定防火対象物で延べ面積 300 m^2 以上、建物の収容人員 30 人以上の場合、甲種防火管理者が必要である。

イ 新築工事の延べ面積 500 m^2 未満、建物の収容人員 50 人以上の場合、甲種または乙種の防火管理者が必要である。

ウ 宿舎の延べ面積が 500 m^2 以上、居住者が 50 人以上の場合、甲種防火管理者が必要である。

エ 工事現場、寄宿舎の建物用途は延べ面積によって特定防火対象物と非特定防火対象物に分かれる。

防火管理者は消防計画を作成し、定期的に各訓練を実施する必要がある。次の記述のうち正しくないものはどれか。

ア 特定防火対象物の場合、消火訓練を年２回以上実施しなければならない。

イ 非特定防火対象物の場合、通報訓練は消防計画に定めた回数（年１回以上）実施しなければならない。

ウ 特定防火対象物の場合、避難訓練を年１回以上実施しなければならない。

エ 特定防火対象物で訓練を実施する際は、事前に管轄する消防署に通報しなければならない。

消火設備として消火器を設置する場合、次の記述のうち正しくないものはどれか。

ア 木材、紙、繊維を多く使っている現場に粉末（ABC）消火器を設置した。

イ 消火器を床面から高さ２ｍのところに設置し「消火器」の標識をつけた。

ウ 防火対象物から歩行距離 20 ｍ以内の場所に消火器を設置した。

エ 電気火災の恐れのある場所に二酸化炭素消火器（蓄圧式）を設置した。

解答欄

現場内に消防法上の危険物を貯蔵・取り扱う場合や労働安全衛生法上の危険物を取り扱う作業を行う場合、次の記述のうち正しくないものはどれか。

ア　指定数量以上、貯蔵する場合は、市町村長宛に「危険物製造所・貯蔵所・取扱所設置許可申請書」を提出し許可を得る必要がある。

イ　指定の１／２以上～指定数量未満、貯蔵する場合は、市町村長宛に「少量危険物貯蔵取扱所設置届出書」を提出する必要がある。

ウ　指定数量未満の貯蔵・取扱いであれば、危険物取扱者の選任は必要ない。

エ　危険物を取り扱う作業を行うときは、作業指揮者を定め、その者に当該作業を指揮させなければならない。

解答欄

現場内で危険物を貯蔵・取扱いする場合、申請または届出の必要がないものは以下のうちどれか。

ア　ガソリン　40 L

イ　軽油　200 L

ウ　圧縮アセチレンガス　40kg

エ　重油　300 L

ガス溶接に関し、次の記述のうち正しくないものはどれか。

ア　溶解アセチレンの容器を立てて使用した。

イ　作業前点検時、ホースの亀裂を見つけたのでホースを交換して作業した。

ウ　ガス集合溶接装置の定期点検を1年以内に行った。

エ　ガス集合溶接装置を使用するため、ガス溶接技能講習修了者の中からガス溶接作業主任者を選任した。

ガス溶断に関し、次の記述のうち正しいものはどれか。

ア 溶断火花は、作業高さおよび酸素圧力によって水平飛散距離が変化するが、作業高さ 2.2 mで圧力が高くても水平飛散距離は２～３m程度である。

イ ゴムホースを調整器の上にコンパクトに丸めた状態で作業した。

ウ 作業が終了し作業箇所を離れるので、ガス等の供給口のバルブを閉止しゴムホースを取り外した。

エ ゴムホースが通路を横断していたが、短時間なのでホース養生をしなかった。

第13章　健康障害防止

13 健康障害防止

Q 1

ピット内等、酸素欠乏が予想される場所で工事を行うに当たり、確認すべき各項目の空欄①～⑤に当てはまる記号をア～トから選んで入れなさい。

1．第一種酸素欠乏危険作業を行う作業場については、その日の作業を開始する前に、当該作業場における空気中の［　①　］の濃度を測定しなければならない。

2．第二種酸素欠乏危険作業を行う作業場については、その日の作業を開始する前に、当該作業場における空気中の［　②　］の濃度を測定しなければならない。

3．測定を行ったたときは、そのつど、次の事項を記録して、これを［　③　］年間保存しなければならない（測定日時、測定方法、測定箇所、測定条件、測定結果、測定実施者氏名、測定結果に基づいて行った酸欠防止措置の概要）。

4．酸素欠乏危険作業に労働者を従事させる場合は、当該作業を行う場所の空気中の酸素の濃度を［　④　］%以上に保つように換気しなければならない。

5．酸素欠乏危険作業に労働者を従事させるときは、労働者を当該作業を行なう場所に入場させ、および退場させる時に、［　⑤　］を点検しなければならない。

ア	硫化水素	イ	酸素	ウ	塩素	エ	二酸化炭素
オ	酸素および 硫化水素	カ	酸素および 窒素	キ	酸素および 塩素	ク	窒素および 塩素
ケ	3	コ	5	サ	30	シ	40
ス	13	セ	15	ソ	18	タ	21
チ	健康診断	ツ	血圧	テ	人員	ト	血中酸素濃度

解答欄	①		②		③		④		⑤	

第13章 健康障害防止 問題

解体改修工事を実施するに当たり、石綿に関係する以下の各項目の①～③に当てはまる記号をア～シから選んで入れなさい。

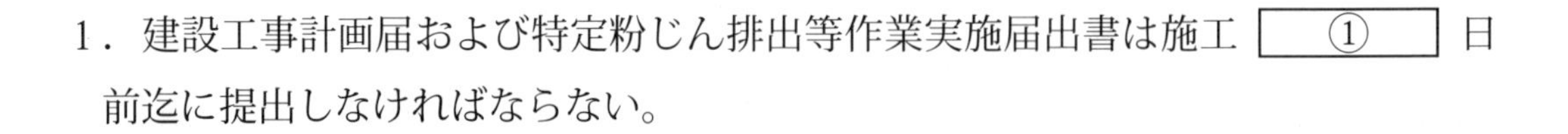

1．建設工事計画届および特定粉じん排出等作業実施届出書は施工［①］日前迄に提出しなければならない。

2．請負金額［②］万以上（税込み）の外壁改修換工事を受注したので石綿事前調査の電子報告が必要である。

3．［③］年９月以降着工の建物ということを、設計図書で確認したのでアスベスト含有建材が使用されていないと判断した。

ア	7	イ	10	ウ	14	エ	30
オ	10	カ	100	キ	500	ク	1,000
ケ	2004	コ	2006	サ	2007	シ	2008

解答欄	①		②		③	

13 健康障害防止

Q 3 熱中症とは、高温多湿な環境下において、体内の水分および塩分（ナトリウムなど）のバランスが崩れたり、体内の調整機能が破綻するなどして発症する障害の総称である。熱中症の一般的症状として誤っているものはどれか。

ア めまい・失神

イ 意識障害・けいれん・手足の運動障害

ウ 大量発汗

エ 顔や腕が麻痺

オ 頭痛・気分不快・吐き気・嘔吐・倦怠感・虚脱感

解答欄

熱中症の発生に影響を及ぼす作業環境の状況確認に暑さ指数（WBGT）があるが、以下の暑さ指数（WBGT）についての記述で間違っているものはどれか。

ア　暑さ指数（WBGT）とは、気温、湿度、日射・輻射、風の要素をもとに算出する指標である。

イ　暑さ指数（WBGT）による基準域によると、31 以上は「危険」、28 以上 31 未満は「厳重警戒」、25 以上 28 未満が「警戒」、「25」未満が注意となっている。

ウ　電子式 WBGT 指数計は、JIS Z8504 または JIS B7922 に準拠した規格のものを使用することが厚生労働省からも通知されている。

エ　WBGT 指数計に黒球温度計が付いていなくても、WBGT の値は求められるので問題ない。

解答欄	

熱中症について正しいものには○を、間違っているものには×をつけなさい。

① 熱中症の症状が出たとき、真水だけを飲んでいると症状は悪化する。

② 熱中症の死亡者は、屋内と屋外では、圧倒的に屋外の方が多い。

③ 風邪や下痢のときは、熱中症になりやすい。

④ 暑い日でも､体育館など日のあたらないところで運動すれば熱中症にならない。

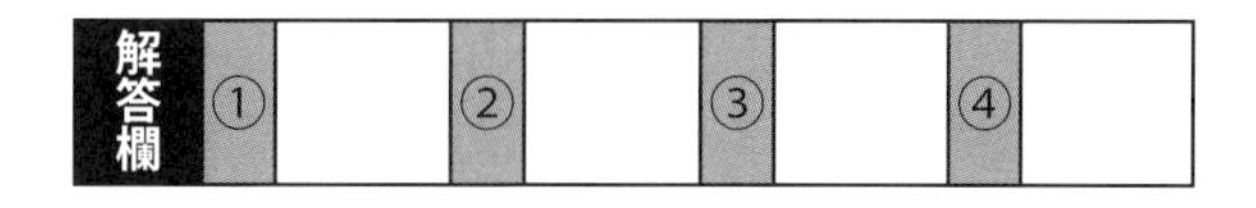

13 健康障害防止 Q 6

熱中症対策として水分補給は重要ですが、水分補給にあまり適さない飲み物はどれか。

ア 麦茶

イ スポーツドリンク

ウ アイスコーヒー

腰痛防止対策として荷の持ち上げ、運搬等での作業姿勢や動作についての注意事項についての以下の記述で間違っているものはどれか。

ア 前屈、中腰、ひねり、後屈ねん転等不自然な姿勢はとらないようにすること。

イ 重量物を持ち上げたり押したりする動作では、身体を対象物に近づけ、重心を低くすること。

ウ 床面から荷物を持ち上げる場合は、片足を少し前に出し膝を曲げて腰を十分に降ろして荷物を抱え膝を伸ばすことで立ち上がること。

エ 中腰作業はなくす必要がないので作業台を利用する必要はない。

オ 荷物を持ち上げるときは呼吸を整え、腹圧を加えて行うこと。

解答欄	

人力による重量物の取扱いについて正しいものには○を、間違っているものには×をつけなさい。

---

① 人力による重量物取扱い作業が残る場合には、作業速度、取扱い重量の調整等により腰部に負担がかからないようにする。

② 満18歳以上の男子労働者が人力のみにより取扱う物の重量は体重の概ね60%以下を目安とする。

③ 共同運搬は、身長差の少ない2人以上で作業するように努める。

④ 共同運搬は、運搬中呼吸をあわせるために、必ず掛け声を出し合い、拍子をそろえて運ぶ。

⑤ 一般に女性の持ち上げ能力は男性の60%といわれているが、女性労働規則で満20歳以上の女性の場合、断続作業30kg、連続作業で20kg以上の重量物を取り扱うことを禁止している。

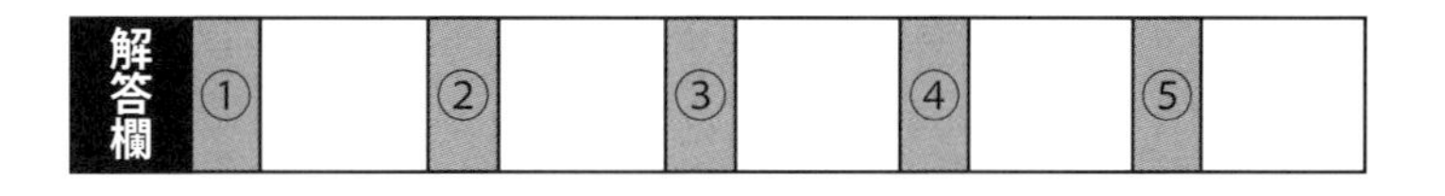

振動障害防止対策として、チェーンソー以外の振動工具の取扱い業務に係る振動障害予防対策指針についての内容について正しいものには○を、間違っているものには×をつけなさい。

① 建設現場に関係ある業務として、さく岩機、チッピングハンマー、リベッテングハンマー、ハンドハンマー、ベビーハンマー、コンクリートブレーカ、スケーリングハンマー、サンドランマー等のピストンによる打撃機構を有する工具を取り扱う業務が対象となる。

② 打撃機構を有する工具を取り扱う業務のうち、金属または岩石のはつり、かしめ、切断、鋲(びょう)打および削孔の業務については、工具を取扱う振動作業の作業時間の管理として1日における振動業務の作業時間(休止時間を除く。以下同じ)は、2時間以内とすること。

③ 上記取り扱う振動業務の一連続作業時間は、おおむね10分以内とし、一連続作業の後5分以上の休止時間を設けること。

④ 内燃機関を内蔵するエンジンカッター、刈り払い機を取り扱う業務の振動作業の作業時間の管理として1日における振動業務の作業時間（休止時間を除く。以下同じ）は、3時間以内とすること。

⑤ 上記工具を取り扱う業務の振動業務の一連続作業時間は、おおむね30分以内とし、一連続作業の後5分以上の休止時間を設けること。

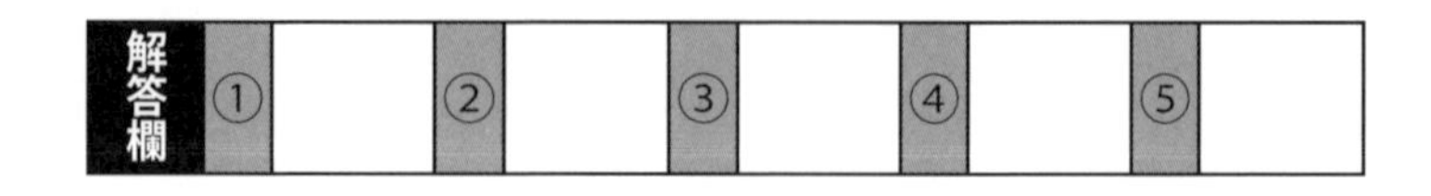

解答欄	①		②		③		④		⑤	

騒音障害防止対策について、下記の記載事項で、間違っているものはどれか。

ア 防音保護具について等価騒音レベル 85 以上 95dB(A) 未満では必要に応じて、95dB(A) 以上の騒音を伴う作業の場合には、作業者に耳または耳覆いを支給し、これを使用させること。

イ 騒音レベル（dB）について、高いものとして、航空機のジェットエンジン音が 140dB、電車のガード下 100dB、地下鉄の車内（窓開け状態）が 80dB と言われている。

ウ 騒音性難聴の場合は、大きな音を聞く事により、内耳が損傷してしまった場合に起こります。

エ 騒音性難聴は最初に 4,000Hz あるいはその付近の周波数で聴力損失が現れます。騒音性難聴が進むと、2,000 ～ 8,000Hz の高音域が次第に障害されてそれがさらに進むと、会話が聞き取りにくくなります。

解答欄	

13

Q11 厚生労働省では、粉じん防止対策をより一層推進するため「第９次粉じん障害防止総合対策（平成30年度～平成34年度）」を策定していますが、その重点事項の主なものの空欄①～④に当てはまるものをア～エより選んで入れなさい。

1．［　①　］における岩石・鉱物の研磨作業またはばり取り作業および［　①　］における鉱物等の破砕作業に係る粉じん障害防止対策

2．［　②　］工事における粉じん障害防止対策

3．呼吸用保護具の使用の徹底および適正な使用の推進

4．じん肺健康診断の着実な実施

5．離職後の健康管理の推進

6．その他地域の事情に則した事項

- ［　③　］作業や岩石等の裁断等の作業
- ［　④　］の研磨作業

ア	金属等	イ	アーク溶接
ウ	ずい道等建設	エ	屋外

解答欄	①		②		③		④	

ダイオキシンについて下記の内容で、正しいものには○を、間違っているものには×をつけなさい。

---

① 廃棄物の焼却施設に設置された廃棄物焼却炉等の設備の解体業務は特別教育を必要とする。

② 廃棄物の焼却施設に設置された廃棄物焼却炉等の設備の解体時は、都度含有率を測定しながら解体する。

③ 廃棄物の焼却施設に設置された廃棄物焼却炉等の設備の解体は、ダイオキシン類を含む物の発生源を乾燥な状態のものとしなければならない。

④ 廃棄物の焼却施設に設置された廃棄物焼却炉等の設備の解体には、ダイオキシン類の濃度および含有率の測定に応じて、作業に従事する労働者に保護衣、保護眼鏡、呼吸用保護具等の適切な保護具を使用する。ただし、ダイオキシン類を含む物の発散源を密閉する設備の設置等当該作業に係るダイオキシン類を含む物の発散を防止するために有効な措置を講じたときは、この限りでない。

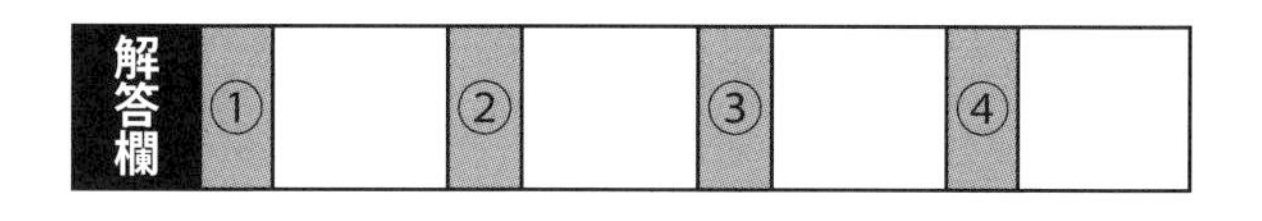

13 [small label]

Q13 有機溶剤を取り扱う作業を行う際は、有機溶剤作業主任者の選任が必要ですが、その作業主任者の主な職務について、空欄①〜④に当てはまるものをア〜エより選んで入れなさい。

1．適切な作業方法を決定し、作業手順書を作成の上、従事する労働者を［　①　］すること。

2．局所排気装置、プッシュプル型換気装置または全体換気装置を1月以内毎に［　②　］すること。

3．保護具の使用状況を［　③　］すること。

4．タンク内作業における必要な措置が講じられていることを［　④　］すること。

ア	確認	イ	監視
ウ	点検	エ	指揮

解答欄	①		②		③		④	

13 健康障害防止

Q14

2022年5月31日よりSDS等による通知方法が柔軟化され、文書による交付だけでなく、記録媒体での交付、FAX、電子メール、ホームページのアドレス・二次元コード等の伝達による通知が可能となりました（基発0531第9号令和4年5月31日より）。今後も改正省令に伴う改正項目が順次施行される予定ですが、2023年4月施行されたものをア～エより1つ選びなさい。残り3つは2024年4月施行です。

ア　化学物質管理者の選任

イ　保護具着用管理責任者の選任

ウ　雇入れ時等における化学物質等に係る教育の拡充

エ　リスクアセスメント対象物質にばく露される濃度の低減措置

解答欄

13

Q15

人間は空気を吸い、酸素が血液中のヘモクロビンと結び付くことによって体内に酸素を運んでいる。一酸化炭素は酸素の 200 倍以上もヘモクロビンと結びつきやすく離れにくいため、吸った空気中の一酸化炭素が多い程体内に酸素が運ばれなくなり、最も酸素を必要とする脳にダメージを与え、一酸化炭素中毒を発症する。以下の文で空欄①～④に適当なものをア～カから選んで入れなさい。

一酸化炭素は［　①　］の気体で、空気と［　②　］重さ（比重）のため、その存在を感じにくい上、非常に強い毒性がある。一酸化炭素中毒は、一酸化炭素濃度により各症状が現れる。［　③　］では１～２時間で前頭痛・吐き気を発生、0.16％では 20 分頭痛めまい２時間で死亡、［　④　］では１～３分間で死亡に至る。

ア	無色無臭	イ	少し軽い	ウ	0.004％
エ	1.28％	オ	0.04％	カ	ほぼ同じ

解答欄	①		②		③		④	

一酸化炭素は、無色、無臭の気体であることから、気づかれないまま吸入する事が多く、建設業においても、通気不十分な場所での

1. 内燃機関（ガソリンエンジン等）を動力源とする小型産業用機械の稼働
2. コンクリート養生作業に用いる練炭コンロ等の使用
3. 暖房用器具等の不完全燃焼

等により、一酸化炭素中毒が発生しています。この災害防止する為、作業を直接担当する専門工事業者は、異常時の措置に次の事を実施しなければなりません。以下の文で空欄①～④に適当なものをア～オから選んで入れなさい。

---

1. 速やかに作業に従事する労働者および作業場所付近の労働者を安全な場所に退避させる。

2. 再び労働者を作業場所に入らせる場合は、充分換気し、［　①　］および［　②　］を確認した上で、労働者に適切な呼吸用保護具を着用させる。特に［　③　］の場合は、［　④　］を交換してから使用する。

3. 作業を再開する場合は、異常の原因を調査し必要な改善を行い、安全を確認した後に行う。

ア	吸収缶	イ	防毒マスク	ウ	一酸化炭素濃度
エ	呼吸缶	オ	酸素濃度		

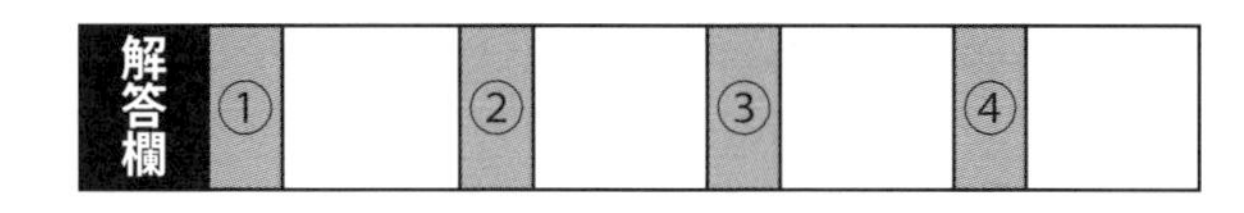

13 健康障害防止

Q17

特殊健康診断の実施は雇入れの際または当該業務への配置換えの際および6カ月以内毎に1回定期に行う事になっていますが、実施すべき業務の種類と対象労働者の内容において、正しいものには○を、間違っているものには×をつけなさい。

---

① 屋内作業場等における有機溶剤業務に常時従事する労働者

② 特定化学物質を製造し、または取り扱う業務に常時従事する労働者および過去に従事した在籍労働者（一部の物質に係る業務に係る）

③ 坑内において土石、岩石もしくは鉱物を掘削したり、積み降す場所における作業、土石、岩石もしくは鉱物を破砕し、または粉砕する場所における作業、金属をアーク溶接する作業等の粉じん作業に新たに常時従事する事になった労働者および常時従事している労働者

④ 石綿等の取扱い等に伴い石綿の粉じんを発散する場所における業務に常時従事する労働者および過去に従事したことのある在籍労働者

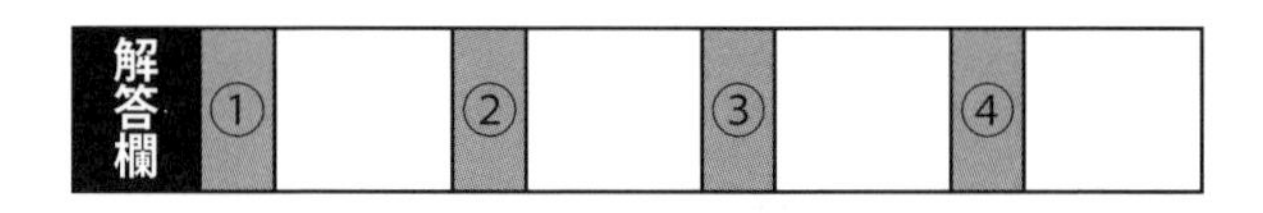

解答欄	①		②		③		④	

13 健康障害防止

Q18 以下の文章で空欄①～④に適当なものをア～エから選んで入れなさい。

メンタルヘルス対策については、事業場において事業者が講ずるように努めるべき労働者の心の健康の保持増進のための措置が適切かつ有効に実施されるよう「労働者の心の健康の保持増進のための指針」が厚生労働大臣によって定められています。この指針の特徴としては、事業場においては、［　①　］（労働者自らのケア、事業者はこれを支援する）、［　②　］（管理監督者によるケアで、部下の健康管理や職場環境等の改善など）、［　③　］（産業医や人事労務管理担当者などによるケア）、［　④　］（産業保健総合支援センターなどの公的な機関の行う研修やコンサルティング事業などの活用や、精神科医やいわゆるEAPを活用した専門的なケアなど）の４つのメンタルヘルスケアが継続的かつ計画的に行われるよう、教育研修・情報提供を行うとともに、４つのケアを効果的に推進し、職場環境等の改善、メンタルヘルス不調への対応、職場復帰のための支援等が円滑に行われるようにする必要があります。

ア	事業場外資源によるケア	イ	ラインによるケア
ウ	セルフケア	エ	産業保健スタッフ等によるケア

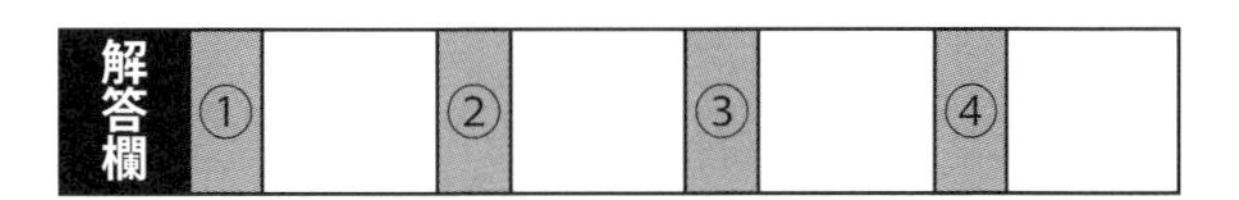

解答欄	①		②		③		④	

13 健康障害防止

Q19 令和３年 12 月１日に「事務所衛生基準規則および労働安全衛生規則の一部改正する省令（令和３年厚生労働省令第 188 号）が公布され、照度基準が見直されました（令和４年４月１日施行）。以下照度基準内容において、正しいものには○を、間違っているものには×をつけなさい。

---

① 今回の改正は、照度不足の際に生じる眼精疲労や、文字を読むために不適切な姿勢を続けることによる上肢障害等の健康障害を防止する観点から、すべての事務所に対して適用されます。

② 精密な作業、一般的な事務作業には 300 ルクス以上必要である。

③ 粗な作業は 70 ルクス以上あればよい。

④ 付随的な事務作業（資料の袋詰め等、事務作業の内、文字を読み込んだり資料を細かく識別したりする必要のないもの）は 150 ルクス以上でよい。

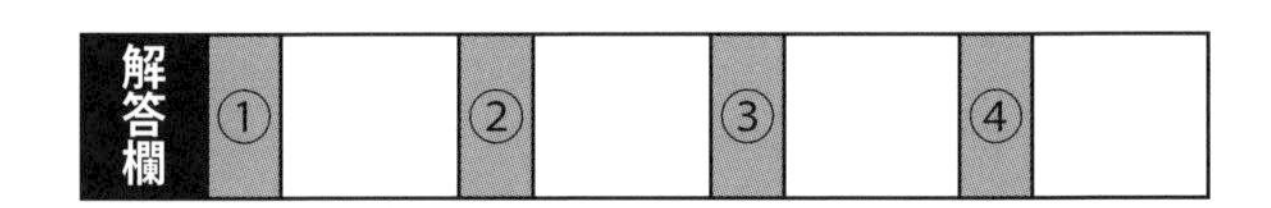

エイジフレンドリーガイドライン（高年齢労働者の安全と健康確保のためのガイドライン）に取り組むポイントにおいて間違っているものはどれか。

ア　職場環境の改善を行う（高齢者に優しい職場環境を整える）。

イ　教育訓練を行う（高齢者にはポイントだけを要約して話す）。

ウ　高年齢労働者を理解する（高齢者を雇用する際は、年齢が重なるにつれて、身体に様々変化が起こることを理解する）。

エ　安全衛生管理体制を確立する（経営 TOP が体制を明確にすることにより働きやすい環境を整えることができ、従業員の安心感につながる）。

解答欄	

４Sは、安全で、健康な職場つくり、そして生産性の向上を目指す活動で、整理（seiri）, 整頓（seiton), 清潔（seiketsu)、清掃（seiso）を行うことをいいます。以下内容において間違っているものはどれか。

ア「整理」は、必要なものと不必要なものを区分することをいいます。

イ「整頓」は、必要なものを、決まられた場所に、決められた量だけいつでも使える状態に容易に取り出せるようにしてくことです。

ウ「清潔」は、職場や機械、用具などのゴミや汚れをきれいに取って清掃した状態を続ける事と、作業者自身も身体、服装、身の回りを汚れの無い状態にしておくことです。

エ「清掃」は、ゴミ、ほこり、くずなどを取り除き、油や溶剤など隅々まできれいに清掃し、仕事をやりやすく、問題点がわかるようにすることです。

解答欄	

年少者の就業制限について以下内容において正しいものには○を、間違っているものには×をつけなさい。

① 重量物を取り扱う作業において、満 16 歳に満たない者と満 16 歳以上満 18 歳に満たない者では年齢別・男女別各重量制限は断続作業、継続作業毎に決められている。

② 土砂崩壊の恐れのある場所、深さ２ｍ以上の地穴での作業はさせてはならない。

③ 高さが２ｍ以上で墜落転落の危害を受ける恐れのある場所で作業をさせてはならない。

④ 足場の組立、解体、変更作業（地上、床上での補助作業は除く）

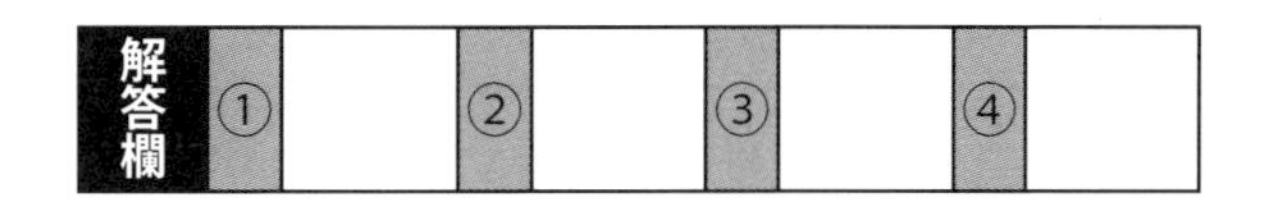

騒音障害防止対策について空欄①～④に適当なものをア～エから選んで入れなさい。

騒音作業の対象となる機械等としてインパクトレンチ、携帯用研削盤、丸ノコ、ブレーカ等多様なものがありますが、屋内作業場の第1管理区分（85dB(A) 未満）では、作業環境の継続的維持に努めます。

第2管理区分（85 ～ 90dB（A)）では、標識により［　①　］し、施設、作業方法等の［　②　］と必要に応じて［　③　］を使用します。第3管理区分では、標識により［　①　］し、施設、作業方法の［　②　］と［　③　］の使用と使用についての［　④　］をします。

ア	防音保護具	イ	改善
ウ	明示	エ	掲示

解答欄	①		②		③		④	

生活習慣病対策について空欄①～④に適当なものをア～カから選んで入れなさい。

生活習慣病は、「食習慣、運動習慣、休養、喫煙、飲酒等の生活習慣が、その発症・進行に関与する疾患群」のことを指しています。がん、循環器疾患、糖尿病、COPD（慢性閉塞性肺疾患）などの生活習慣病は、私たちの医療費の約［①］割、死亡者数の約［②］割を占めており、急速に進む高齢化を背景として、その予防は私たちの健康を守るために、大変重要となっています。

また、［③］度より［④］健診・［④］保健指導が開始し、メタボリックシンドロームを中心に、自らの健康状態を把握し、生活習慣を改善したいと考える方々が増えています。

ア	6	イ	特定	ウ	3
エ	平成20年	オ	平成10年	カ	特別

解答欄	①		②		③		④	

第14章　職長・安全衛生責任者

14 職長・安全衛生責任者
Q 1

建設現場では、多様な職種が混在して作業をしているため、他の産業に比べて労働災害が多いといわれている。そこで、関係請負人は安全衛生責任者を選任し、元方事業者の統括安全衛生責任者との連絡その他の事項を行い現場の安全衛生管理にあたらなければならない、となっている。下記①～⑤に安全衛生責任者の職務をあげたが、正しいものには○、誤っているものには×をつけなさい。

---

① 統括安全衛生責任者から受けた事項の関係者（自社の事業者、職長、作業員など）への連絡

② 統括安全衛生責任者からの連絡事項の実施についての管理（担当者の管理、自らの実施）

③ 混在作業による危険の有無の確認（巡視での確認、クレーン作業などの調整）

④ 作業方法の決定および労働者の配置

⑤ 再下請負人（孫請け、ひ孫請け）の安全衛生責任者との作業間の連絡・調整

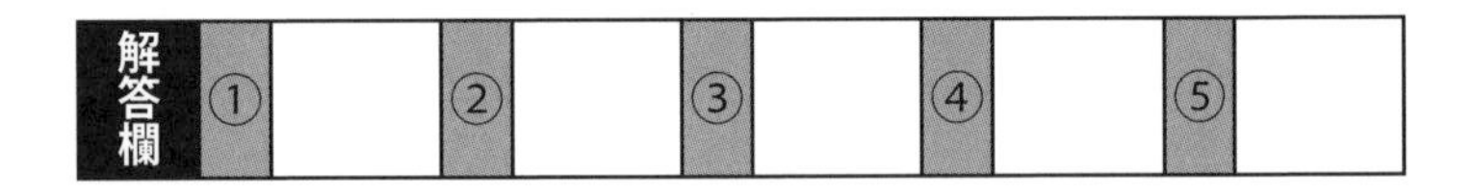

解答欄	①		②		③		④		⑤	

14 職長・安全衛生責任者

Q 2 作業現場の事故・災害を防止するには、「作業の実際面をよく知っている」「作業の直接の責任者である」「不安全な状態や不安全な行動を是正する機会を最も多く持っている」など、現場で直接作業員を指揮監督している職長が中心となって災害防止を図ることが重要となる。職長についての下記記述の空欄①～⑤に適当なものをア～オより選んでその記号を入れなさい。

1．職長とは、安全衛生の［　①　］（扇の要）である。

2．安全衛生は生産と一体の形で進められるべきものであり、［　②　］、品質、工程、原価の4つ管理が互いに連携しているのが“健全な企業”といえる。

3．職長とは、現場で部下の作業員を［　③　］して担当する仕事の安全衛生を確保し、工期までに完成させる［　④　］を持つ立場の人をいう。

4．職長の職務が“安全衛生のキーマン”といわれるのは、自社の作業員の配置、作業方法の決定、作業方法の改善、危険性有害性等の調査とその措置の実施を行うことから、労働災害防止の［　⑤　］であり、その役割は重要だからである。

ア	直接指揮監督	イ	安全衛生	ウ	中心人物
エ	責任	オ	キーマン		

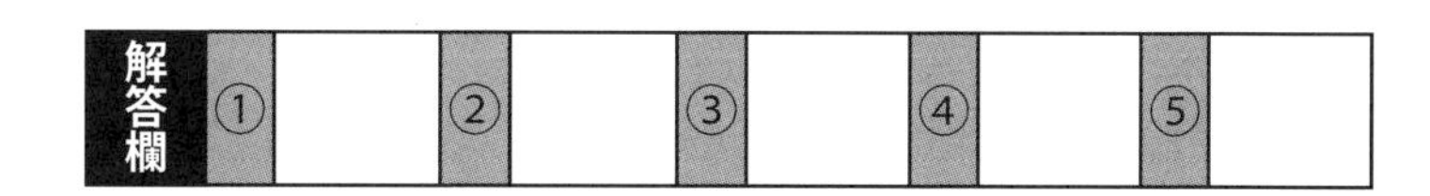

14 職長・安全衛生責任者

Q 3

作業手順書についての下記の文章について、空欄①～⑥に適当なものをア～カより選んでその記号を入れなさい。

1．作業手順書の必要性は、作業のムリ・［　①　］・ムラの排除もその１つである。

2．作業手順書は、作業をより安全に、より速く、より正確に、そして疲れないように作業の動作の順序を示したもので、［　②　］の防止や［　③　］の向上、さらに高［　④　］の追求に役立つものである。

3．作業手順書を活用することにより、教える者の［　⑤　］の排除、効率的［　⑥　］の実施を図ることができる。

ア	労働災害	**イ**	ムダ	**ウ**	作業能率
エ	教育・訓練	**オ**	品質	**カ**	個人差

解答欄	①		②		③		④		⑤		⑥	

下記①～④に記述した作業手順の定め方における職長の心構えのうち、正しいものには○、誤っているものには×をつけなさい。

① 人間は忘れやすい性格を持っているので、繰り返し教育訓練し、理解させ、習得させる。

② 作業中の指導は、現場の状況の変化に応じた追加の指導等により実施を図る。

③ 作業がやりにくそうであっても決めた作業手順なので、内容の変更がない限り、作業手順書の変更は避ける。

④ 作業手順書のない非定常作業（トラブル処理、検査・点検補修などの作業）は、あらかじめ関係者と協議して非定常作業用の作業手順書を準備しておく。

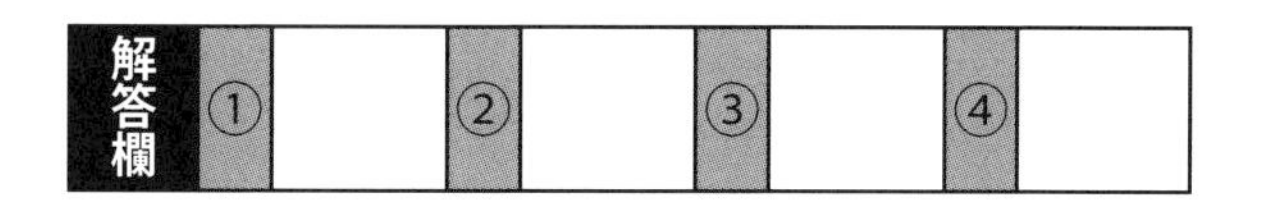

14 職長・安全衛生責任者

Q 5　作業方法改善の目的と意義について、下記文章の空欄①～⑤に適当なものをア～オより選んでその記号を入れなさい。

1．作業方法は、［ ① ］のものではなく、周囲の関連作業や状況の変化、技術の進歩、機械や設備の変化に応じて改善し、より良く、より早く、［ ② ］に作業できるように進める必要がある。

2．作業方法の改善は、機械や設備などの大がかりな変更だけでなく、材料の運搬、置場、作業の割り振りなど身近なところで、今までよりも改善したやり方はないかと、たえず［ ③ ］を持つことから始まる。

3．作業方法の改善は、1人で考えるよりも多くの関係者の［ ④ ］を取り入れることで、効果が高まる。また日頃から職場全体に改善へ向かって、前向きに取り組む［ ⑤ ］をつくることが重要である。

ア	知識や経験	イ	疑問	ウ	雰囲気
エ	不変不動	オ	より安全		

解答欄	①		②		③		④		⑤	

14 職長・安全衛生責任者 Q 6

下記の文章は、作業員の適正配置の意義について述べたものだが、空欄①～⑥に適当なものをア～カより選んでその記号を入れなさい。

1．わが国における労働者の年齢構成の［①］に伴う［②］の増加、また、［③］への進出、さらに職場の労働状態の変化と近年就労環境は［④］しつつある。

2．これらの就労環境の変化で、作業員の適正配置についても新たな視点に立った対応が必要となりつつある。特に、労働災害の発生率は、一般に［⑤］高くなる傾向にあり、高年齢者の［⑥］は検討ニーズを高めている。

ア	急激な高齢化	イ	加齢と共に	ウ	大きく変化
エ	適正な配置	オ	中高年齢者	カ	女性の職場

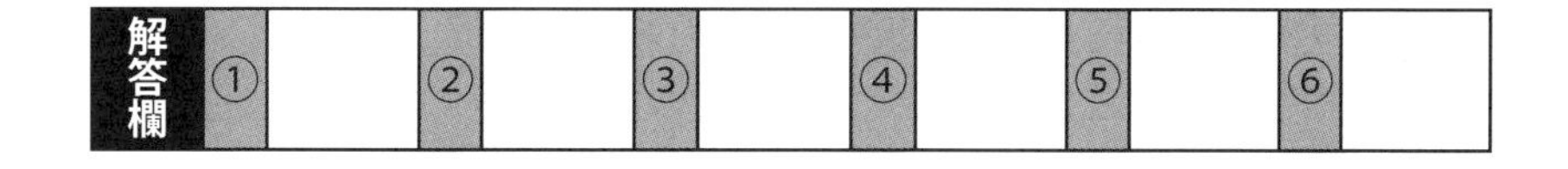

解答欄	①		②		③		④		⑤		⑥	

Q7 下記の文章は指導および教育の効果を高める、または持続させる方法を記述したものだが、空欄①～⑤に適当なものをア～オより選んでその記号を入れなさい。

1．ＫＹミーティングの司会や安全当番などの職務を［ ① ］で実施することも各自に自覚が生まれ、よい教育の機会になる。

2．不安全な“作業のやり方”を［ ② ］には、その是正だけにとどまらず、その不安全行為が［ ③ ］を究明し、それが指導および教育の不備による場合には［ ④ ］を実施しなければならない。

3．作業手順を常に見直し、［ ⑤ ］の変更、新しい技術の導入などがある場合には、速やかに作業手順の見直しを行うこと。

ア	発見した場合	イ	再教育	ウ	交替制
エ	なぜ行われたか	オ	機械設備		

解答欄	①		②		③		④		⑤	

14 職長・安全衛生責任者

Q 8

下記の文章は、職長の職務の１つとして、“作業中の監督・指示”の目的と意義を記述したものだが、空欄①～⑥に適当なものをア～カより選んでその記号を入れなさい。

1．職長は、担当する作業を安全に［　①　］よく、［　②　］までに完成させなければならない。

2．このためには作業の［　③　］を行い、作業中は作業設備、機械を［　④　］に保たなければならない。

3．また、作業員が作業手順や［　⑤　］を守っているか確認して、不適切な行動を発見したら、直ちに是正するよう［　⑥　］を行わなければならない。

ア	基本ルール	イ	段取り	ウ	工期・納期
エ	能率	オ	監督・指導	カ	安全な状態

解答欄	①		②		③		④		⑤		⑥	

14 職長・安全衛生責任者

Q 9

事故・災害は、作業設備の不安全状態と人間の不安全行動とが直接原因となって発生する。人間は本来、ミスをおかしやすい生き物であり、人の注意力に頼るだけでは事故・災害を防止することは難しく、まず作業設備（機械、器具、道具、工具、建築物など）の安全化を図ることが重要になる。下記の文章は作業設備の安全化の基本を記述したものだが、空欄①～⑤に適当なものをア～オより選んでその記号を入れなさい。

1．安全対策は、できるだけ［　①　］以上となっていること。　［信頼性］

2．異常時には、［　②　］に移行するものであること。　［信頼性］

3．操作が簡単で容易であり、［　③　］を起こさないように人間工学的配慮がなされていること。　［操作性］

4．できるだけ［　④　］を想定して、設計、製作されていること。　［構造・強度］

5．［　⑤　］、分解、保守が容易に行われるように配慮がなされていること。　［保守性］

ア	過酷な条件	イ	誤操作	ウ	二重
エ	安全側	オ	点検・修理		

解答欄	①		②		③		④		⑤	

墜落・転落災害防止における、設備（足場）の要点を下記の文章に示したが、空欄①～⑧に適当なものをア～クより選んでその記号を入れなさい。

高さ［①］m以上の墜落のおそれのある場所で作業をするときは、足場を設置。作業床は幅［②］cm以上、床材間のすき間は［③］cm以内、手すりは高さ［④］cm以上、作業床が設置できないときは、［⑤］の使用、［⑥］の設置など二重の対策を実施すること。

また、高さ［⑦］m以上の通路においては、専用の［⑧］を設けること。

ア	安全ネット	イ	85	ウ	3
エ	親綱・安全帯	オ	40	カ	2
キ	1.5	ク	昇降設備		

解答欄	①		②		③		④		⑤		⑥		⑦		⑧	

14 職長・安全衛生責任者

Q11　作業環境を快適にして、作業員の健康障害を予防することは、部下の労働意欲を高めることにもつながり、職長の重要な職務である。また、職業性疾病についても知識を十分に持つことも必要になる。下記に職業性疾病の種類をあげたが、関係の深いものをア～カより選びなさい。

---

① 異常気圧によるもの
② 温熱条件によるもの
③ 酸素によるもの
④ 粉じんによるもの
⑤ 作業条件によるもの
⑥ 騒音によるもの

ア	じん肺	イ	難聴	ウ	潜水病
エ	腰痛	オ	熱中症	カ	酸素欠乏症

解答欄	①		②		③		④		⑤		⑥	

14 職長・安全衛生責任者

Q12 安全衛生点検を実施するには、あらかじめ決められた点検基準を定めて、それにしたがって実施することが大切になる。下記の文章は点検基準についての記述であるが、空欄①～⑥に適当なものをア～カより選んでその記号を入れなさい。

1．安全衛生点検を実施するには、［ ① ］と行っただけでは、［ ② ］することができない。また、そのやり方や点検結果の判断が人によって異なるようでは成果を上げることはできず、点検は、［ ③ ］に基づいて行うべきものである。

2．このため、あらかじめ［ ④ ］（点検箇所、点検内容、点検方法、点検結果に対する判断基準）を定めておかなければならない。

3．点検基準は、1回定めたからといって、いつまでもそのままで良いというものではなく、作業設備や作業方法の変更のつど、あるいは定期的にその［ ⑤ ］を行うことが必要である。

4．また、事故・災害や［ ⑥ ］等が発生したときも同様に点検基準の見直しを行い、災害発生の予防に活用することが重要である。

ア	点検基準	イ	欠陥を発見	ウ	見直し
エ	ヒヤリ・ハット	オ	ただ漫然	カ	一定の基準

解答欄	①		②		③		④		⑤		⑥	

Q13

安全衛生点検の実施についての心構えを下記の文章にあげたが、空欄①～⑥に適当なものをア～カより選んでその記号を入れなさい。

1．安全衛生点検は、点検基準に基づいて厳正に行われなければならない。不安全な状態を［　①　］して、これを見逃してはならない。

2．また、いくら忙しいときであっても、［　②　］を外すようなことがあってはならない。このようなことをやると、作業員に対する［　③　］にも悪い影響を及ぼす。

3．作業員が［　④　］を見落とし、あるいは、異常に気が付いても［　⑤　］を講じていない場合は、当該作業員に対し、点検の重要性、点検の方法、心構えなどについて［　⑥　］を実施する必要がある。

ア	必要な措置	イ	大事なポイント	ウ	異常
エ	過少評価	オ	教育指導	カ	十分な教育

解答欄	①		②		③		④		⑤		⑥	

Q14 「異常事態」が発生した場合、職長は速やかな対応措置をとり、事故・災害の発生を未然に防止しなければならない。そこで、“異常とは”について、下記の文章の空欄①～⑤に適当なものをア～オより選んでその記号を入れなさい。

1．作業は、作業環境、作業設備、［ ① ］および作業員の行動についてなんらかの［ ② ］があり、それにしたがって作業が進められている。基準どおりに作業が進んでいれば、これを［ ③ ］あるいは「問題がない状態」という。

2．しかし、基準からはずれた状態が起こると、これを［ ④ ］あるいは「問題のある状態」という。この状態を放置すると基準とのずれがますます大きくなり、［ ⑤ ］の発生につながるおそれが高まる。

ア	異常	イ	正常	ウ	基準
エ	事故や災害	オ	作業方法		

解答欄	①		②		③		④		⑤	

14 職長・安全衛生責任者

Q15

異常事態が発生する要因の１つに「人的要因」があるが、これらはヒューマンエラーによるものも少なくない。下記の文章は、災害事例とヒューマンエラーの分類（12 分類）を示したものだが、関係の深いものをア～オより選びなさい。

---

① 打合せ以外の荷揚げ作業を、鉄筋工に連絡せず、つり荷が落ちて作業員にぶつかった。

② 鉄骨の組立て作業中、上がってきた梁からバランスを崩し、安全帯未使用のため墜落した。

③ 外部足場から降りようとしたが、近くに階段がなかったために足場伝いに降りて足を滑らし墜落した。

④ 作業現場に従事してまもない作業員が、立入禁止区域を知らず入り、上から物が落ちてきてケガをした。

⑤ 脚立の上で、手に持っていた工具を落としそうになり、あわてて、それをつかもうとして身を乗り出し墜落した。

ア	無知、未経験、不慣れ	イ	場面行動本能	ウ	連絡不足
エ	危険軽視、慣れ	オ	近道、省略行動本能		

解答欄	①		②		③		④		⑤	

14 職長・安全衛生責任者

Q16 労働災害発生時には、関係作業設備の非常停止、被災者の救出、二次災害の防止などの応急措置をとるとともに、その原因を調査し、対策を立て、同種災害や類似災害の再発を防止しなければならない。下記の文章は労働災害発生時の“非常停止”について述べたものだが、空欄①～⑤にア～オより適当なものを選んでその記号を入れなさい。

1．事故､災害発生時には、［ ① ］における場合と同様の措置を行うとともに、関係設備を［ ② ］しなければならない。

2．例えば、［ ③ ］や［ ④ ］で災害が発生したときは、緊急措置として災害の拡大を防止するため、ガスの［ ⑤ ］、建設機械の運転の停止などを行わなければならない。

ア	非常停止	イ	送給の停止	ウ	車両系建設機械
エ	異常の発見時	オ	ガスの送給配管		

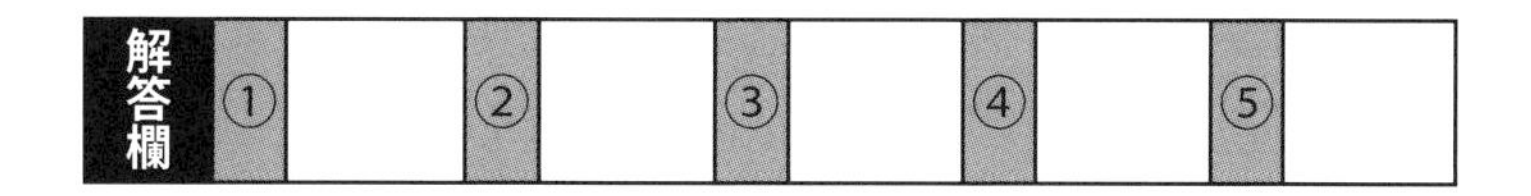

解答欄	①		②		③		④		⑤	

Q17 労働災害防止に「関心を持たせる」具体的な手段として、ＴＢＭ（ツールボックス・ミーティング）があるが、下記文章の空欄①～⑥にア～カより適当なものを選んでその記号を入れなさい。

1．朝の仕事始めや、昼食後の休憩が終わったときに職場で行われる短時間の［　①　］をいい、職場の［　②　］し、今やっている作業の問題について話し合う。

2．この打合せの特徴は、話合いに終わるのではなく、必ず［　③　］を行い、全員でそれを［　④　］ということにある。そのことを通じ、安全衛生活動への［　⑤　］を伸ばし、安全衛生について関心を高めることができる。

3．また、全員で申合せ事項を実行するので、それを通じて［　⑥　］を深める効果も期待できる。

ア	打合せ	イ	連帯感	ウ	参加意識
エ	全員が参加	オ	申合せ	カ	実行に移す

解答欄	①		②		③		④		⑤		⑥	

安全ミーティング（ＴＢＭ）の必要性について、下記の文章に示しましたが、空欄①～⑥に適当なものをア～カより選んでその記号を入れなさい。

1．安全ミーティング（ＴＢＭ）は、その日の作業内容により、必要とされる安全な作業方法、［　①　］、適正配置、作業場の留意点、元方事業者の安全上の指導・注意事項などについて、前日行った安全工程打合せ書に基づいて指示し、［　②　］を行い、他職種の作業についても［　③　］させて、自分たちの作業を円滑に、かつ、安全と［　④　］が向上することを目的としている。

2．安全衛生管理は、本来［　⑤　］であり、危険要因を事前に除去し、安全で良好な作業条件を提供することを目的としているので、［　⑥　］に行う安全ミーティング（ＴＢＭ）は作業グループごとに分かれて実施する必要がある。

ア	作業開始前	イ	作業手順	ウ	危険管理
エ	作業能率	オ	周知	カ	連絡・調整

解答欄	①		②		③		④		⑤		⑥	

14

Q19

作業員の安全と健康を確保するためには、単に“法律を守ればよい”といった時代は過去のものとなっており、事業者は「実行可能な限り作業場における安全衛生水準を最大限に高めることができる方法」を組み込んだ安全衛生管理を行う必要があるといわれている。これらを実現する有力な方法の１つがリスクアセスメントである。下記にリスクアセスメントの考え方を示したが、空欄①～⑤に適当なものをア～オより選んでその記号を入れなさい。

作業場のあらゆる［　①　］を洗い出し、それらのリスクの［　②　］を見積り、評価し、［　③　］保護の観点から［　④　］できない危険を個別に［　⑤　］に明らかにすることを体系的に進める手法である。

ア	容認	**イ**	大きさ	**ウ**	危険有害要因
エ	具体的	**オ**	作業員		

解答欄	①		②		③		④		⑤	

14 職長・安全衛生責任者

Q20　リスクアセスメントを実施するためには、体制を整える必要がある。そのためには、リスクアセスメントの各段階における担当者の役割を定めるとともに、関係者への教育の実施により、全員がリスクアセスメントについて十分に理解できるようにする必要がある。また、リスクアセスメントをチームで実施する際に、少なくともその責任者は十分に理解し、習熟している必要がある。また、チームメンバーもリスクアセスメントに関する基本的な知識や意義を正しく理解しておく必要がある。リスクアセスメントを実施するためには、体制を整える必要がある。下記に教育の一般的な目的をあげたが空欄①～⑤に適当なものをア～オより選んでその記号を入れなさい。

1．リスクアセスメントの考え方およびその［　①　］を正しく理解する。

2．リスクアセスメントの［　②　］を理解し、正しくリスクアセスメントを実施できるようにする。また、［　③　］を漏らさず洗い出し、リスクの見積りおよび評価ができる。

3．リスクアセスメント手法に習熟し、［　④　］よくリスクアセスメントを実施できる。

4．リスクの評価結果について、リスク［　⑤　］を進めることがきる。

ア	手法	イ	効率	ウ	有効性
エ	危険有害要因	オ	低減対策		

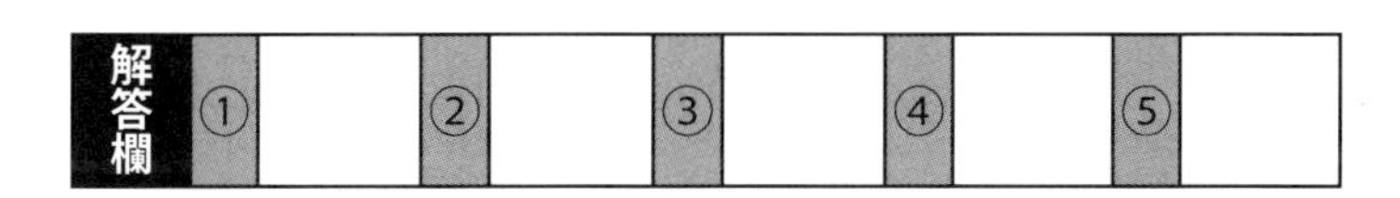

解答欄	①		②		③		④		⑤	

第14章　職長・安全衛生責任者　問題

建設現場における、法令等の定める職長等への教育についての次の記述の空欄①～⑤に適当な言葉をア～キより選びなさい。

職長は、労働者の安全および衛生を確保する職場作業の要である。

その職長が新たに就任する際に事業者が実施する、部下の指導監督する方法について法令の定める教育は、次の内容による。

1）作業方法の決定および労働者の［　①　］の方法：２時間

2）労働者に対する［　②　］方法、作業中における監督および指示方法：2.5 時間

3）［　③　］等の調査とその結果に基づき講ずる措置（リスクアセスメント調査方法、結果に基づく措置、改善方法：４時間

4）［　④　］および災害発生時における措置：1.5 時間

5）その他［　⑤　］として行うべき労働災害防止活動（作業に係る設備および作業場所の保守管理方法、労働者の創意工夫の引出し方法）：２時間

ア	指導および教育	イ	異常時等	ウ	危険性または有害性
エ	配置	オ	安全衛生責任者	カ	連絡調整
キ	現場監督者				

解答欄	①		②		③		④		⑤	

14 職長・安全衛生責任者

Q22 万一、事故や災害が発生したときは適切な措置をとることが大切になる。下記の文章は、災害発生時におけるものである。次の記述の空欄①～⑤に適当な言葉をア～クより選んで入れなさい。

1．現場で事故や災害が発生したときは、職長は［　①　］と［　②　］防止を第一に考えて、［　③　］を実施すること。

2．［　④　］や上司の指示に従って、まず、［　⑤　］にすべきなのは何かを普段から訓練し、心構えをしておくことが大切である。

ア	二次災害	イ	発注者	ウ	元方事業者の責任者
エ	人命救助	オ	緊急措置	カ	一次災害
キ	第三者災害	ク	最優先		

解答欄	①		②		③		④		⑤	

異常について職長が講じなければならない措置を、下記１～５に示す。空欄①～⑥に適当な言葉をア～クより選びなさい。

1．異常の［　①　］に努める。

2．異常を発見したときは、その状況を正確に把握して適切な［　②　］をとること。

3．必要な措置をとった後は、できるだけ早い時期に［　③　］し、確実な［　④　］を講じること。

4．再発防止対策を作成したら、それに基づいて作業者を［　⑤　］すること。

5．異常の状態および措置や経過などは上司に報告し、かつ、［　⑥　］すること。

ア	応急処置	イ	原因究明	ウ	関係者に連絡
エ	施工	オ	再発防止	カ	早期発見
キ	情報収集	ク	教育・訓練		

解答欄	①		②		③		④		⑤		⑥	

第1章　一般［解答と解説］

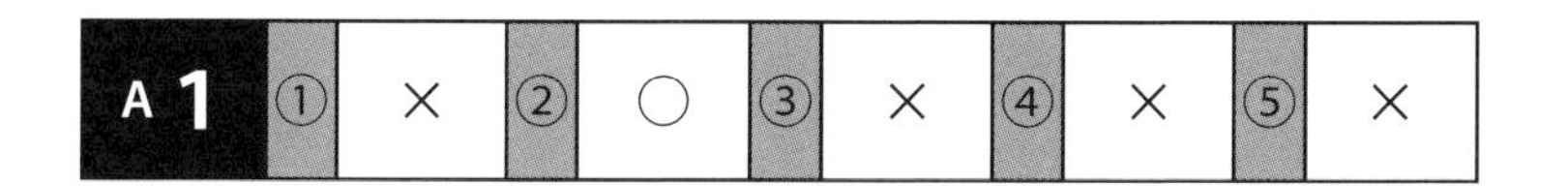

A1	①	×	②	○	③	×	④	×	⑤	×

① 安全施工サイクル活動の前提として現場で働く関係者の良好なコミュニケーションが重要となる。

② 建設現場の安全衛生活動は関係協力会社の積極性・主体性によって職長・作業員の意識向上を誘導することが望まれる。

③ 安全衛生協議会（災害防止協議会）は、統括安全衛生責任者を議長とし、副議長や委員は元方事業者職員や関係請負人（関係協力会社）の安責者・職長から議長が委嘱して定期的に運営する。

④ 作業や行事等で月単位・週単位の実施があれば、週間安全計画に組み入れ、月次の災害防止協議会はじめ週間安全工程打合せや週間点検、週間一斉片付けなどの週間活動にも参加することが望ましい。

⑤ どのようなパターンの活動でも最後に元方事業者工事事務所への「→終業時の確認と報告」が必須である。特に火気作業に係る残火確認の報告等を忘れてはならない。

＜関係通達＞

・平成7年4月21日　基発第267号の2「元方事業者による建設現場安全管理指針について」

【参考文献】

・「元方事業者による建設現場安全管理指針」の具体的進め方（指針達成に向けての事例）
発行：建設業労働災害防止協会

A2	①	ウ	②	ア	③	イ	④	カ	⑤	キ

法令等においては、建設工事の元方事業者を「特定元方事業者」とし、下請け発注した様々な建設業種の協力会社（事業者、下請負人）が1つの建設現場で混在して作業する際の統括管理を規定している。

元方事業者から専門工事を請負う協力会社の事業主を代理する「安全衛生責任者」および「職長」は「職長・安全衛生責任者等教育」の修了が資格条件である。

設問記載の他、救護技術管理者、店社や事業所毎の労働者就労人数により安全衛生推進者・安全管理者・衛生管理者・産業医、法令の定める作業により作業指揮者・作業主任者・誘導者、消防法規定により防火管理者・火元責任者・危険物取扱者、火薬類取締法の規定により火薬類取扱保安責任者、等の選任をもって安全衛生管理組織および災害防止組織が編成される。

＜関係法令等＞

- 統括安全衛生責任者　(安衛法第 15 条、第 30 条の 2 、安衛令第 7 条、安衛則第 18 条の 2 の 2 、第 20 条)
- 元方安全衛生管理者　(安衛法第 15 条の 2 、安衛則第 18 条の 3 ・ 5)
- 店社安全衛生管理者　(安衛法第 15 条の 3 、安衛則第 18 条の 6 ・ 7 ・ 8)
- 安全衛生責任者　　　(安衛法第 16 条、安衛則第 19 条)

【用語の定義】

- 元方事業者：事業者で、一の場所において行う事業の仕事の一部を請負人に請負わせているもの。但し、当該事業の仕事の一部を請け負わせる契約が二以上あるため、その者が二以上あることとなるときは、当該請負契約のうちの最も先次の請負契約における注文者とする。
- 特定元方事業者：特定事業（建設業、造船業）を行う元方事業者。

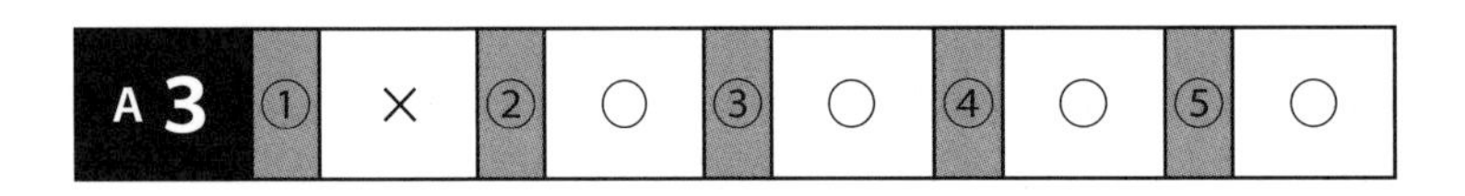

A 3	①	×	②	○	③	○	④	○	⑤	○

①　作業主任者の選任は、事業者責任として義務付けられているので、各事業者（ 1 次以降の関係請負人）が各々選任しなければならない。

②　作業主任者の選任は作業場所単位として行われなければならない。

例：フロアーが異なる作業の場合や隔壁により区分されている場合

また、昼夜作業を行う場合には各直で選任しなければならない。

(安衛則第 17 条)

事業者は、別表第 1 の上欄に掲げる一の作業を同一の場所で行なう場合において、当該作業に係る作業主任者を 2 人以上選任したときは、それぞれの作業主任者の職務の分担を定めなければならない。

③　例えば、酸欠作業主任者および高圧室内作業主任者の酸素濃度の測定等。

④　②の原則に準じる。

⑤　作業主任者氏名の掲示や表示は、誰の指示に従うかはっきりするためである。

(安衛則第 18 条)

事業者は、作業主任者を選任したときは、当該作業主任者の氏名及びその者に行なわせる事項を作業場の見やすい箇所に掲示する等により関係労働者に周知させなければならない。

＜関係法令等＞

(安衛法第 14 条)

事業者は、高圧室内作業その他の労働災害を防止するための管理を必要とする作業で、政令で定めるものについては、都道府県労働局長の免許を受けた者又は都道府県労働局長の登録を受けた者が行う技能講習を修了した者のうちから、厚生労働省令で定めるところにより、当該作業の区分に応じて、作業主任者を選任し、その者に当該作業に従事する労働者の指揮その他の厚生労働省令で定める事項を行わせなければならない。

(安衛令第 6 条)

法第 14 条の政令で定める作業は、次のとおりとする。

(安衛則第 16 条第 1 項)

法第 14 条の規定による作業主任者の選任は、別表第 1 の上欄に掲げる作業の区分に応じて、同表の中欄に掲げる資格を有する者のうちから行なうものとし、その作業主任者の名称は、同表の下欄に掲げるとおりとする。
※安衛令第6条に作業主任者を選任すべき作業が記されている。また、安衛則第16条に関する別表第1では作業の区分、資格を有する者、名称が記載されている。

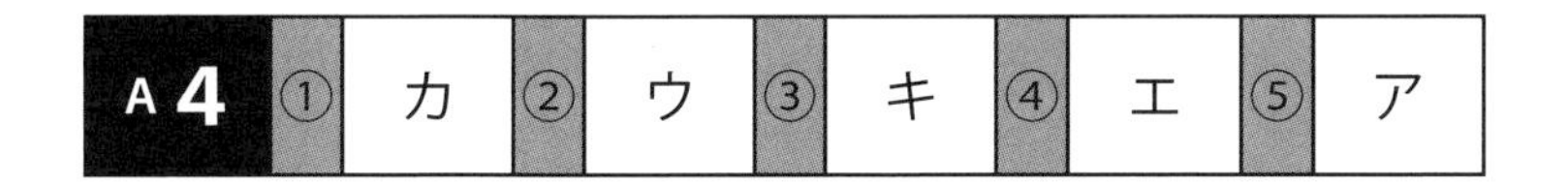

A4	①	カ	②	ウ	③	キ	④	エ	⑤	ア

【補足・予定作業に変更が生じたとき】
事前に予定していた作業の変更や上下作業、混在作業等が発生するときには、元方事業者より示されたルールに従って、一時作業を中止する。
元方事業者担当者に連絡し職種双方の安全衛生責任者および作業責任者の間で打合せを行い、作業手順の修正を行う。元方事業者工事責任者の確認後、変更により発生する危険を予測して予防措置を申し合わせ、作業員に周知確認してから作業を再開する。
＜関係法令等＞
・災害防止協議会　(安衛法第30条、安衛則第635条)
・作業間の連絡・調整　(安衛法第30条第1項第2号、安衛則第636条)
(平成7年4月21日　基発第267号の2「元方事業者による建設現場安全管理指針について」)
【参考文献】
元方事業者による建設現場安全管理指針」の具体的進め方（指針達成に向けての事例）
発行：建設業労働災害防止協会
【用語の定義】
- 関係請負人：元方事業者の当該事業の仕事が数次の請負契約によって行われるときは、当該請負人の請負契約の後次のすべての請負契約の当事者である請負人をいう。

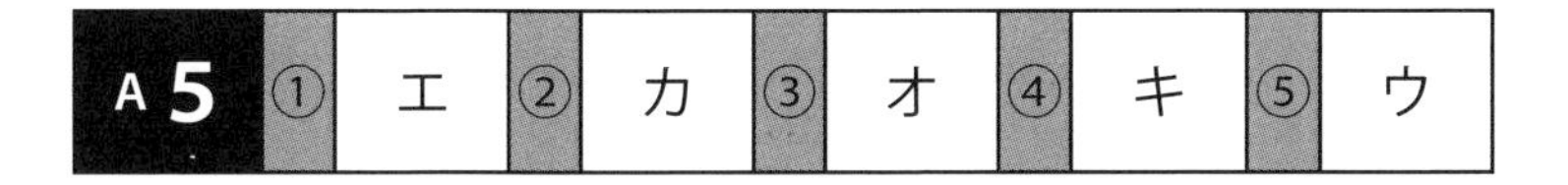

A5	①	エ	②	カ	③	オ	④	キ	⑤	ウ

作業場における労働災害発生の芽（リスク）を事前に摘み取るため、設備・原材料や作業行動に起因する危険性・有害性等の調査（リスクアセスメント）を行い、その結果に基づき、必要な措置を実施するように努めなければならない。
リスクアセスメントの実施時期は、設備・原材料等を新規に採用・変更するとき、および、作業方法または作業手順を新規に採用・変更するときである。
＜関係法令等＞
・危険性または有害性等の調査　(安衛法第28条の2、安衛則第24条の11)
【参考文献】
「危険性又は有害性等の調査等に関する指針」同解説

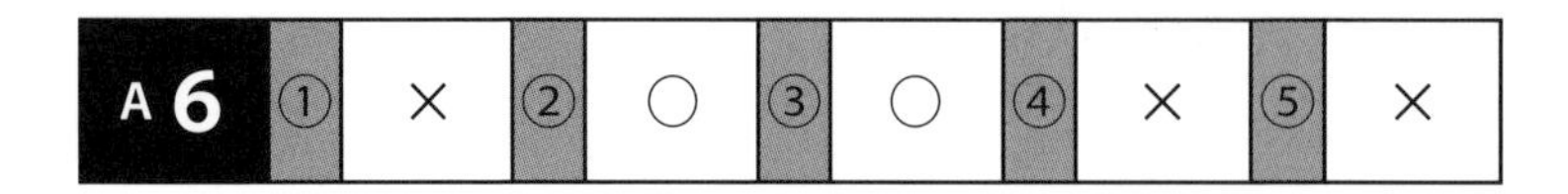

A6	①	×	②	○	③	○	④	×	⑤	×

① 作業計画を定めることや、作業方法を決定することの義務は特定元方事業者ではなく、関係請負人が負う。
② 設問の他、・ジャッキ式つり上げ機械を用いる作業や、潜函または井筒の内部での明り掘削の作業、掘削面の高さが２m以上となる地山の掘削の作業、除染等業務、等についても同様の法令規定がある。
③ 設問の他にも、作業主任者、作業指揮者に作業方法の決定が義務付けられている作業がある。
④ 過去にその元方事業者が管理する工事現場で重篤な災害が発生した作業等については、作業計画に基づく安全な作業手順の作成を指示されることがある。
⑤ 上記の他、危険性の高い背景の下で行う作業についても、作業計画に基づく安全な作業手順の作成を指示されることがある。

※作業手順書の記載内容は、口頭や文書の配付、掲示等により関係作業員に周知することが必要。

<関係法令等>

・作業計画　（安衛法第 20 条、安衛則第 151 条の３、第 155 条、第 194 条の９）ほか
・作業主任者（安衛法第 14 条、安衛令第６条、安衛則第 16 条〜第 18 条）ほか
・作業指揮者（安衛則第 151 条の３、第 151 条の４）ほか

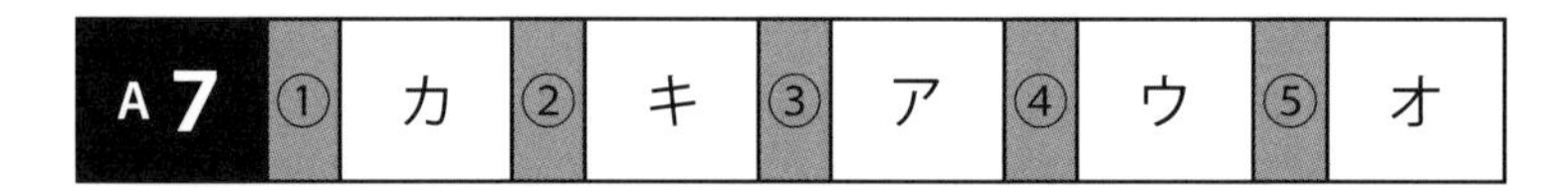

A7	①	カ	②	キ	③	ア	④	ウ	⑤	オ

事業主が全ての関係工事を巡視できない場合には、安全管理者または衛生管理者、ないしは、更にその権限を委譲し任命された事業主の代行者が巡視を行う。一般的には、その工事現場で開催される災害防止協議会の機会に合わせて月１回以上の巡視を行う他、自社の管理状況についての点検による指摘・改善・是正については、災害防止協議会での討議事項とする他、自社の職長・安全衛生責任者はじめ労働者（作業員）に周知を行う（「ミニ災防協」等）。

<関係法令等>

・安全管理者（安衛法第 11 条、安衛令第３条、安衛則第４条〜第６条）
・衛生管理者（安衛法第 12 条、安衛令第４条、安衛則第７条、第 10 条、第 11 条）

【参考文献】

・平成７年４月 21 日　基発第 267 号の２　元方事業者による建設現場安全管理指針について
・「元方事業者による建設現場安全管理指針」の具体的進め方（指針達成に向けての事例）
　発行：建設業労働災害防止協会

A8	①	カ	②	イ	③	ア	④	ウ	⑤	エ

＜補足：危険性および有害性等の調査＞

事業者は、建築物、設備、作業等の危険または有害性等を調査し、その結果に基づいて必要な措置を講ずるよう努めなければならない（努力義務規定）。この危険性または有害性等の調査が「リスクアセスメント」である。平成 26 年 6 月に安衛法第 28 条の 2 が改正され、安衛法第 57 条第 1 項で規定する表示義務の対象物および安衛法第 57 条の 2 第 1 項で規定する通知対象物については、特に安衛法第 57 条の 3 を新設して、危険性および有害性等の調査を実施することが、事業者に義務づけられた（平成 28 年 6 月 1 日施行）。

＜関係法令等＞

・クレーンの定期自主検査等　（安衛法第 45 条、クレーン則第 34 条～第 38 条）
・車両系建設機械の定期自主検査等　（安衛法第 45 条、安衛則第 167 条～第 169 条）

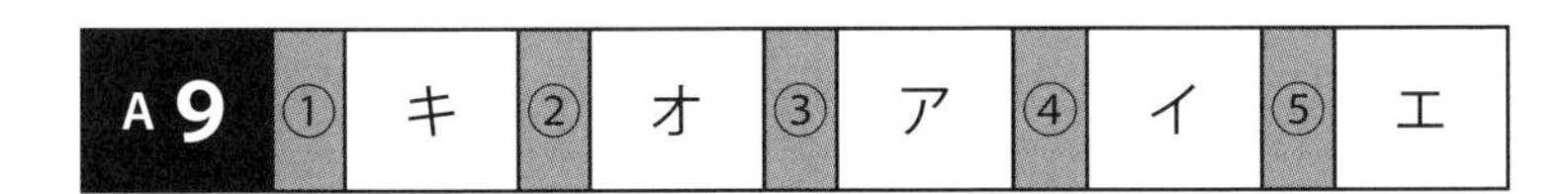

（安衛則第 19 条）

三　前号の統括安全衛生責任者からの連絡に係る事項のうち当該請負人に係るものの実施についての管理

四　当該請負人がその労働者の作業の実施に関し計画を作成する場合における当該計画と特定元方事業者が作成する法第 30 条第 1 項第 5 号の計画との整合性の確保を図るための統括安全衛生責任者との調整

五　当該請負人の労働者の行う作業及び当該労働者以外の者の行う作業によって生ずる法第 15 条第 1 項の労働災害に係る危険の有無の確認

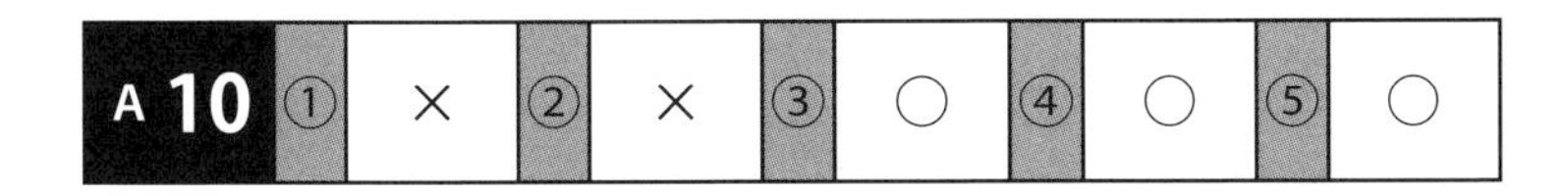

①　（安衛則第 638 条）

特定元方事業者は、法第 30 条第 1 項第 4 号の教育に対する指導及び援助については、当該教育を行なう場所の提供、当該教育に使用する資料の提供等の措置を講じなければならない。

②　（安衛法第 59 条第 1 項）

事業者は、労働者を雇い入れたときは、当該労働者に対し、厚生労働省令で定めるところにより、その従事する業務に関する安全又は衛生のための教育を行なわなければならない。

（安衛則第 35 条）

事業者は、労働者を雇い入れ、又は労働者の作業内容を変更したときは、当該労働者に対し、遅滞なく、次の事項のうち当該労働者が従事する業務に関する安全又は衛生のため必要な事項について、教育を行なわなければならない。ただし、令第２条第３号に掲げる業種の事業場の労働者については、第１号から第４号までの事項についての教育を省略することができる。

一　機械等、原材料等の危険性又は有害性及びこれらの取扱い方法に関すること。

二　安全装置、有害物抑制装置又は保護具の性能及びこれらの取扱い方法に関すること。

三　作業手順に関すること。

四　作業開始時の点検に関すること。

五　当該業務に関して発生するおそれのある疾病の原因及び予防に関すること。

六　整理、整頓及び清潔の保持に関すること。

七　事故時等における応急措置及び退避に関すること。

八　前各号に掲げるもののほか、当該業務に関する安全又は衛生のために必要な事項

③「作業内容を変更したとき」とは、異なる作業に転換をしたときや作業設備、作業方法等について大幅な変更があったときなど、つまり労働者の安全衛生を確保するために実質的な教育が必要とされる場合をいうもので、軽易な変更は含まない。

（安衛法第 59 条第２項）

前項の規定は、労働者の作業内容を変更したときについて準用する。

④および⑤　事業者は、特別教育の科目の全部または一部について十分な知識および技能を有していると認められる労働者については、その科目について省略することができる。この省略が認められる者は、当該業務に関連した上級の資格（技能免許または技能講習修了）を有する者、他の事業場においてすでに特別の教育を受けた者、当該業務に関し、職業訓練を受けた者が該当する。

（安衛法第 59 条第３項）

事業者は、危険又は有害な業務で、厚生労働省令で定めるものに労働者をつかせるときは、厚生労働省令で定めるところにより、当該業務に関する安全又は衛生のための特別の教育を行なわなければならない。

※安衛則第 36 条に特別教育を必要とする業務が記されている。

＜関係法令等＞

・関係請負人の安全衛生教育に対する指導および援助　（安衛法第 30 条）

・雇入れ時と作業内容変更時の安全衛生教育　（安衛法第 59 条、安衛則第 35 条）

・特別教育　（安衛法第 59 条、安衛則第 36 条～第 39 条）

A11	①	イ	②	カ	③	エ	④	ウ	⑤	ア

１．①～④（安衛法第 59 条第１項～第３項）

条文は A10 解説による。

２．⑤（安衛則第 37 条）

事業者は、法第 59 条第３項の特別の教育（以下「特別教育」という）の科目の全部又は一部について十分な知識及び技能を有していると認められる労働者については、当該科目についての特別教育を省略することができる。

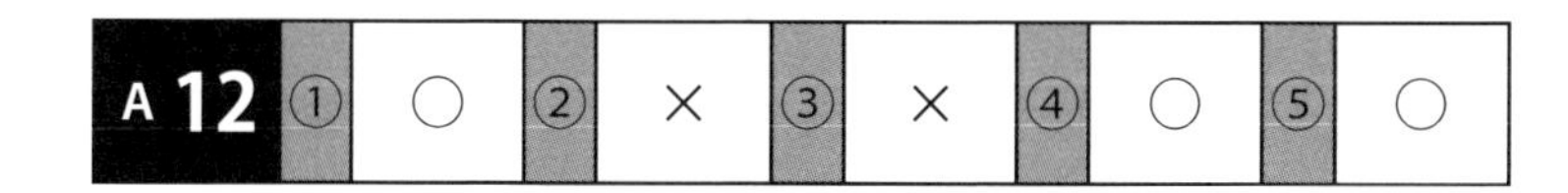

A 12	①	○	②	×	③	×	④	○	⑤	○

① 雇入時の健康診断は、採用選考時の健康診断について規定したものではなく、常時使用する労働者を雇入れた際における適正配置、入職後の健康管理に資するためのものである。
② 定期健康診断は、現行は1年以内ごとに1回と定められている。
③ 特定業務従事者健康診断は、当該業務に配置換えの際および6カ月以内ごとに1回、定期に実施する。
④・⑤ 出題記載のとおり。
＜関係法令＞
・雇入れ時健康診断 （安衛法第66条、安衛則第43条）
・定期健康診断 （安衛法第66条、安衛則第44条）
・特定業務従事者健康診断 （安衛法第66条、安衛則第45条）
・海外派遣労働者健康診断 （安衛法第66条、安衛則第45条の2）

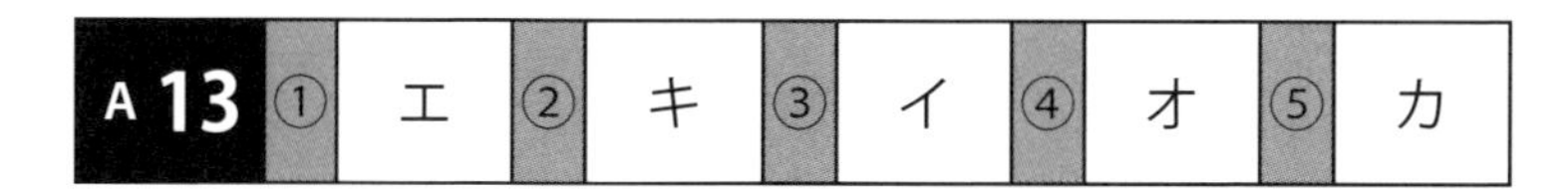

A 13	①	エ	②	キ	③	イ	④	オ	⑤	カ

設問は、定期健康診断での診断結果記載の後に、書式（健康診断個人票）所定の「医師等の意見」欄へ産業医等が別途就業上留意すべき事項を記載することについての内容である。
医師等の意見により適正配置に配慮することに係る法令の定めは、事業に係る健康診断実施の本来の目的を示したものといえる。
＜関係法令等＞
・定期健康診断 （安衛法第66条、安衛則第44条）
・産業医 （安衛法第13条、安衛則第13条、第14条）
・衛生委員会 （安衛法第18条、安衛令第9条、安衛則第22条、第23条）
＜参考文献＞
・健康診断結果に基づき事業者が講ずべき措置に関する指針
（改正 平成29年4月14日 健康診断結果措置指針公示第9号）
＜参考帳票＞
・労働安全衛生規則関係様式 健康診断個人票 様式第5号(2)
〔出典：厚生労働省ホームページ〕
https://view.officeapps.live.com/op/view.aspx?src=https%3A%2F%2Fwww.mhlw.go.jp%2Fcontent%2F000664795.docx&wdOrigin=BROWSELINK

A 14	①	ウ	②	イ	③	エ	④	オ	⑤	ア

＜関係法令等＞

・特殊健康診断　（安衛法第 66 条、安衛令第 22 条）

＜参考＞

※特殊健康診断のうち、建設業に関連ある作業のみ下記に記す。

特殊健康診断	• 屋内作業場等における有機溶剤業務に常時従事する労働者（有機則第 29 条） • 鉛業務に常時従事する労働者（鉛則第 53 条） • 四アルキル鉛等業務に常時従事する労働者（四アルキル鉛則第 22 条） • 特定化学物質を製造し、又は取り扱う業務に常時従事する労働者及び過去に従事した在籍労働者（一部の物質に係る業務に限る）（特化則第 39 条） • 高圧室内業務又は潜水業務に常時従事する労働者（高圧則第 38 条） • 放射線業務に常時従事する労働者で管理区域に立ち入る者（電離則第 56 条） • 除染等業務に常時従事する除染等業務従事者（除染則第 20 条） • 石綿等の取扱い等に伴い石綿の粉じんを発散する場所における業務に常時従事する労働者及び過去に従事したことのある在籍労働者（石綿則第 40 条）
じん肺健診	• 常時粉じん作業に従事する労働者及び従事したことのある管理又は管理の労働者（じん肺法第３条、第７条～第 10 条） 注：じん肺の所見があると診断された場合には、労働局に検診結果とエックス線写真を提出する必要がある。

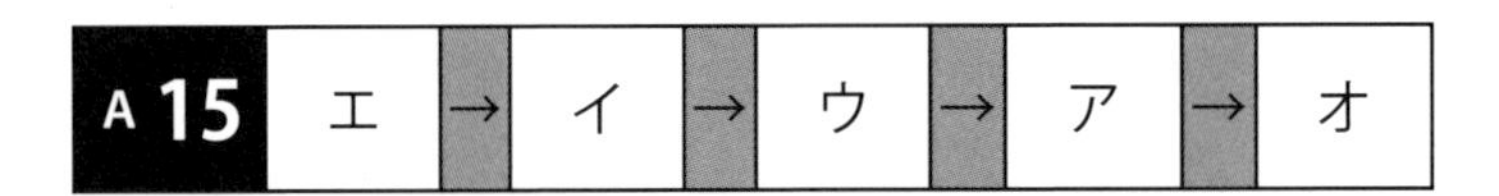

＜補足＞

当回答の順序は一般的な場合であり、現場の状況により前後および並行して実施することがある。

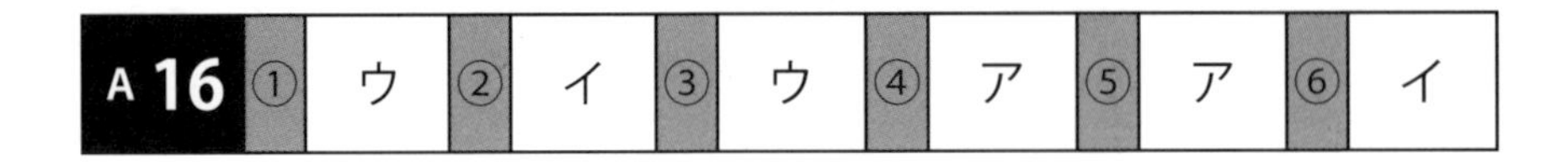

＜補足＞

災害が発生する原因を、人的要因、物的要因、管理的要因に分類して対策を講じることがあるが、他に４Ｍ（人間的要因、設備的要因、作業的要因、管理的要因）に分類することもある。

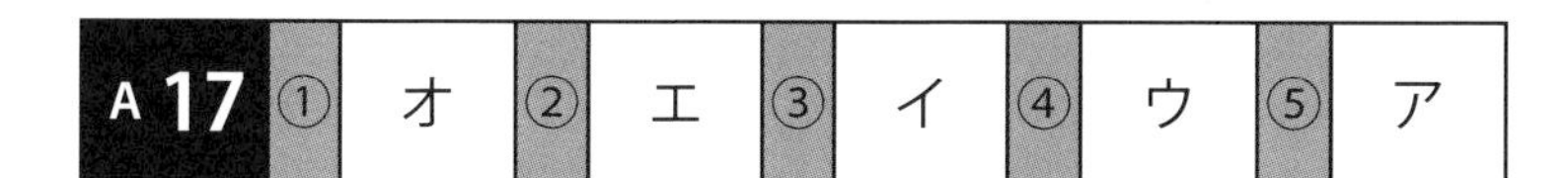

A17	①	オ	②	エ	③	イ	④	ウ	⑤	ア

「５Ｓ運動」として設問のとおり「整理・整頓・清掃・清潔・躾」を取り組んでいるが、工事現場により「５Ｓ＋Ｓ（習慣）」として６Ｓ運動など様々な工夫を凝らして取組み成果をあげている現場もある。

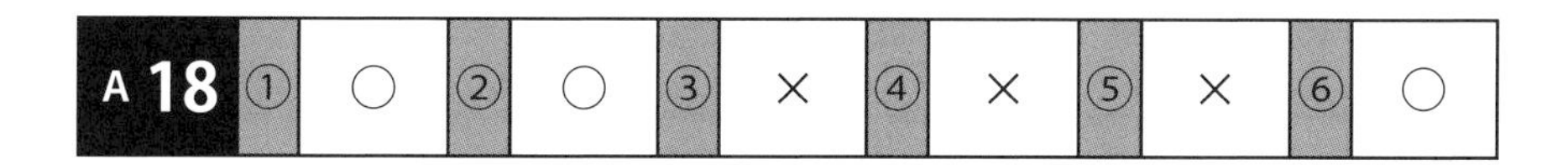

A18	①	○	②	○	③	×	④	×	⑤	×	⑥	○

①～⑥　安衛則第 552 条第１号～第６号による。
③　架設通路のこう配が 15 度を超えるものには、踏桟その他の滑り止めを設けなければならない。
④　手すりまたはこれと同等以上の機能を有する設備の高さは 85cm 以上としなければならない。
⑤　たて坑内の架設通路の長さにおいて、10 m以内ごとに踊り場を設ける長さは 15 m以上とする。

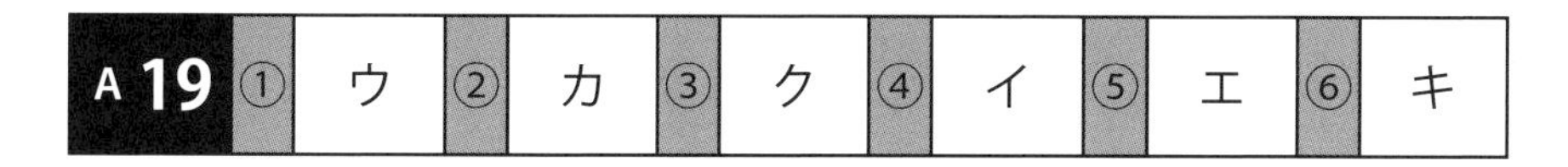

A19	①	ウ	②	カ	③	ク	④	イ	⑤	エ	⑥	キ

建災防型統一安全標識では、先般の外国人労働者の普及に伴い日本語の他、英語、中国語、ベトナム語、インドネシア語、タガログ語が表記された安全標識も発表されている。

A20	①	ウ	②	ア	③	イ	④	エ

A21	①	イ	②	ウ	③	カ	④	ク	⑤	ケ	⑥	シ

使用者は、36 協定の範囲内であっても労働者に対する安全配慮義務を負う。

また労働時間が長くなるほど過労死との関係性が強まることに留意する必要がある。

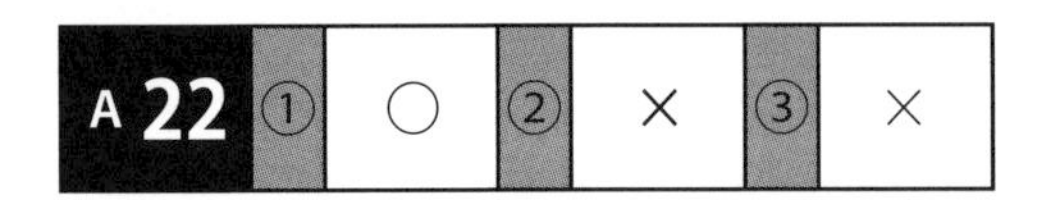

計画の届出をすべき機械等（安衛則第 85 条）

法第 88 条第 1 項の厚生労働省令で定める機械等は、法に基づく他の省令に定めるもののほか、別表第 7 の上欄に掲げる機械等とする。ただし、別表第 7 の上欄に掲げる機械等で次の各号のいずれかに該当するものを除く。

① 別表第 7　10　型枠支保工（支柱の高さが 3.5 m以上のものに限る）

② 同上　11　架設通路（高さ及び長さがそれぞれ 10 m以上のものに限る）

③ 同上　12　足場（つり足場、張出し足場以外の足場にあっては、高さが 10 m以上の構造のものに限る）

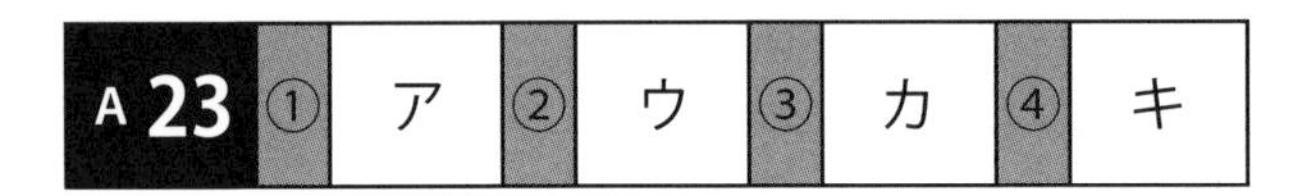

（労基則第 57 条第 1 項）

使用者は、次の各号のいずれかに該当する場合においては、遅滞なく、第 1 号については様式第 23 号の 2 により、第 2 号については労働安全衛生規則様式第 22 号により、第 3 号については同令様式第 23 号により、それぞれの事実を所轄労働基準監督署長に報告しなければならない。

一　事業を開始した場合

［二、三は略］

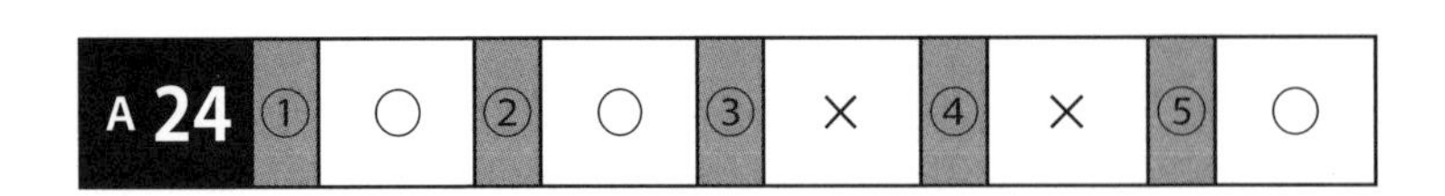

【参考文献】

「保護帽の規格」昭和 50 年 12 月 17 日　基発第 746 号

平成　3 年　7 月 30 日　基発第 474 号

「保護帽の取扱いマニュアル　はじめに」日本ヘルメット工業会

A 25　イ

ベルトの着装位置は、腰骨の少し上部に着装し、落下時に足から抜けないようにする。また、宙づりになったとき上部に着装していると、内臓を強く圧迫するおそれがある。フックの取付位置は、落下したときの衝撃をできるだけ和らげるために、腰より高い位置に取り付けること。衝撃ショックテストによると、足元の高さで700kg、腰の高さで560kg、頭の高さで400kgの衝撃が加わると言われている。フックの取付状態は、水平部材に直掛けするか回し掛けし、折れ曲がったり力が加わって外れることの無いように取り付けすること。

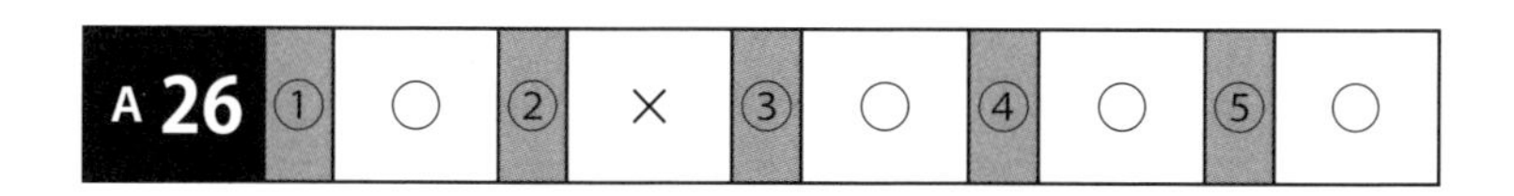

A 26	①	②	③	④	⑤
	○	×	○	○	○

①　高さ２m以上での作業床の幅は、40cm以上
⑤　「こう配が40度以上の斜面上を転落することは、墜落に含まれる」となっており、したがって作業床や手摺を設置するか、困難な場合は親綱および墜落制止用器具を使用させること。

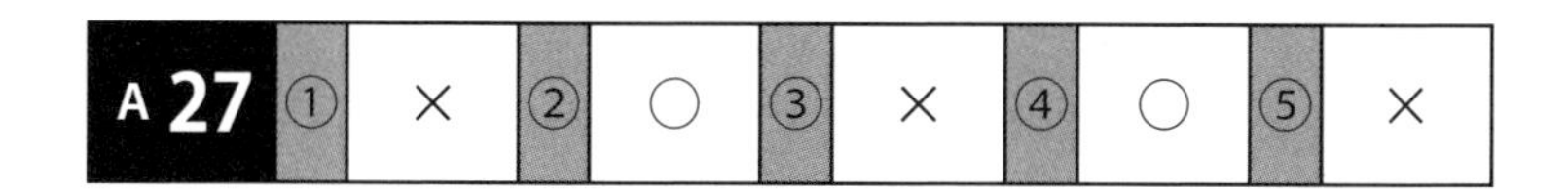

A 27	①	②	③	④	⑤
	×	○	×	○	×

＜補足＞
防じんマスクには、粒子捕集効率の違いにより３区分ある。作業内容に応じ適切な区分のマスクを使用する必要がある。

３区分	区分１	粒子捕集効率	80％以上
	区分２	粒子捕集効率	95％以上
	区分３	粒子捕集効率	99.9％以上

第2章　墜落防止［解答と解説］

A1　エ

ア　労働安全衛生規則に関する行政通達（昭和 51 年 10 月 7 日基収第 1233 号）では、こう配が 40 度以上の斜面上を転落することは、安衛則第518条および第519条の「墜落」に該当するとしている。
イ　（安衛則第 522 条）
ウ　（年少則第 8 条）
エ　安衛法第 518 条の規定により、先ず作業床を設置し、それが困難なときは墜落制止用器具を使用させる。

A2　エ

ア　「墜落制止用器具の規格」（平成 31 年 1 月 25 日厚生労働省告示第 11 号）では、高さ 6.75 mを超える箇所ではフルハーネス型としているが、「墜落制止用器具の安全な使用に関するガイドライン」（平成 30 年 6 月 22 日基発 0622 第 2 号）では、建設作業の一般的な使用条件として 5 mを超える箇所ではフルハーネス型とし、5 m以下では胴ベルト型も使用可能としている。
イ　安衛則第 194 条の 22 および上記ガイドラインにより、高さ 5 mを超えるときはフルハーネス型を使用する。
ウ　上記ガイドラインでは、足下にフック等を掛けて作業を行う必要がある場合は、第 2 種ショックアブソーバを選定しなければならないとしている。
エ　（安衛法第 59 条第 3 項、安衛則第 36 条第 41 号）

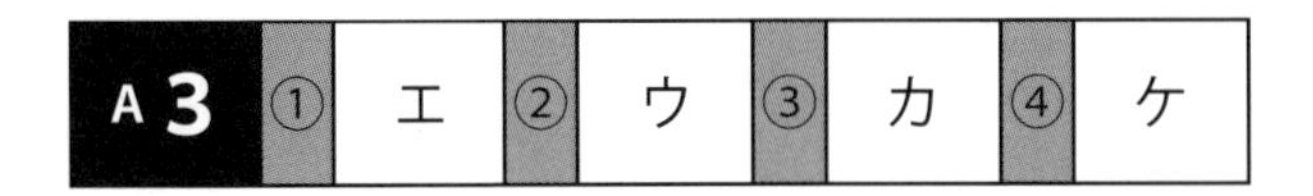

①　（安衛則第 526 条第 1 項）
②　（安衛則第 542 条第 3 号）
③　（安衛則第 543 条）

④ （安衛則第 527 条第 3 号）

A4 エ

ア 安衛則第 529 条第 1 号に規定により、作業主任者を選任しなければならない作業を除き、墜落の危険があるときは、作業指揮者を選任しなければならない。
イ （安衛則第 524 条）
ウ （安衛則第 521 条第 2 項）
エ 安衛則第 524 条の規定により、幅 30cm 以上の歩み板を設置しなければならない。

A5 イ

こう配が 20 度ではなく 15 度が正解。ア、イ、エの内容は安衛則第 552 条による。
（安衛則第 552 条第 2 号～第 4 号）
事業者は、架設通路については、次に定めるところに適合したものでなければ使用してはならない。
二 勾配は、30 度以下とすること。ただし、階段を設けたもの又は高さが 2 m未満で丈夫な手掛を設けたものはこの限りでない。
三 勾配が 15 度を超えるものには、踏桟その他の滑止めを設けること。
四 墜落の危険のある箇所には、次に掲げる設備（丈夫な構造の設備であって、たわみが生ずるおそれがなく、かつ、著しい損傷、変形又は腐食がないものに限る）を設けること。
イ 高さ 85cm 以上の手すり又はこれと同等以上の機能を有する設備（以下「手すり等」という）
ロ 高さ 35cm 以上 50cm 以下の桟又はこれと同等以上の機能を有する設備（以下「中桟等」という）

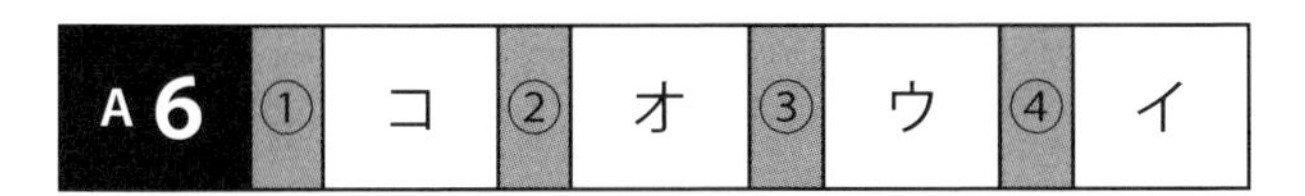

（安衛則第 552 条第 5 号、第 6 号）
五 たて坑内の架設通路でその長さが 15 m以上であるものは、10 m以内ごとに踊場を設けること。

六　建設工事に使用する高さ８m以上の登り桟橋には、７m以内ごとに踊場を設けること。

A7　エ

ア（安衛則第519条）

事業者は、高さが２m以上の作業床の端、開口部等で墜落により労働者に危険を及ぼすおそれのある箇所には、囲い、手すり、覆い等（以下この条において「囲い等」という）を設けなければならない。

２　事業者は、前項の規定により、囲い等を設けることが著しく困難なとき又は作業の必要上臨時に囲い等を取りはずすときは、防網を張り、労働者に要求性能墜落制止用器具を使用させる等墜落による労働者の危険を防止するための措置を講じなければならない。

イ　同上

ウ（建設業労働災害防止規定第22条）

エ　50度以上ではなく40度以上が正解

（安衛則第525条）

事業者は、不用のたて坑、坑井又は40度以上の斜坑には、坑口の閉そくその他墜落による労働者の危険を防止するための設備を設けなければならない。

A8　ウ

安全帯のランヤードを固定する場合、又は資材荷上げのつり元として使用する場合等は、必要な強度を有していることを確認する。

（「第２章　建設工事現場に共通的な墜落防止設備　第１節手すり等　8. 使用上の注意」より）

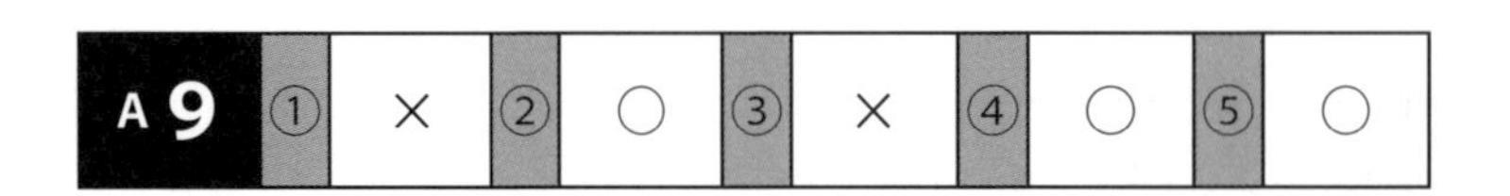

A9	①	×	②	○	③	×	④	○	⑤	○

①　安衛則第570条第１項第２号および「移動式足場の安全基準に関する技術上の指針」4-3-2より脚輪のブレーキは、移動中を除き、常に作動させておくこととある。

②　（建災防：足場組立作業主任者技能講習テキスト「枠組足場の組立」より）

③　安衛則第571条第１項第２号より、第１布の高さは２m以下とする。

令和２年基安安発第 1005 第１号より、くさび緊結式足場は鋼管足場の区分上「単管足場」に分類される。

④ （平成 27 年基発 0331 第９号）

最上層の手すり等を布材（構造上重要な役割を持つ水平部材）として用いた場合は布材の高さを足場の構造高さとする。

最上層作業床まで
足場の高さ
基底部

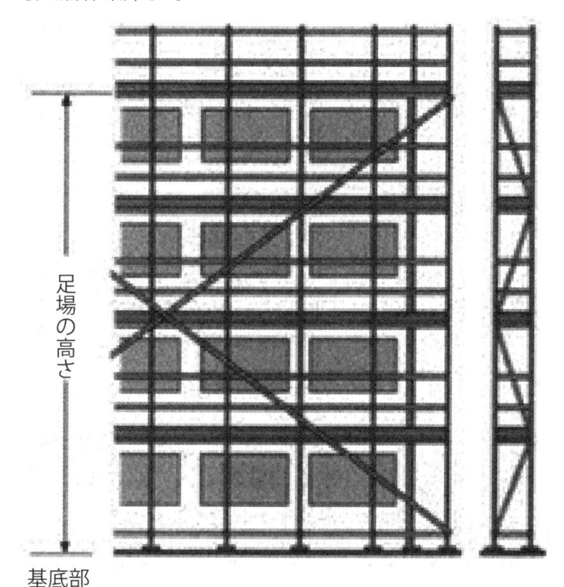

⑤ （安衛則第 570 条第１項第１号）

足場の脚部には滑動または沈下を防止する措置を講じること。

仮設工業会技術基準より

足場の根がらみを省略する場合は、これに代わる何らかの方法で滑動および沈下に対する防止策がとられなければならない。一般的な設置方法から以下の①または②を実施する。

① 敷板を並べて、その上にジャッキ型ベース金具を設置し釘止めをする。

② 脚柱（建地）同士を単管等で連結する。

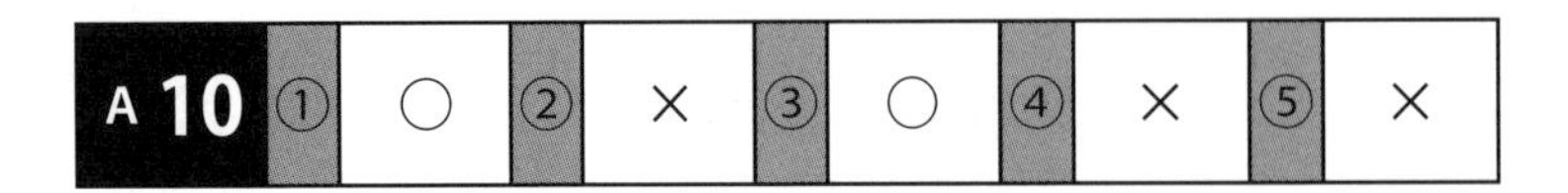
A 10 ① ○ ② × ③ ○ ④ × ⑤ ×

①　(安衛則第570条第1項第5号)

イ　間隔は、次の表の上欄に掲げる鋼管足場の種類に応じ、それぞれ同表の下欄に掲げる値以下とすること。

鋼管足場の種類	間隔（単位：m）	
	垂直方向	水平方向
単管足場	5	5.5
わく組足場（高さが5m未満のものを除く）	9	8

②　壁つなぎ専用金物の使用ではないので､キャッチクランプの個別すべり耐力（2.94kN等）とする。4.41kNは、仮設工業会認定品の壁つなぎ専用金物の基準許容支持力を示す。

(参考) 壁つなぎに、キャッチクランプ＋単管を使用する場合、圧縮・引張両方向の力がはたらくので下図のようにすべり止めにキャッチクランプ2個で固定する。

(建地側の捨てクランプの必要は任意)

(平成21年基発第0424001号「手すり先行工法に関するガイドライン」についてより

第6　留意すべき事項

1　足場の構造上の留意事項 (4) 壁つなぎ　オ

壁つなぎとして鋼管を躯体のH形鋼等に鉄骨用クランプを用いて設置する場合にあっては、鋼管1本につきH形鋼等のフランジ部2箇所で取り付けること。

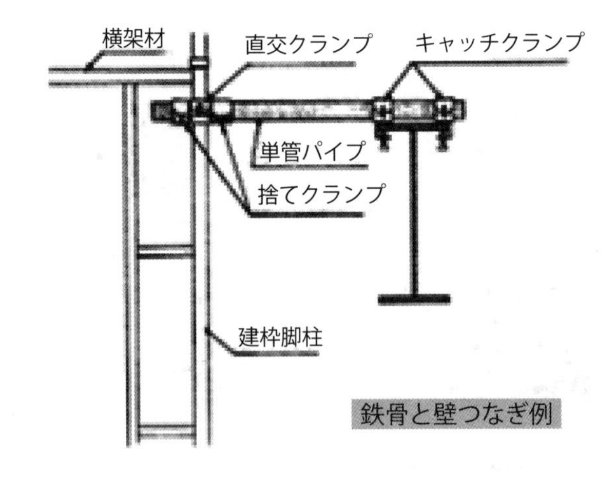

鉄骨と壁つなぎ例

③　記述のとおり。

④　開口部端より外方の枠組足場のスパンおよびはり枠等で支持される開口部上方の枠組足場については、全層、全スパンにわたり交さ筋かいを取付け、かつ、床付き布枠を建わくの幅いっぱいに設ける。また、当該交さ筋かいおよび床付き布わくは、いかなる場合であっても取り外さない。

仮設工業会「はりわく等の使用基準」より

⑤　安衛則第571条第1項第5号では、最上層及び5層以内ごとに水平材を設けること、とあるが布枠を水平材とみなせる根拠を以下に記す。

（根拠）昭和43年9月16日付の基収第3523号より

水平材を設けることのかわりに、布枠をもうけてもよい。わく組足場の場合は「鋼製布板」が枠に爪が4つとも掛かっていれば、「水平材」として認められる。

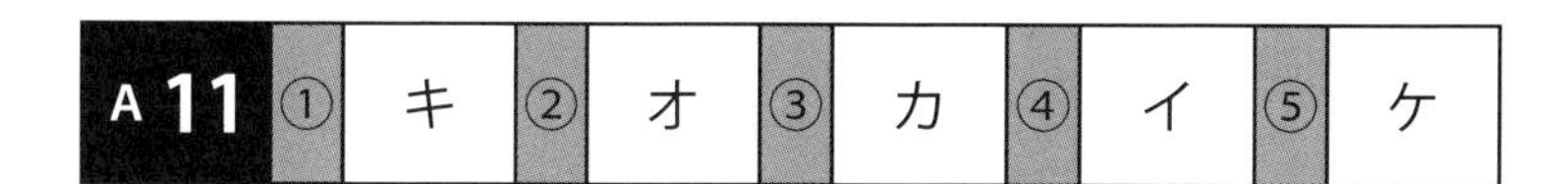

A 11	①	キ	②	オ	③	カ	④	イ	⑤	ケ

（安衛則第570条第1項第5号イ、第571条第1項第1・2・4・7号）

A 12	①	ア	②	ウ	③	カ	④	ク	⑤	ケ

①～②「くさび緊結式足場の組立ておよび使用に関する技術基準」平成26年12月1日（一社）仮設工業会より

③～④「手すり先行工法に関するガイドライン」について　基発第0424001号

別表2　手すり枠の使用方法　より

枠組足場において、手すり枠を交さ筋かいに代えて使用するときは、労働安全衛生規則等に定める足場に関する規定によるほか、次によること。

1　床付き布枠を各層各スパンに用いること。

2　枠組足場の一部にはり枠を使用するときは、はり枠の上部（はり枠の端の上部を含む）の3層以内には、手すり枠を用いないこと。

3　足場の高さは、45 m以下とすること。

4　建枠の許容支持力は、34.3kN以下とすること。

⑤（安衛則第570条第1項第5号）

A 13	ウ

作業員の健康状態に関する記載は無い。

(安衛則第566条)

事業者は、足場の組立て等作業主任者に、次の事項を行わせなければならない。ただし、解体の作業のときは、第1号の規定は、適用しない。

一　材料の欠点の有無を点検し、不良品を取り除くこと。

二　器具、工具、要求性能墜落制止用器具及び保護帽の機能を点検し、不良品を取り除くこと。
三　作業の方法及び労働者の配置を決定し、作業の進行状況を監視すること。
四　要求性能墜落制止用器具及び保護帽の使用状況を監視すること。

A 14　ウ

（安衛則第 655 条）
注文者は、…請負人の労働者に、足場を使用させるときは、当該足場について、次の措置を講じなければならない。
一　構造および材料に応じて、作業床の最大積載荷重を定め、かつ、これを足場の見やすい場所に表示すること。
（以下略）

A 15　エ

安衛則第 36 条第 1 項第 39 号に「足場の組立て、解体又は変更の作業に係る業務（地上又は堅固な床上における補助作業の業務を除く。）」とある。
ア　脚立足場も「足場」に相当するので、特別教育が必要である。
イ　この条文には高さの規定が無いため、全ての高さの足場を組む作業員が対称となる。
ウ　昇降式移動足場（アップスター）は、作業床等の昇降作業、妻側タラップを設置する作業が、足場組立解体作業に相当するので、特別教育が必要である。
エ　足場上で資材を運搬するだけの作業は、「組立・解体」には相当しないので、特別教育は不要である。

A 16　ウ

（安衛則第 518 条）
事業者は、高さが 2 m以上の箇所（作業床の端、開口部等を除く）で作業を行なう場合において墜落により労働者に危険を及ぼすおそれのあるときは、足場を組み立てる等の方法により作業床を設けなければならない。

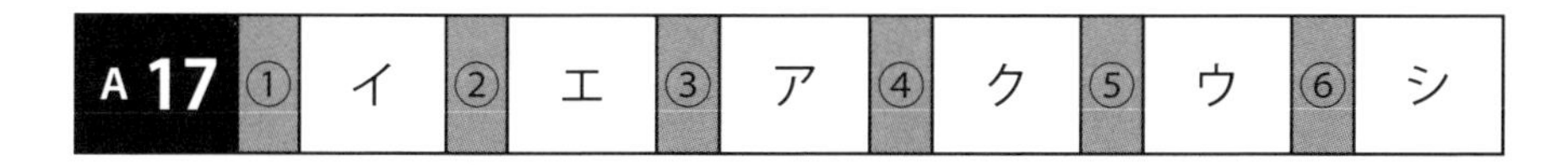

①〜②　安衛則第 563 条では、墜落防止設備の設置について一側足場を除くとしている。
③〜⑥　安衛則第 561 条の 2 の規定による（令和 6 年 4 月 1 日施行）。

A 18　エ

ア　（安衛則第 567 条第 1 項、第 568 条）
イ　（安衛則第 567 条第 2 項、第 568 条、第 655 条第 1 項第 2 号）
ウ　（安衛則第 567 条第 2 項、第 568 条、第 655 条第 1 項第 2 号）
　※点検者の指名と記録は、令和 5 年 10 月 1 日施行
エ　安衛則第 567 条第 3 項、第 655 条第 2 項に点検者の氏名の記録保存も規定されている。

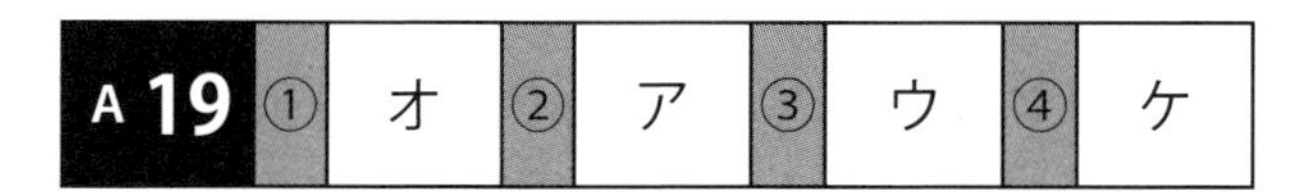

①　（安衛則第 563 条第 1 項第 2 号イ）
②　（安衛則第 563 条第 1 項第 2 号ロ）
③　（安衛則第 563 条第 1 項第 2 号ハ）
　安衛則第 563 条第 2 項に除外規程は
　前項第 2 号ハの規定は、次の各号のいずれかに該当する場合であって、床材と建地との隙間が 12cm 以上の箇所に防網を張る等墜落による労働者の危険を防止するための措置を講じたときは、適用しない。
　一　はり間方向における建地と床材の両端との隙間の和が 24cm 未満の場合
　二　はり間方向における建地と床材の両端との隙間の和を 24cm 未満とすることが作業の性質上困難な場合
④　（安衛則第 552 条第 1 項第 4 号イおよび第 563 条第 1 項第 3 号）

A 20 ウ

ア 「つり足場用のつりチェーン及びつりわくの規格」（平成 12 年 12 月 25 日告示第 120 号）の規定による。
イ （安衛則第 562 条第 2 項）
ウ 安衛則第 574 条第 1 項第 6 号の規定により、作業床は隙間がないようにしなければならない。
エ （安衛則第 575 条）

ア～ウについては下記条文を参照のこと。
（安衛則第 528 条）
事業者は脚立については、次に定めるところに適合したものでなければ使用してはならない。
一 丈夫な構造とすること。
二 材料は、著しい損傷、腐食等がないものとすること。
三 脚と水平面との角度を 75 度以下とし、かつ、折りたたみ式のものにあっては、脚と水平面との角度を確実に保つための金具等を備えること。
四 踏み面は、作業を安全に行なうため必要な面積を有すること。

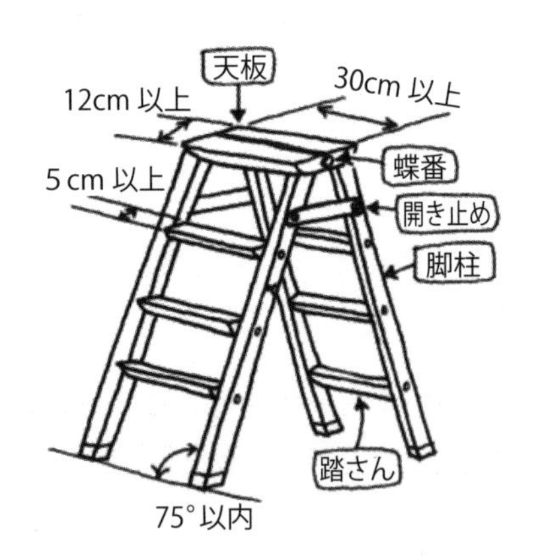

A 22 エ

ア～ウについては下記条文を参照のこと。
（安衛則第 527 条）

事業者は、移動はしごについては、次に定めるところに適合したものでなければ使用してはならない。
一　丈夫な構造とすること。
二　材料は、著しい損傷、腐食等がないものとすること。
三　幅は、30cm 以上とすること。
四　すべり止め装置の取付けその他転位を防止するために必要な措置を講ずること。

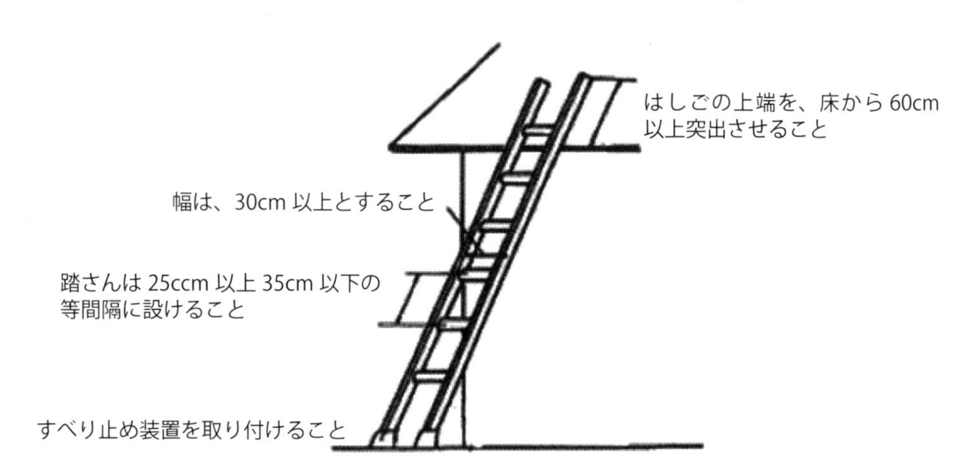

①～④については下記条文を参照のこと。
（安衛則第 556 条）
事業者は、はしご道については、次に定めるところに適合したものでなければ使用してはならない。
一　丈夫な構造とすること。
二　踏さんを等間隔に設けること。
三　踏さんと壁との間に適当な間隔を保たせること。
四　はしごの転位防止のための措置を講ずること。
五　はしごの上端を床から 60cm 以上突出させること。
六　坑内はしご道でその長さが 10 m以上のものは、5 m以内ごとに踏だなを設けること。
七　坑内はしご道のこう配は、80 度以内とすること。

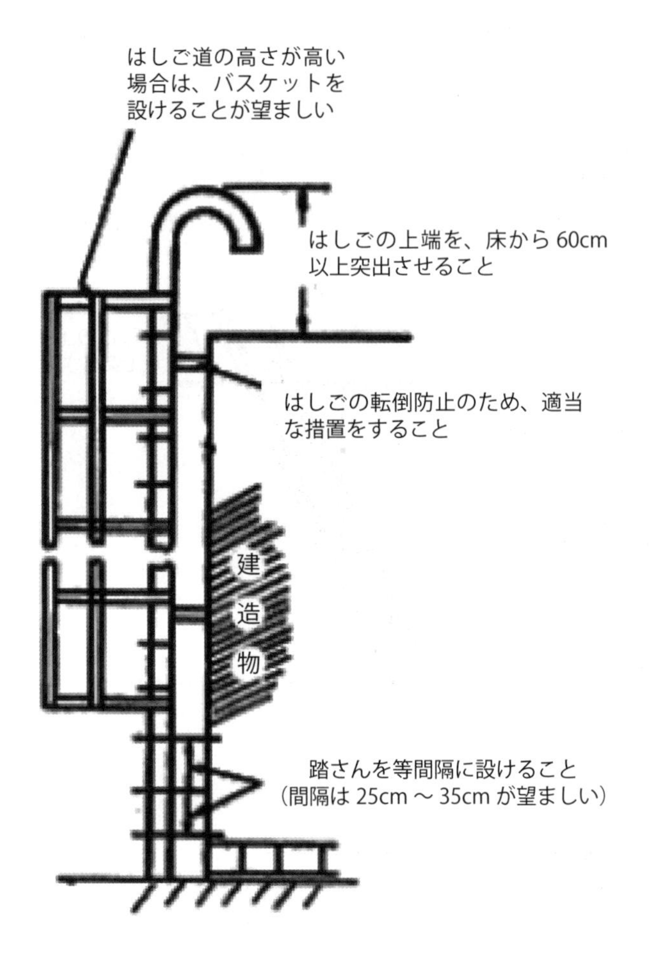

A 24 ウ

ア～エについては下記条文を参照のこと。

（安衛則第 517 条の 2）

事業者は、令第 6 条第 15 号の 2 の作業を行うときは、あらかじめ、作業計画を定め、かつ、当該作業計画により作業を行わなければならない。

2　前項の作業計画は、次の事項が示されているものでなければならない。

一　作業の方法及び順序

二　部材の落下又は部材により構成されているものの倒壊を防止するための方法

三　作業に従事する労働者の墜落による危険を防止するための設備の設置の方法

A 25 エ

A 24 の解説による。

A 26 エ

A 24 の解説による。

A 27 ウ

ア～エについては下記条文を参照のこと。
（安衛則第 517 条の６）
事業者は、令第６条第 15 号の３の作業を行うときは、あらかじめ、作業計画を定め、かつ、当該作業計画により作業を行わなければならない。
２　前項の作業計画は、次の事項が示されているものでなければならない。
一　作業の方法及び順序
二　部材（部材により構成されているものを含む）の落下又は倒壊を防止するための方法
三　作業に従事する労働者の墜落による危険を防止するための設備の設置の方法
四　使用する機械等の種類及び能力

A 28 エ

エ　架設用設備の落下または倒壊の恐れがあるときは、落下・倒壊しないように措置をする必要があり、退避ではない。
（安衛則第 517 条の７）
事業者は、令第６条第 15 号の３の作業を行うときは、次の措置を講じなければならない。
四　部材又は架設用設備の落下又は倒壊により労働者に危険を及ぼすおそれのあるときは、控えの設置、部材又は架設用設備の座屈又は変形の防止のための補強材の取付け等の措置を講ずること。

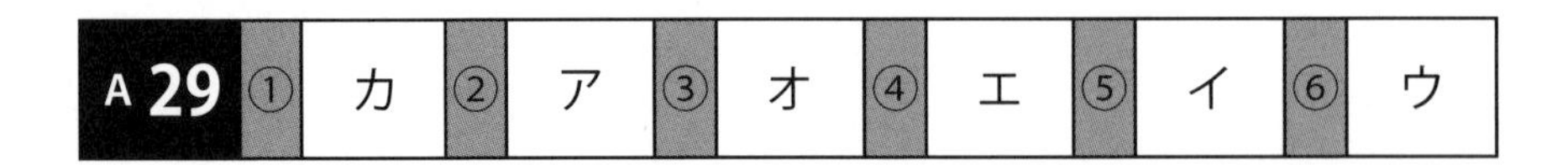

A 29	①	カ	②	ア	③	オ	④	エ	⑤	イ	⑥	ウ

（安衛令第６条）

法第 14 条の政令で定める作業は、次のとおりとする。

十五の三　　橋梁の上部構造であって、金属製の部材により構成されるもの（その高さが５m以上であるもの又は当該上部構造のうちの橋梁の支間が 30 m以上である部分に限る）の架設、解体又は変更の作業

A 30	エ

エ　適当な長さではなく、労働者が安全に昇降するため十分な長さのものが正しい。

（安衛則第 539 条の３第２項第２号）

A 31	エ

エ　切断された箇所の確認ではなく、切断のおそれがある箇所の有無が正しい。

（安衛則第 539 条の４第４号）

A 32	イ

イ　作業に従事する労働者の年齢でなく労働者の人数が正しい。

（安衛則第 539 条の５第２項第２号）

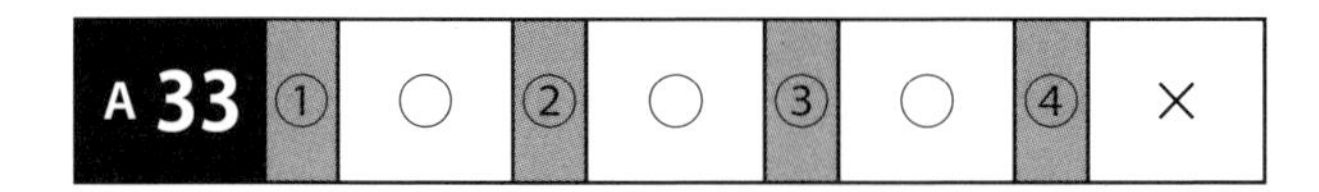

A 33	①	○	②	○	③	○	④	×

④　物体の落下による危険の防止の条文はない。
（安衛則第 539 条の６）

事業者は、ロープ高所作業を行うときは、当該作業を指揮する者を定め、その者に前条第１項の作業計画に基づき作業の指揮を行わせるとともに、次の事項を行わせなければならない。

一　第 539 条の３第２項の措置が同項の規定に適合して講じられているかどうかについて点検すること。

二　作業中、要求性能墜落制止用器具及び保護帽の使用状況を監視すること。

A 34	エ

エ　異常があるときは後ではなく、直ちに対処する必要がある。
（安衛則第 539 条の９）

事業者は、ロープ高所作業を行うときは、その日の作業を開始する前に、メインロープ等、要求性能墜落制止用器具及び保護帽の状態について点検し、異常を認めたときは、直ちに、補修し、又は取り替えなければならない。

A 35	エ

エ　作業員を適正に配置する条文はない。
（安衛則第 517 条の 13）

事業者は、木造建築物の組立て等作業主任者に次の事項を行わせなければならない。

一　作業の方法及び順序を決定し、作業を直接指揮すること。

二　器具、工具、要求性能墜落制止用器具等及び保護帽の機能を点検し、不良品を取り除くこと。

三　要求性能墜落制止用器具等及び保護帽の使用状況を監視すること。

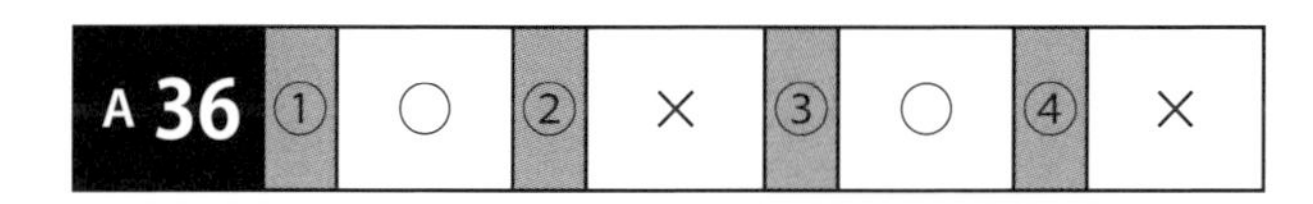

A 36	①	○	②	×	③	○	④	×

①② 土台敷→１階床組、仮床取付→通し柱の建込み→１階軸組の組立、１階小屋梁取付が正しい。
③④ ２階根太、仮床取付→２階軸組の組立→小屋組→本筋かい、たる木の取付→野地板張り、２階床板決めが正しい。

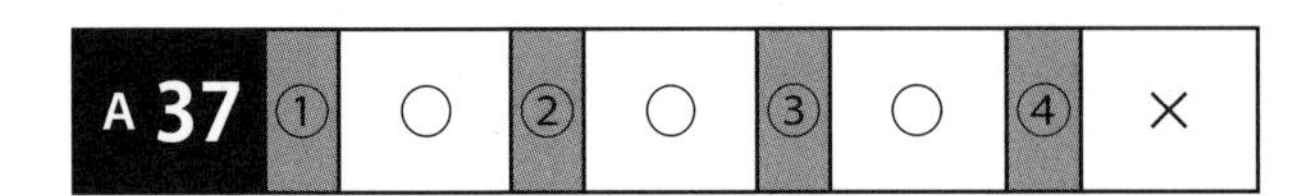

A 37	①	○	②	○	③	○	④	×

④ 「野地板作業後に軒先からの墜落防止として足場を設ける」は手順にない。

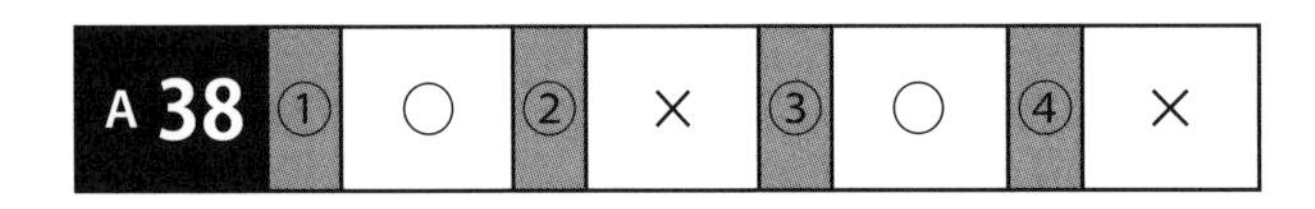

A 38	①	○	②	×	③	○	④	×

①② 建具・畳の撤去→瓦の撤去→妻部の解体→屋根の解体が正しい。
③④ 小屋組の解体→梁・柱の解体→外壁・外柱の解体→基礎の解体が正しい。

第３章　飛来・落下防止［解答と解説］

A 1　イ

（安衛則第 536 条）

事業者は、３m以上の高所から物体を投下するときは、適当な投下設備を設け、監視人を置く等労働者の危険を防止するための措置を講じなければならない。

2　労働者は、前項の規定による措置が講じられていないときは、３m以上の高所から物体を投下してはならない。

A 2　イ

（安衛則第 563 条）

事業者は、足場（一側足場を除く。第３号において同じ）における高さ２m以上の作業場所には、次に定めるところにより、作業床を設けなければならない。

六　作業のため物体が落下することにより、労働者に危険を及ぼすおそれのあるときは、高さ10cm 以上の幅木、メッシュシート若しくは防網又はこれらと同等以上の機能を有する設備（以下「幅木等」という）を設けること。

A 3　エ

（安衛則第 537 条）

事業者は、作業のため物体が落下することにより、労働者に危険を及ぼすおそれのあるときは、防網の設備を設け、立入区域を設定する等当該危険を防止するための措置を講じなければならない。

５点すべて物体落下の危険がある状態のため、このような状態を見かけた場合は即時に是正措置すること。

A4　イ

安衛則第434条および昭和43年1月13日安発第2号において、それぞれ20ルクス以上、8ルクス以上、5ルクス以上が必要と定められている。

A5　ア

(安衛則第427条)

事業者は、はいの上で作業を行なう場合において、作業箇所の高さが床面から1.5 mをこえるときは、当該作業に従事する労働者が床面と当該作業箇所との間を安全に昇降するための設備を設けなければならない。

(安衛則第431条)

事業者は、床面からの高さが2 m以上のはいについて、はいくずしの作業を行なうときは、当該作業に従事する労働者に次の事項を行なわせなければならない。

二　容器が袋、かます又は俵である荷により構成されるはいについては、ひな段状にくずし、ひな段の各段の高さは1.5 m以下とすること。

第4章　崩壊・倒壊防止［解答と解説］

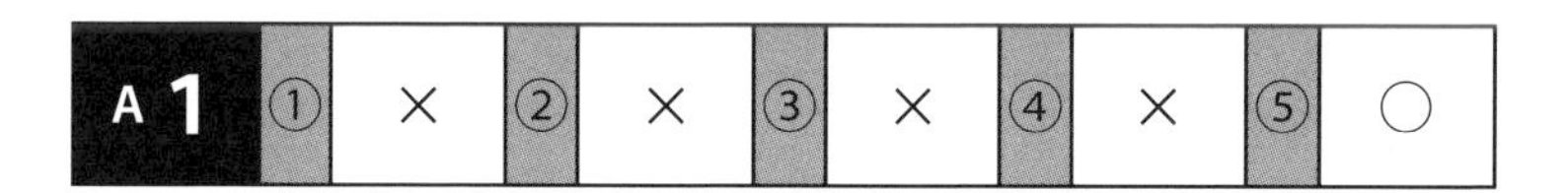

A 1	①	×	②	×	③	×	④	×	⑤	○

①　（安衛則第 242 条）

事業者は、型枠支保工については、次に定めるところによらなければならない。

六　鋼管（パイプサポートを除く。以下この条において同じ）を支柱として用いるものにあっては当該鋼管の部分について次に定めるところによること。

イ　高さ 2 m以内ごとに水平つなぎを二方向に設け、かつ、水平つなぎの変位を防止すること。

七　パイプサポートを支柱として用いるものにあっては、当該パイプサポートの部分について次に定めるところによること。

ハ　高さが 3.5 mを超えるときは、前号イに定める措置を講ずること。

②　高さ 3.4 mで 5 cm 斜めになると強度は 30％低下する。

③　（安衛則第 240 条）

事業者は、型わく支保工を組み立てるときは、組立図を作成し、かつ、当該組立図により組み立てなければならない。

④　パイプサポートのピンは、セパレートや鉄筋を使用すると、著しく強度を低下させるので絶対に使用せず、必ず専用ピンを使用すること。作業開始前で点検すること。

⑤　つま先がつぶれないよう補強され、靴底には、釘等を踏んでも足裏に突き抜けないように設計された安全靴を履くことが望ましい。

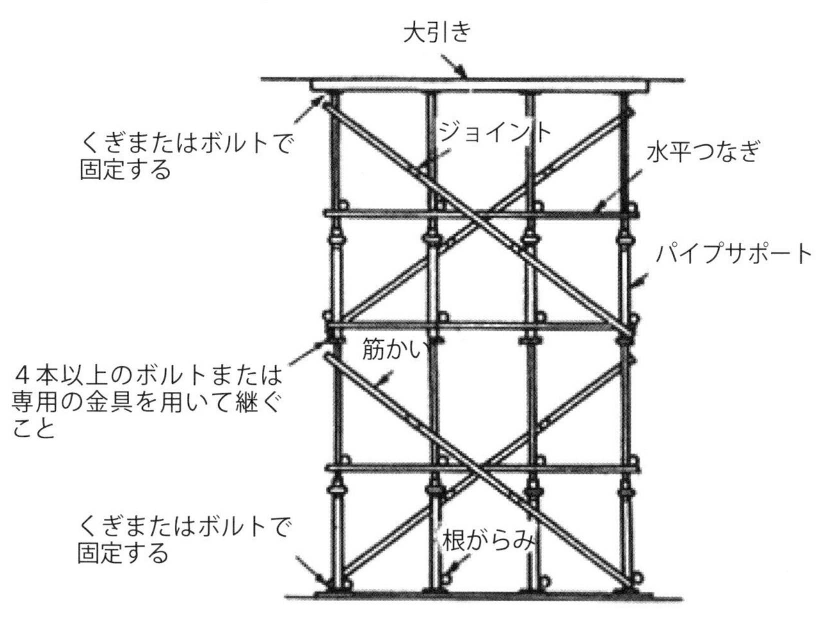

パイプサポートを継いで使用する例

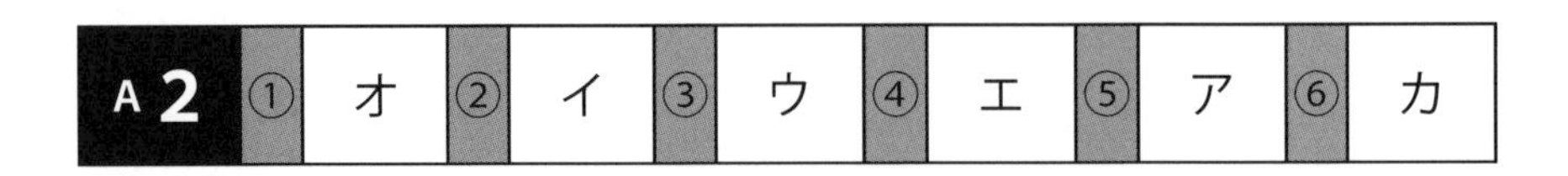

A2	①	オ	②	イ	③	ウ	④	エ	⑤	ア	⑥	カ

（安衛則第 247 条）

事業者は、型枠支保工の組立て等作業主任者に、次の事項を行わせなければならない。

一　作業の方法を決定し、作業を直接指揮すること。

二　材料の欠点の有無並びに器具及び工具を点検し、不良品を取り除くこと。

三　作業中、要求性能墜落制止用器具等及び保護帽の使用状況を監視すること。

作業主任者の行うこと（例）

A3　エ

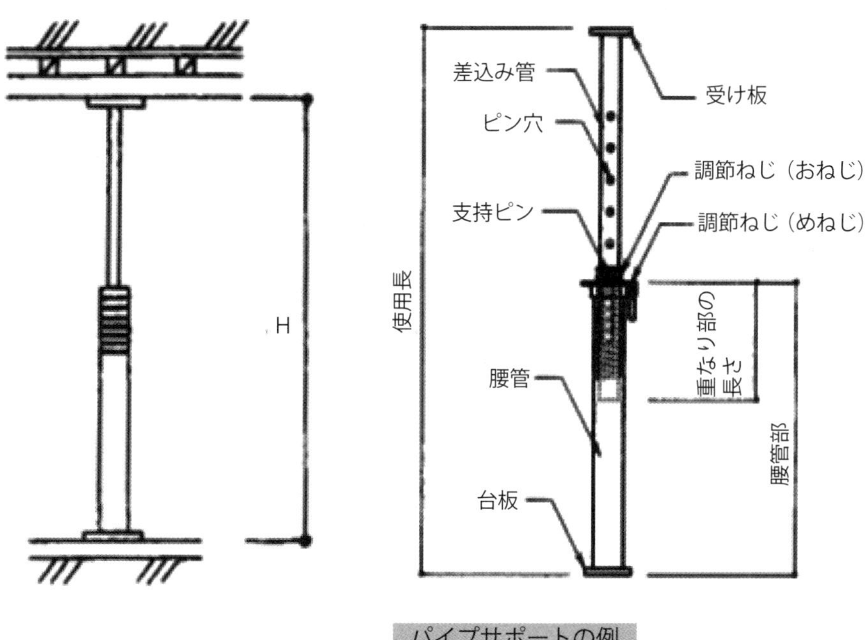

パイプサポートの例

※パイプサポートのみの高さ。パイプサポートの下部ベースから上部ベース板までの高さとなる。
※届出が必要な支柱高さ 3.5 m以上は機械等設置届が必要である。
（安衛法第 88 条第 2 項、安衛則第 85 条、第 86 条）

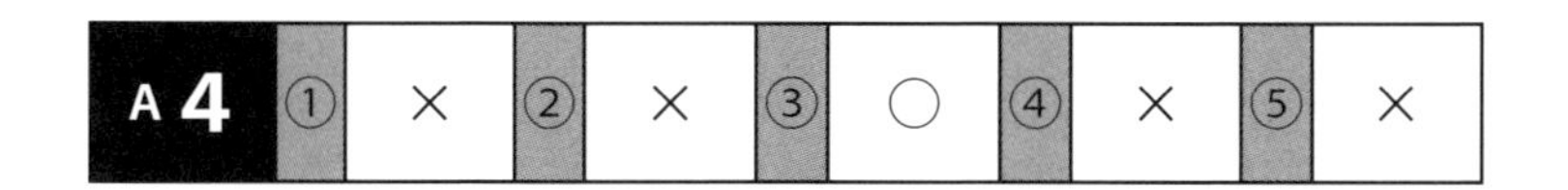

A 4	①	×	②	×	③	○	④	×	⑤	×

①（安衛則第 240 条）
事業者は、型わく支保工を組み立てるときは、組立図を作成し、かつ、当該組立図により組み立てなければならない。
（安衛則第 85 条）
法第 88 条第 1 項の厚生労働省令で定める機械等は、法に基づく他の省令に定めるもののほか、別表第 7 の上欄に掲げる機械等とする。
型枠支保工で支柱の高さが 3.5 m以上のものは、所轄監督署に設置開始 30 日前までに、届出る。

② パイプサポートを 3 本以上つないで用いることはできない。また、高さ 3.5 mを超える支柱は、高さ 2 m以内ごとに水平つなぎを直交 2 方向に設けなければならない。
（安衛則第 242 条）
事業者は、型枠支保工については、次に定めるところによらなければならない。
六　鋼管（パイプサポートを除く。以下この条において同じ）を支柱として用いるものにあっては、当該鋼管の部分について次に定めるところによること。
イ　高さ 2 m以内ごとに水平つなぎを二方向に設け、かつ、水平つなぎの変位を防止すること。
七　パイプサポートを支柱として用いるものにあっては、当該パイプサポートの部分について次に定めるところによること。

イ　パイプサポートを三以上継いで用いないこと。

③　(安衛則第 242 条第 8 号より)

④　(安衛則第 245 条)

事業者は、型わく支保工の組立て又は解体の作業を行なうときは、次の措置を講じなければならない。

二　強風、大雨、大雪等の悪天候のため、作業の実施について危険が予想されるときは、当該作業に労働者を従事させないこと。

(悪天候とは強風とは、10 分間の平均風速が毎秒 10 m以上の風)

⑤　(安衛則第 247 条)

事業者は、型枠支保工の組立て等作業主任者に、次の事項を行わせなければならない。

一　作業の方法を決定し、作業を直接指揮すること。

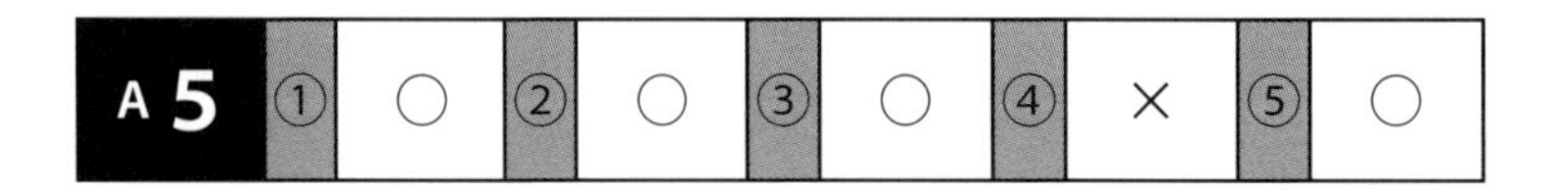

A5	①	○	②	○	③	○	④	×	⑤	○

①　(安衛則第 242 条)

事業者は、型枠支保工については、次に定めるところによらなければならない。

一　敷角の使用、コンクリートの打設、くいの打込み等支柱の沈下を防止するための措置を講ずること。

②　(安衛則第 242 条)

二　支柱の脚部の固定、根がらみの取付け等支柱の脚部の滑動を防止するための措置を講ずること。

③　(安衛則第 242 条)

三　支柱の継手は、突合せ継手又は差込み継手とすること。

④　(安衛則第 242 条)

事業者は、型枠支保工については、次に定めるところによらなければならない。

六　鋼管(パイプサポートを除く。以下この条において同じ)を支柱として用いるものにあっては、当該鋼管の部分について次に定めるところによること。

イ　高さ 2 m以内ごとに水平つなぎを二方向に設け、かつ、水平つなぎの変位を防止すること。

⑤　(安衛則第 243 条)

事業者は、敷板、敷角等をはさんで段状に組み立てる型わく支保工については、前条各号に定めるところによるほか、次に定めるところによらなければならない。

一　型わくの形状によりやむを得ない場合を除き、敷板、敷角等を二段以上はさまないこと。

二　敷板、敷角等を継いで用いるときは、当該敷板、敷角等を緊結すること。

三　支柱は、敷板、敷角等に固定すること。

枠組支柱の連携例

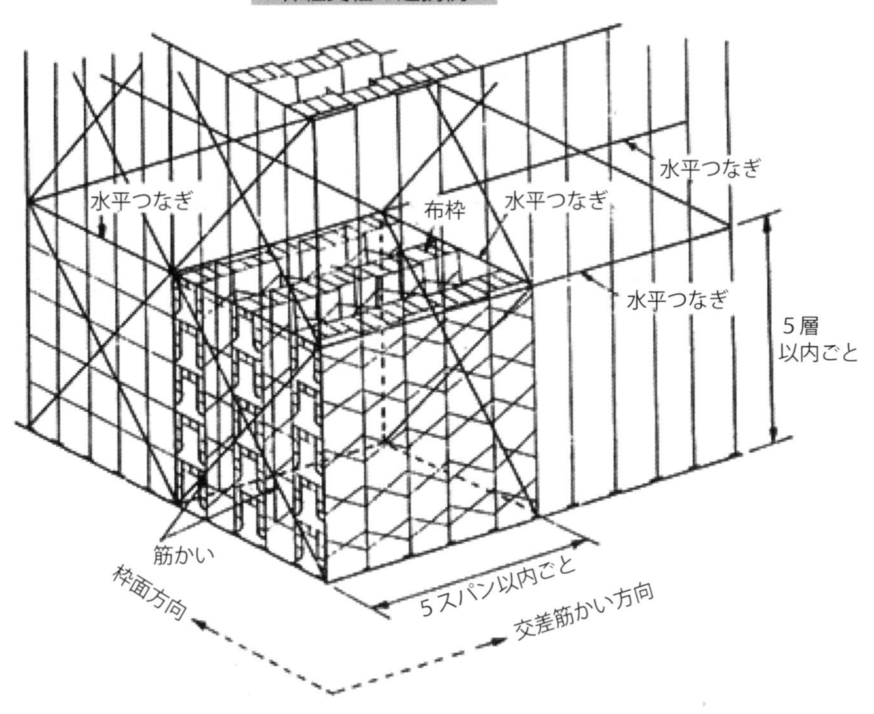

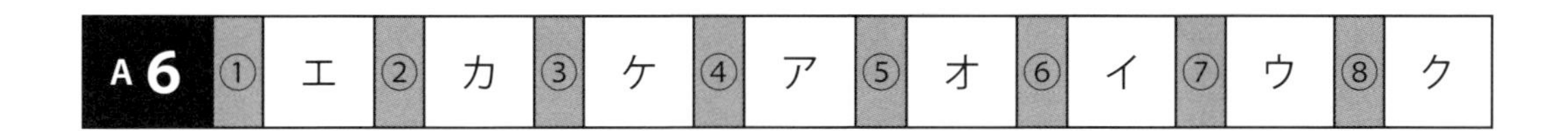

A6	①	②	③	④	⑤	⑥	⑦	⑧
	エ	カ	ケ	ア	オ	イ	ウ	ク

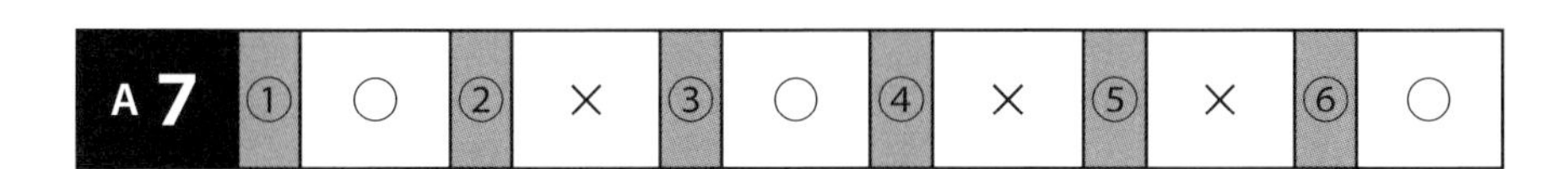

A7	①	②	③	④	⑤	⑥
	○	×	○	×	×	○

② 脚立と脚立の間隔は、1.8 m以下とする。

④ 気を付けて作業するのでなく、禁止作業になる。可搬式作業台がずれたり、揺れたりし身のバランスを崩す要因になり、墜落や転倒のおそれがある。

⑤ 高さに係わらず、はしごの上り下りと同様に、昇降面に顔を向け昇降する。

足場板端部
のハネ出し長さは
10cm以上、
20cm以下！
ハネ出し部での
作業は厳禁！
高さは
2m以下！
足場板は
3点支持、
ゴムバンド等で
固定する！
支点間の距離は
1.8m以下！

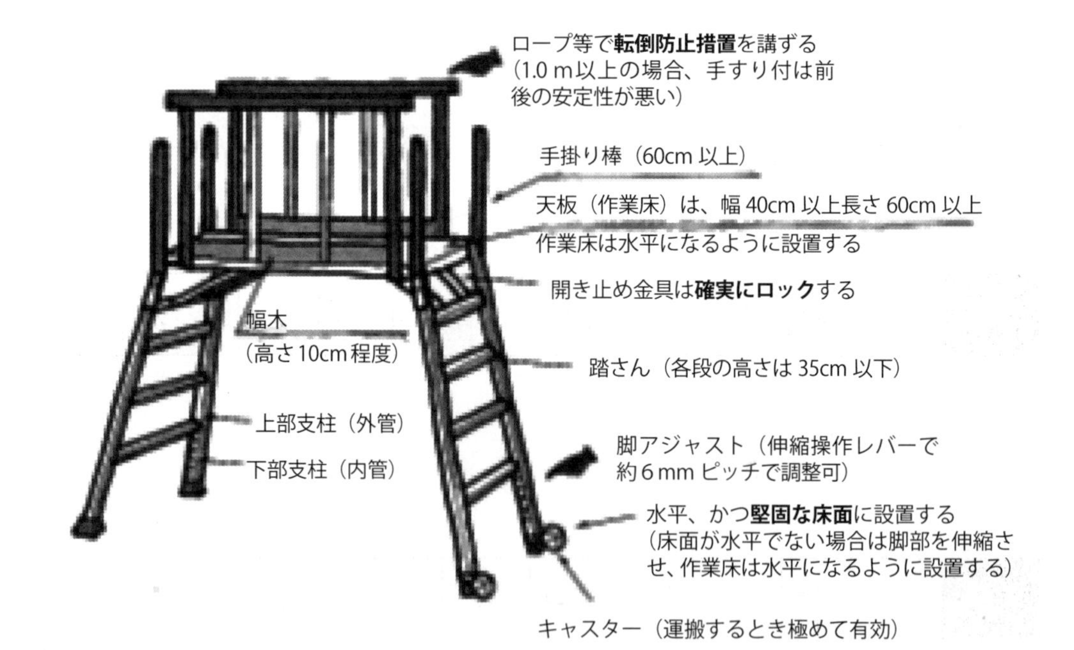
ロープ等で**転倒防止措置**を講ずる
（1.0 m以上の場合、手すり付は前
後の安定性が悪い）
手掛り棒（60cm 以上）
天板（作業床）は、幅 40cm 以上長さ 60cm 以上
作業床は水平になるように設置する
開き止め金具は**確実にロック**する
幅木
（高さ 10cm 程度）
踏さん（各段の高さは 35cm 以下）
上部支柱（外管）
下部支柱（内管）
脚アジャスト（伸縮操作レバーで
約 6 mm ピッチで調整可）
水平、かつ**堅固な床面**に設置する
（床面が水平でない場合は脚部を伸縮さ
せ、作業床は水平になるように設置する）
キャスター（運搬するとき極めて有効）

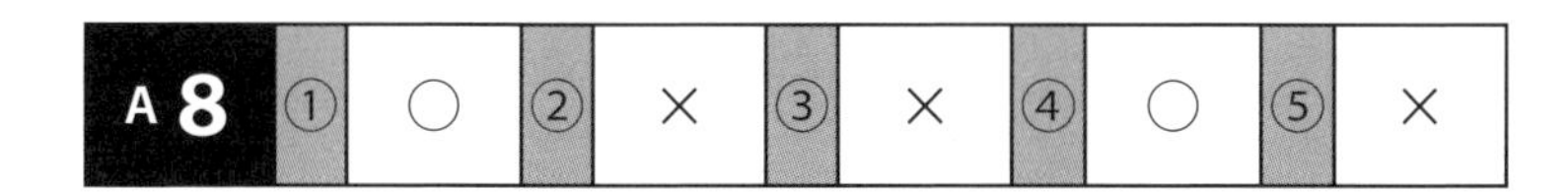

A 8	①	○	②	×	③	×	④	○	⑤	×

② 大腿部に材料を乗せたり、手で待って携帯用丸ノコ盤を使用していると、のこ歯が材料に反発し、非常に危険で思わぬケガに繋がるため､作業を行わない。十分な高さがある台(受け台)やリンギ(角材等）を、使用し、回転する歯が地面等に触れない高さを確保し、しっかり確保して作業する。

③ （安衛則第 111 条）
事業者は、ボール盤、面取り盤等の回転する刃物に作業中の労働者の手が巻き込まれるおそれのあるときは、当該労働者に手袋を使用させてはならない。

⑤ 電工ドラムを使用する場合は、ドラム内のコードを全部引き出して使用すること。巻かれたコードがドラム内に残っている状態で使用していると、コードが発熱し、漏電や火災の原因となるため、必ず全部引き出して使用すること。

丸ノコ等を使用して作業する作業者には、次の教育を行い、作業をさせること。
「建設業等において『携帯用丸のこ盤』を使用する作業に従事する者に対する安全教育の徹底について」（丸ノコ等取扱い作業従事者教育）（平成 22 年 7 月 14 日基安発 0714 第 1 号）

携帯用丸ノコ等を使用する作業に従事する作業者には、特別教育に準じた「丸のこ等取扱い作業従事者教育」を受講させる。

丸のこを正しく使おう

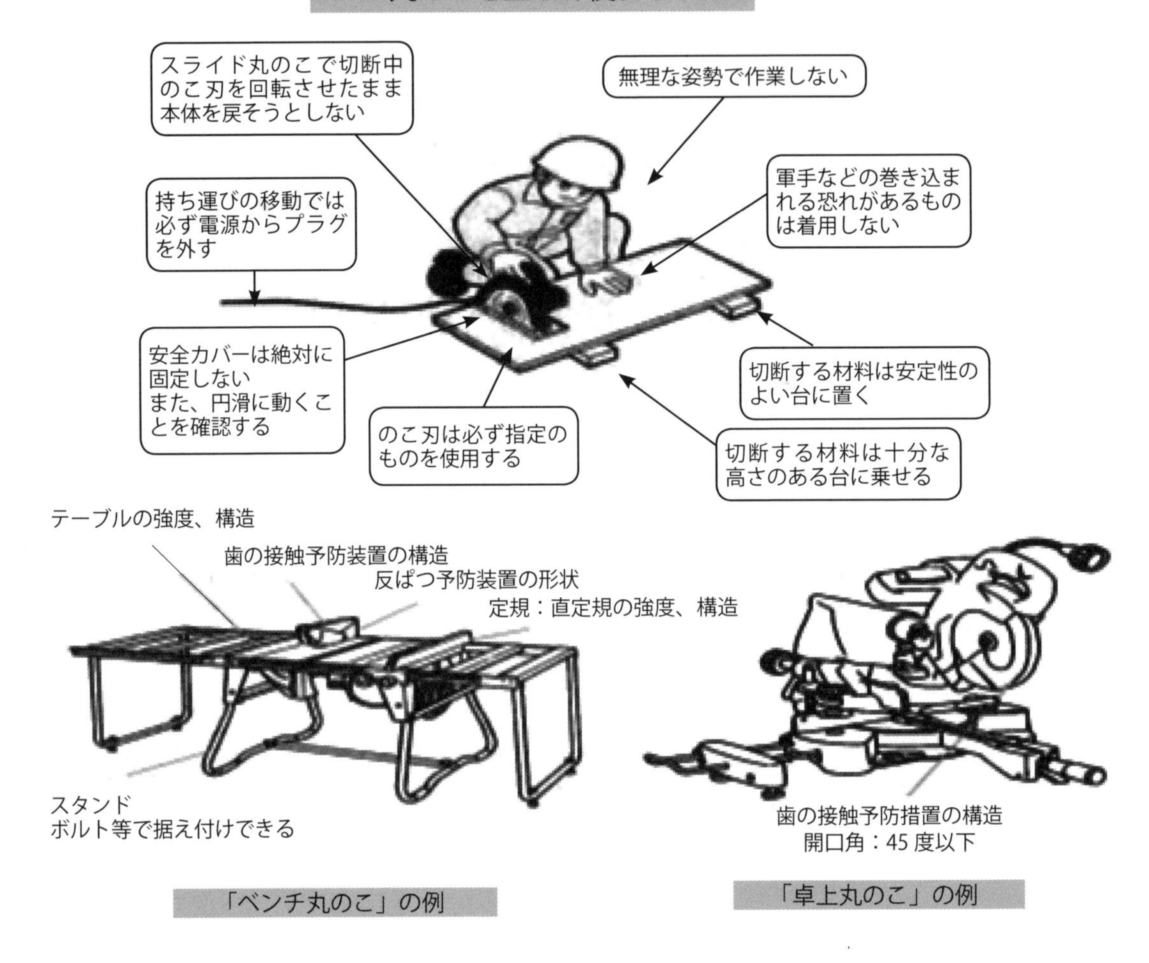

「ベンチ丸のこ」の例

「卓上丸のこ」の例

「丸のこベンチスタンド」の例

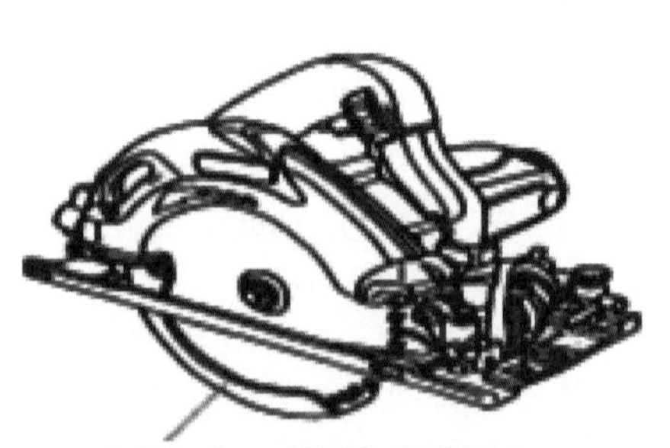

「丸のこ」の例

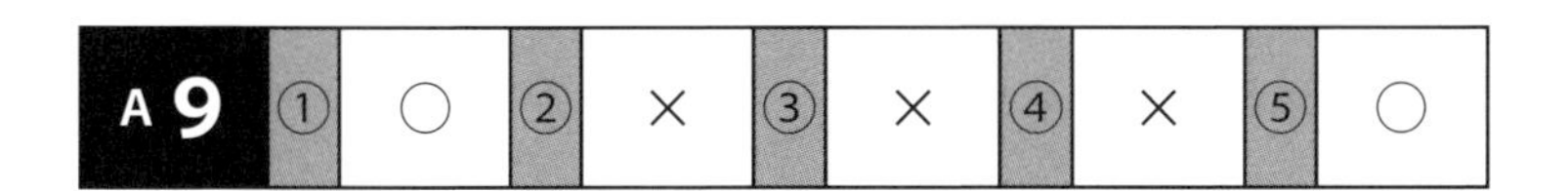

A 9	①	○	②	×	③	×	④	×	⑤	○

① （安衛則第370条）

　事業者は、土止め支保工を組み立てるときは、あらかじめ、組立図を作成し、かつ、当該組立図により組み立てなければならない。

② （安衛則第372条）

　事業者は、令第6条第10号の作業を行なうときは、次の措置を講じなければならない。

　二　材料、器具又は工具を上げ、又はおろすときは、つり綱、つり袋等を労働者に使用させること。

③ （安衛則第372条）

　事業者は、令第6条第10号の作業を行なうときは、次の措置を講じなければならない。

　一　当該作業を行なう箇所には、関係労働者以外の労働者が立ち入ることを禁止すること。

④ （安衛則第374条）

　事業者は、令第6条第10号の作業については、地山の掘削及び土止め支保工作業主任者技能講習を修了した者のうちから、土止め支保工作業主任者を選任しなければならない。

⑤ （安衛則第371条）

　事業者は、土止め支保工の部材の取付け等については、次に定めるところによらなければならない。

　二　圧縮材（火打ちを除く）の継手は、突合せ継手とすること。

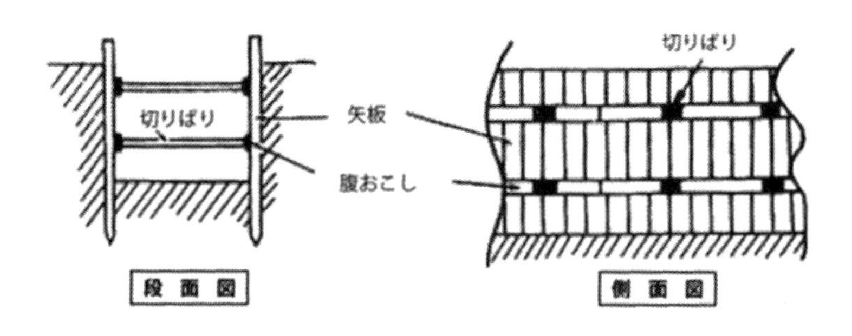

A 10	①	ウ	②	イ	③	ケ	④	オ	⑤	シ
	⑥	キ	⑦	ア	⑧	コ	⑨	カ		

（安衛則第 375 条）

　事業者は、土止め支保工作業主任者に、次の事項を行わせなければならない。

　一　作業の方法を決定し、作業を直接指揮すること。

　二　材料の欠点の有無並びに器具及び工具を点検し、不良品を取り除くこと。

　三　要求性能墜落制止用器具等及び保護帽の使用状況を監視すること。

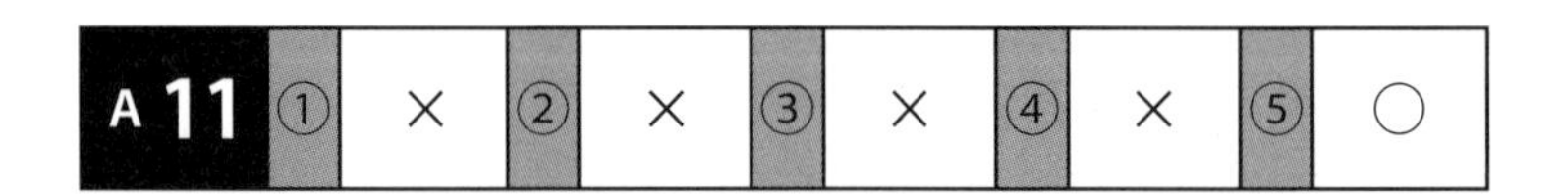

A 11	①	×	②	×	③	×	④	×	⑤	○

①～③（安衛則第 373 条）

　事業者は、土止め支保工を設けたときは、その後７日をこえない期間ごと、中震以上の地震の後及び大雨等により地山が急激に軟弱化するおそれのある事態が生じた後に、次の事項について点検し、異常を認めたときは、直ちに、補強し、又は補修しなければならない。

④⑤（安衛則第 375 条）

　事業者は、土止め支保工作業主任者に、次の事項を行わせなければならない。

　一　作業の方法を決定し、作業を直接指揮すること。

　二　材料の欠点の有無並びに器具及び工具を点検し、不良品を取り除くこと。

地山の種類により掘削面のこう配を守りましょう。

溝掘削作業

小規模な溝掘削を伴う上下水道工事などでは、
土止め先行工法により工事を実施する

●降雨時に法面を
養生する

●掘削、土止め支保工作業は作業主任者の
直接指揮で行う

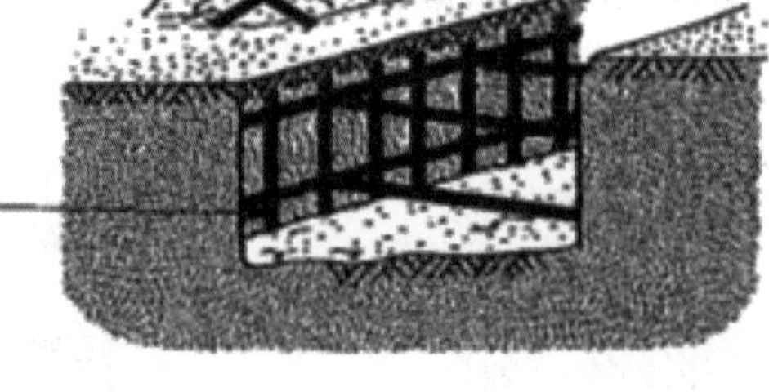

●安全なこう配を守り掘削する

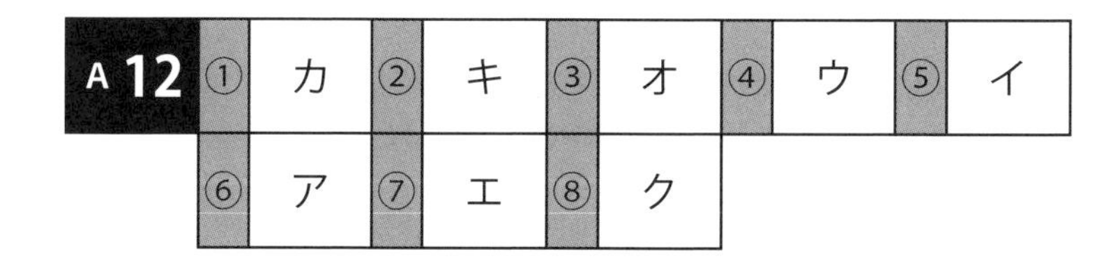

A 12	①	カ	②	キ	③	オ	④	ウ	⑤	イ
	⑥	ア	⑦	エ	⑧	ク				

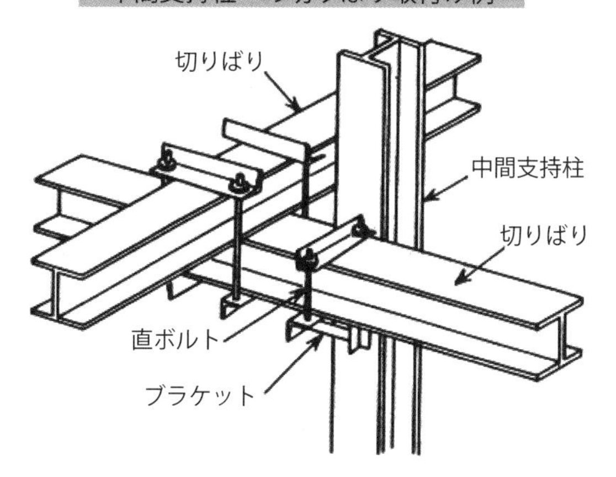

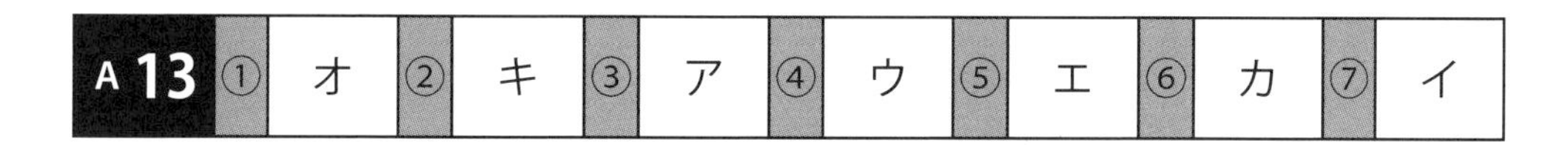

A 13	①	オ	②	キ	③	ア	④	ウ	⑤	エ	⑥	カ	⑦	イ

① 親くいに溶接、腹起こしを載せる。
② 最小部材 H-200 以上（重要な仮設工事は H-300 以上）
③ ボルト穴上下に配置
④ 45 度に取り付ける。
⑤ 伸縮にて寸法調整
⑥ 切りばり交さ部上下連結
⑦ 中間支持柱に溶接して切りばりを受ける。

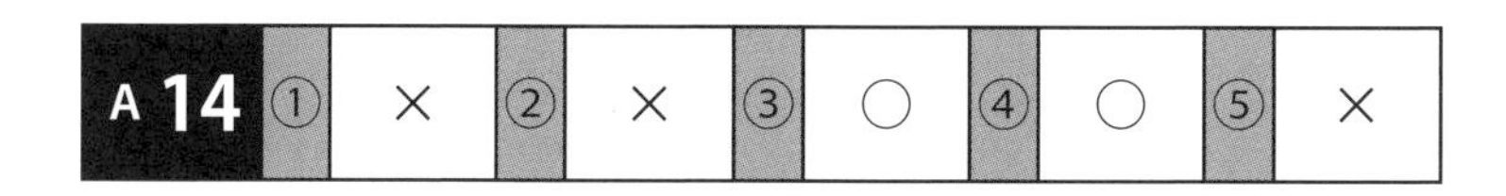

A 14	①	×	②	×	③	○	④	○	⑤	×

① （安衛令第６条）
　法第 14 条の政令で定める作業は、次のとおりとする。
九　掘削面の高さが２m以上となる地山の掘削

（安衛則第 374 条）

事業者は、令第６条第 10 号の作業については、地山の掘削及び土止め支保工作業主任者技能講習を修了した者のうちから、土止め支保工作業主任者を選任しなければならない。

② （安衛則第 375 条）

事業者は、土止め支保工作業主任者に、次の事項を行わせなければならない。

一　作業の方法を決定し、作業を直接指揮すること。

（安衛則第 375 条）

三　要求性能墜落制止用器具等及び保護帽の使用状況を監視すること。

③ （安衛則第 362 条）

2　明り掘削の作業により露出したガス導管の損壊により労働者に危険を及ぼすおそれのある場合の前項の措置は、つり防護、受け防護等による当該ガス導管についての防護を行ない、又は当該ガス導管を移設する等の措置でなければならない。

3　事業者は、前項のガス導管の防護の作業については、当該作業を指揮する者を指名して、その者の直接の指揮のもとに当該作業を行なわせなければならない。

④ （安衛則第 361 条）

事業者は、明り掘削の作業を行なう場合において、地山の崩壊又は土石の落下により労働者に危険を及ぼすおそれのあるときは、あらかじめ、土止め支保工を設け、防護網を張り、労働者の立入りを禁止する等当該危険を防止するための措置を講じなければならない。

⑤ （安衛法第 26 条）

労働者は、事業者が第 20 条から第 25 条まで及び前条第１項の規定に基づき講ずる措置に応じて、必要な事項を守らなければならない。

労働者（作業者）は、事業者が労働災害を防止するために講ずる措置（保護帽の着用指示）に応じて必要な事項を守らなければならない。

ガス管のつり防護例

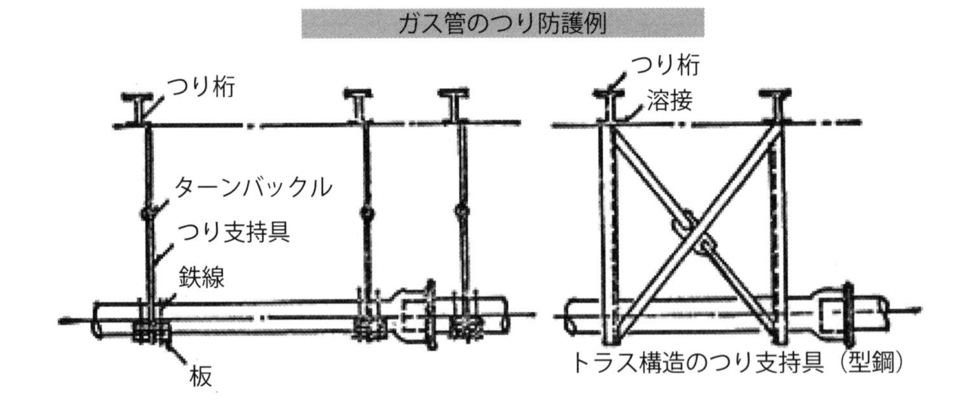

水道管のつり防護例

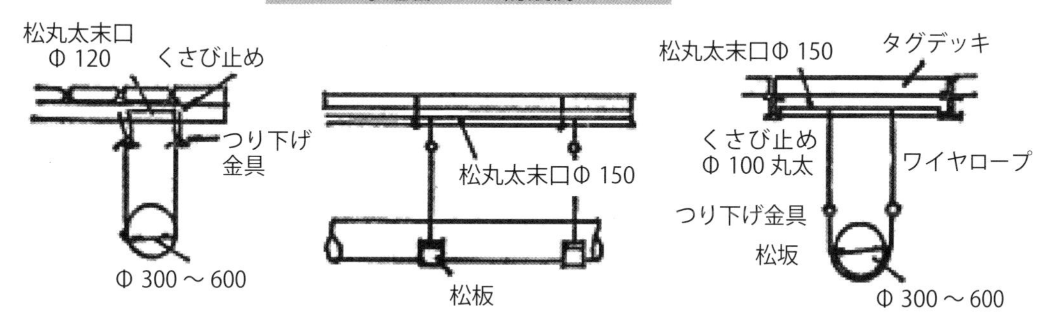

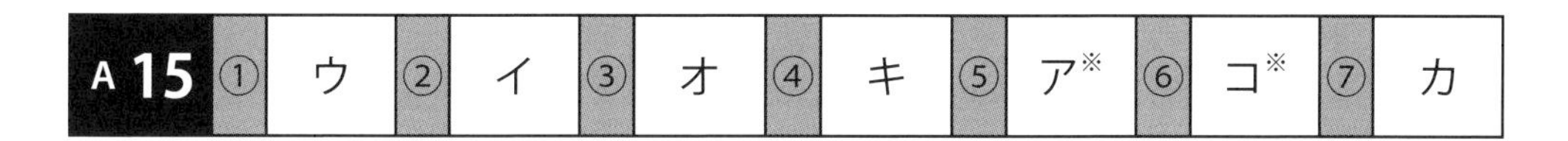

A 15	①	②	③	④	⑤	⑥	⑦
	ウ	イ	オ	キ	ア※	コ※	カ

※⑤と⑥は入れ替わっていても正解

（安衛則第 360 条）

事業者は、地山の掘削作業主任者に、次の事項を行わせなければならない。

一　作業の方法を決定し、作業を直接指揮すること。

二　器具及び工具を点検し、不良品を取り除くこと。

三　要求性能墜落制止用器具等及び保護帽の使用状況を監視すること。

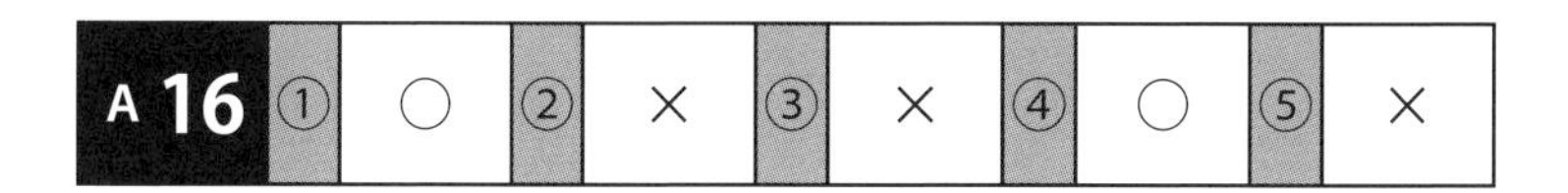

A 16	①	②	③	④	⑤
	○	×	×	○	×

①　（安衛則第 361 条）

事業者は、明り掘削の作業を行なう場合において、地山の崩壊又は土石の落下により労働者に危険を及ぼすおそれのあるときは、あらかじめ、土止め支保工を設け、防護網を張り、労働者の立入りを禁止する等当該危険を防止するための措置を講じなければならない。

②　①の措置を行い、労働者の立入りを禁止する等の措置が必要（安衛則第 361 条）。

③　（安衛則第 526 条）

事業者は、高さ又は深さが 1.5 mをこえる箇所で作業を行なうときは、当該作業に従事する労働者が安全に昇降するための設備等を設けなければならない。ただし、安全に昇降するための設備等を設けることが作業の性質上著しく困難なときは、この限りでない。

④　（安衛則第 355 条）

事業者は、地山の掘削の作業を行う場合において、地山の崩壊、埋設物等の損壊等により労働者に危険を及ぼすおそれのあるときは、あらかじめ、作業箇所及びその周辺の地山について次の事項をボーリングその他適当な方法により調査し、これらの事項について知り得たところに適応する掘削の時期及び順序を定めて、当該定めにより作業を行わなければならない。

⑤　法肩に掘削土を積みあげると法肩の上載過重が増加し掘削面が崩れるおそれがあるので、土止め支保工または防護網を設ける必要がある。

掘削土砂を法肩に積み上げたときに法肩の上にのしかかる重量を上載過重といい、掘削壁が崩れやすくなる。上載荷重＝地表面荷重

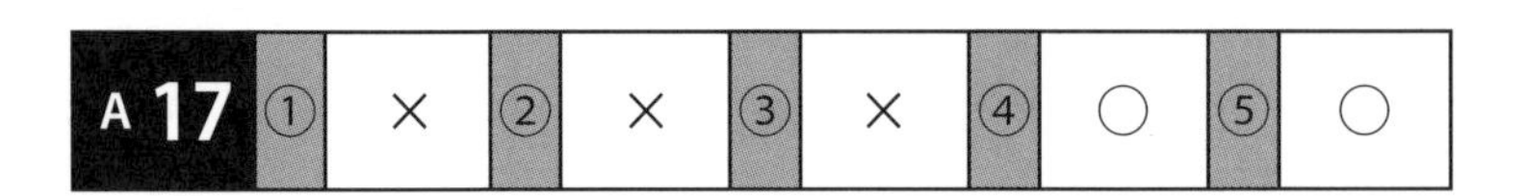

A 17	①	×	②	×	③	×	④	○	⑤	○

①　(安衛則第361条)

事業者は、明り掘削の作業を行なう場合において、地山の崩壊又は土石の落下により労働者に危険を及ぼすおそれのあるときは、あらかじめ、土止め支保工を設け、防護網を張り、労働者の立入りを禁止する等当該危険を防止するための措置を講じなければならない。(深さの規定はない)

②　(安衛則第360条)

事業者は、地山の掘削作業主任者に、次の事項を行わせなければならない。

一　作業の方法を決定し、作業を直接指揮すること。

作業手順も大切だが、作業方法を定め、作業の手順、安全対策等の計画を作成する必要がある。

③　(安衛則第358条)

事業者は、明り掘削の作業を行なうときは、地山の崩壊又は土石の落下による労働者の危険を防止するため、次の措置を講じなければならない。

一　点検者を指名して、作業箇所及びその周辺の地山について、その日の作業を開始する前、大雨の後及び中震以上の地震の後、浮石、及びき裂の有無及び状態並びに含水、湧水及び凍結の状態の変化を点検させること。

前日の作業終了後に、点検を行っていても、当日の作業開始前に点検が必要。

④　(安衛則第356条)

掘削面のこう配の基準に地山の種類に応じて、掘削面の高さ、掘削面のこう配が定められている(下表参照)。

⑤　③と同様(安衛則第358条)

安衛則第356条、第357条　掘削面のこう配　(手掘り掘削作業にて)

地山の種類	掘削面の高さ	掘削面のこう配(以下)
1　岩盤または堅い粘土	5 m未満	90°
	5 m以上	75°
2　その他の地山	2 m未満	90°
	2 m以上5 m未満	75°
	5 m以上	60°
3　砂からなる地山	掘削面のこう配35°以下または高さ5 m未満	
4　発破等で崩壊しやすい状態になっている地山	掘削面のこう配45°以下または高さ2 m未満	

A 18	①	ウ	②	エ	③	オ	④	イ	⑤	カ	⑥	ア

① 法肩に掘削残土や重量物を仮置き又重機等の通行路等で負荷がかかると、掘削面崩壊のおそれがあり、好ましくない。置かざるを得ない場合は、土止め支保工を設ける。

② 点検時に、その日の作業開始前に、作業個所の地山の状況を点検する必要がある（浮石、亀裂、含水、湧水、凍結の有無および状態および変化）。

③ 掘削の深さが１mを超える場合は、早めに開口部となる法肩等に防護柵または堅固な手すりを設ける（カラーコーンとカラーバーや親綱設置は、警戒柵とみられ、墜落防止措置とは見なされない）。

④ すかし掘りまたはたぬき掘りといわれ、掘削箇所の下部を掘り進めることで上部面が自重等で崩れ（はだ落ち）落ち、下で作業している作業者が土砂に埋まる危険がある。

⑤ 降雨時は雨量にもよるが、掘削面が雨を大量に含むと、掘削面の土砂の流出や、掘削面の崩壊のおそれがあるので、天気予報等を注意し、事前にシート等での、のり面養生を行う必要がある。

⑥ 安衛則第 367 条にて、作業を安全に行うため、必要な照度を保持しなければならないと規定されている。

明り掘削の作業

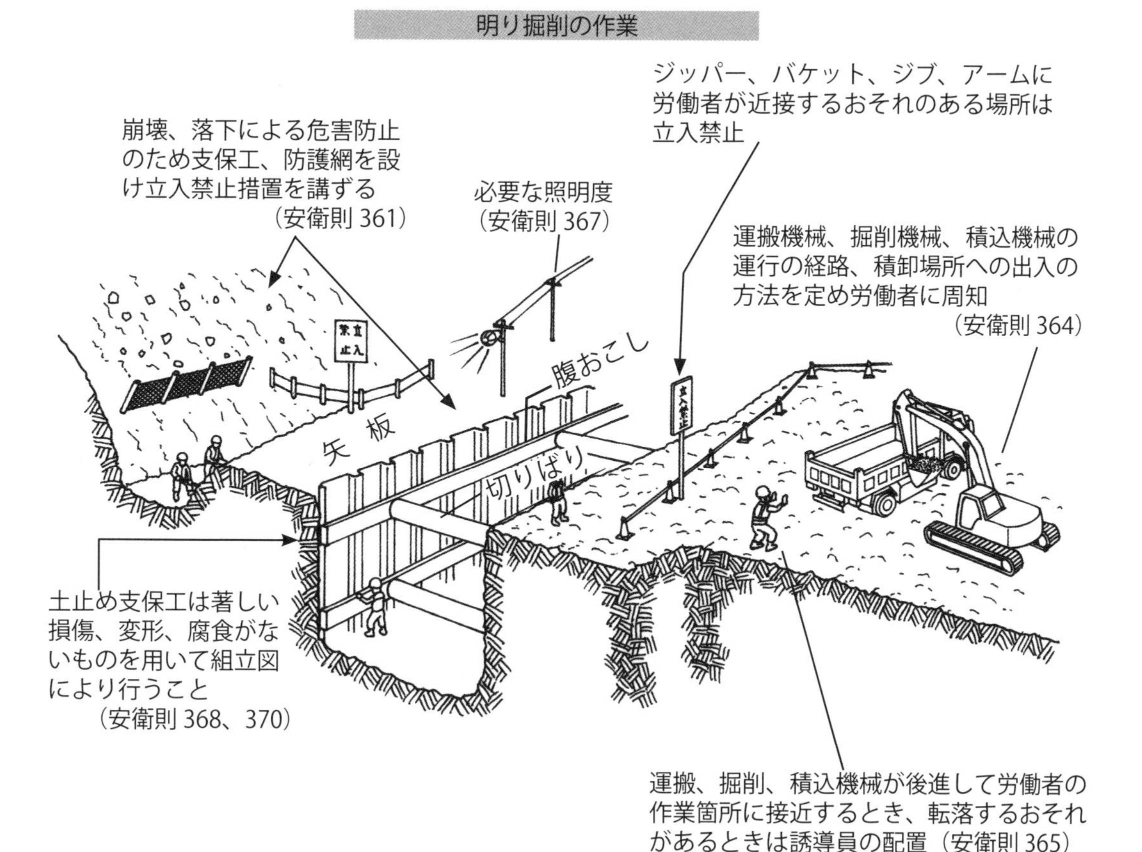

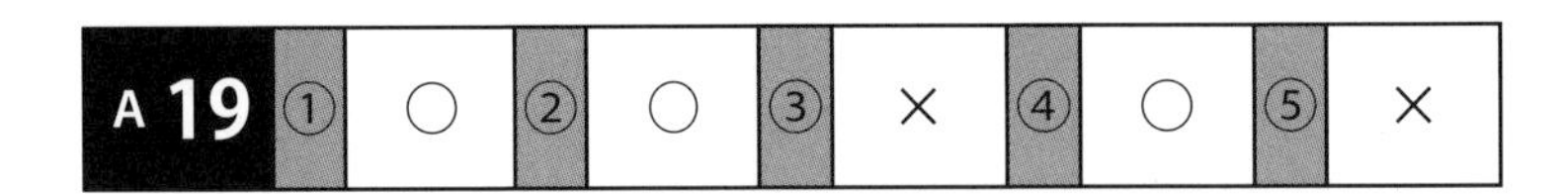

A 19	①	○	②	○	③	×	④	○	⑤	×

① （安衛則第 575 条の 10）
　事業者は、土石流危険河川において建設工事の作業を行うときは、あらかじめ、土石流による労働災害の防止に関する規程を定めなければならない。
2　前項の規程は、次の事項が示されているものでなければならない。
一　降雨量の把握の方法
二　降雨又は融雪があった場合及び地震が発生した場合に講ずる措置
三　土石流の発生の前兆となる現象を把握した場合に講ずる措置
四　土石流が発生した場合の警報及び避難の方法
五　避難の訓練の内容及び時期
② ①による。
③ 規程に定めなければならない事項ではない。
④ ①による。
⑤ 規程に定めなければならない事項ではない。

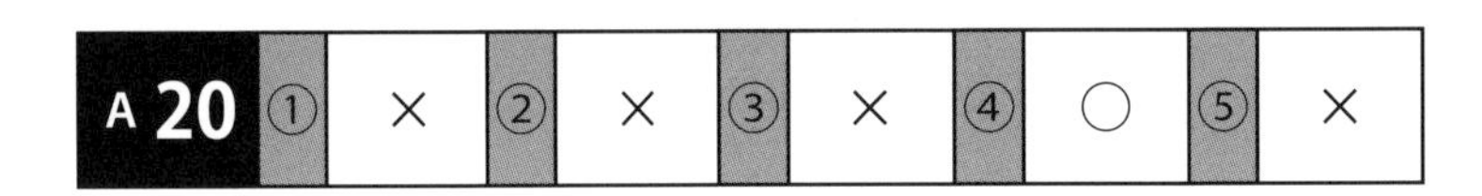

A 20	①	×	②	×	③	×	④	○	⑤	×

① （安衛則第 575 条の 9 ）
　事業者は、降雨、融雪又は地震に伴い土石流が発生するおそれのある河川（以下「土石流危険河川」という）において建設工事の作業（臨時の作業を除く。以下同じ）を行うときは、土石流による労働者の危険を防止するため、あらかじめ、作業場所から上流の河川及びその周辺の状況を調査し、その結果を記録しておかなければならない。
② （安衛法第 29 条の 2 ）
　建設業に属する事業の元方事業者は、土砂等が崩壊するおそれのある場所、機械等が転倒するおそれのある場所その他の厚生労働省令で定める場所において関係請負人の労働者が当該事業の仕事の作業を行うときは、当該関係請負人が講ずべき当該場所に係る危険を防止するための措置が適正に講ぜられるように、技術上の指導その他の必要な措置を講じなければならない。
（安衛則第 634 条の 2 ）（安衛法第 29 条の 2 ）
　厚生労働省令で定める場所は、次のとおりとする。
一　土砂等が崩壊するおそれのある場所（関係請負人の労働者に危険が及ぶおそれのある場所に限る）
一の二　土石流が発生するおそれのある場所（河川内にある場所であって、関係請負人の労働者に危険が及ぶおそれのある場所に限る）
以下、略
（安衛則第 575 条の 12）
　事業者は、土石流危険河川において建設工事の作業を行う場合において、降雨があったことにより土石流が発生するおそれのあるときは、監視人の配置等土石流の発生を早期に把握するための措置を講じなければならない。ただし、速やかに作業を中止し、労働者を安全な場所に退避させたときは、この限りでない（降雨時の措置）。

③　（安衛則第 575 条の 14）

　事業者は、土石流危険河川において建設工事の作業を行うときは、土石流が発生した場合に関係労働者にこれを速やかに知らせるためのサイレン、非常ベル等の警報用の設備を設け、関係労働者に対し、その設置場所を周知させなければならない。

　2　事業者は、前項の警報用の設備については、常時、有効に作動するように保持しておかなければならない（警報用の設備）。

④　（安衛則第 575 条の 15）

　事業者は、土石流危険河川において建設工事の作業を行うときは、土石流が発生した場合に労働者を安全に避難させるための登り桟橋、はしご等の避難用の設備を適当な箇所に設け、関係労働者に対し、その設置場所及び使用方法を周知させなければならない（避難用の設備）。

⑤　（安衛則第 575 条の 11）

　事業者は、土石流危険河川において建設工事の作業を行うときは、作業開始時にあっては当該作業開始前 24 時間おける降雨量を、作業開始後にあっては 1 時間ごとの降雨量を、それぞれ雨量計による測定その他の方法により把握し、かつ、記録しておかなければならない。

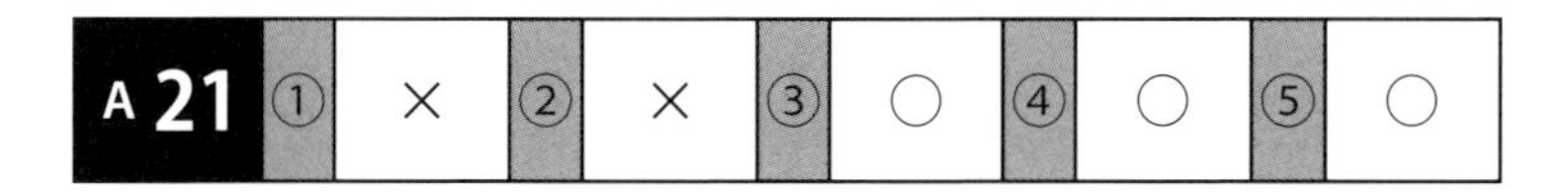

A 21	①	×	②	×	③	○	④	○	⑤	○

①　（安衛則第 575 条の 16）

　事業者は、土石流危険河川において建設工事の作業を行うときは、土石流が発生したときに備えるため、関係労働者に対し、工事開始後遅滞なく 1 回、及びその後 6 月以内ごとに 1 回、避難の訓練を行わなければならない。

　2　事業者は、避難の訓練を行ったときは、次の事項を記録し、これを 3 年間保存しなければならない。

　一　実施年月日

　二　訓練を受けた者の氏名

　三　訓練の内容

②　①による。

③　①による。

④　（安衛則第 575 条の 12）

　事業者は、土石流危険河川において建設工事の作業を行う場合において、降雨があったことにより土石流が発生するおそれのあるときは、監視人の配置等土石流の発生を早期に把握するための措置を講じなければならない。…以下、略す…

⑤　（安衛則第 575 条の 13）

　事業者は、土石流危険河川において建設工事の作業を行う場合において、土石流による労働災害発生の急迫した危険があるときは、直ちに作業を中止し、労働者を安全な場所に退避させなければならない。

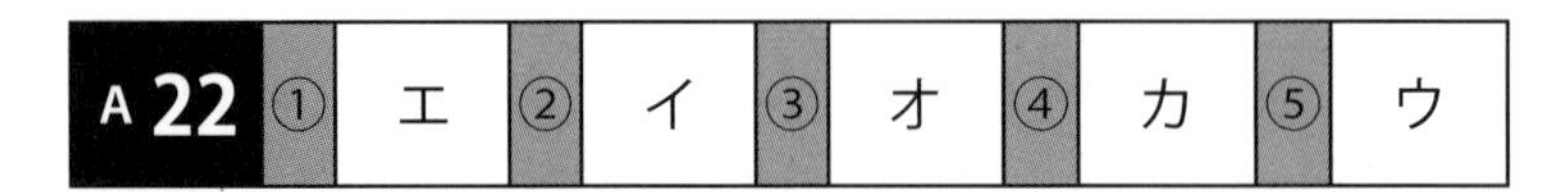

① （安衛則第 575 条の２）

事業者は、仮設の支柱及び作業床等により構成され、材料若しくは仮設機材の集積又は建設機械等の設置若しくは移動を目的とする高さが２m以上の設備で、建設工事に使用するもの（以下「作業構台」という）の材料については、著しい損傷、変形又は腐食のあるものを使用してはならない。

２ 事業者は、作業構台に使用する木材については、強度上の著しい欠点となる割れ、虫食い、節、繊維の傾斜等がないものでなければ、使用してはならない。

② （安衛則第 575 条の６）

事業者は、作業構台については、次に定めるところによらなければならない。

一 作業構台の支柱は、その滑動又は沈下を防止するため、当該作業構台を設置する場所の地質等の状態に応じた根入れを行い、当該支柱の脚部に根がらみを設け、敷板、敷角等を使用する等の措置を講ずること。

二 支柱、はり、筋かい等の緊結部、接続部又は取付部は、変位、脱落等が生じないよう緊結金具等で堅固に固定すること。

三 高さ２m以上の作業床の床材間の隙間は、３cm 以下とすること。

四 高さ２m以上の作業床の端で、墜落により労働者に危険を及ぼすおそれのある箇所には、手すり等及び中桟等（それぞれ丈夫な構造の設備であって、たわみが生ずるおそれがなく、かつ、著しい損傷、変形又は腐食がないものに限る）を設けること。…以下、略す…

③ ②による

④ （安衛則第 575 条の４）

事業者は、作業構台の構造及び材料に応じて、作業床の最大積載荷重を定め、かつ、これを超えて積載してはならない。

２ 事業者は、前項の最大積載荷重を労働者に周知させなければならない。

⑤ （安衛則第 575 条の６）

事業者は、作業構台については、次に定めるところによらなければならない。

A 23 ウ

ア、イ、エ、オ（安衛則第 655 条の２）

注文者は、法第 31 条第１項の場合において、請負人の労働者に、作業構台を使用させるときは、当該作業構台について、次の措置を講じなければならない。

一 構造及び材料に応じて、作業床の最大積載荷重を定め、かつ、これを作業構台の見やすい場所に表示すること。

二 強風、大雨、大雪等の悪天候若しくは中震以上の地震又は作業構台の組立て、一部解体若しくは変更の後においては、作業構台における作業を開始する前に、次の事項について点検し、危険のおそれがあるときは、速やかに修理すること。

イ　支柱の滑動及び沈下の状態

ロ　支柱、はり等の損傷の有無

ハ　床材の損傷、取付け及び掛渡しの状態

ニ　支柱、はり、筋かい等の緊結部、接続部及び取付部の緩みの状態

ホ　緊結材及び緊結金具の損傷及び腐食の状態

ヘ　水平つなぎ、筋かい等の補強材の取付状態及び取り外しの有無

ト　手すり等及び中桟等の取り外し及び脱落の有無

三　前２号に定めるもののほか、第２編第 11 章（第 575 条の２、第 575 条の３及び第 575 条の６に限る）に規定する作業構台の基準に適合するものとしなければならない。

２　注文者は、前項第２号の点検を行ったときは、次の事項を記録し、作業構台を使用する作業を行う仕事が終了するまでの間、これを保存しなければならない。

一　当該点検の結果

二　前号の結果に基づいて修理等の措置を講じた場合にあっては、当該措置の内容

ウ　組立図作成は、事業者の責務である。

（組立図）（安衛則第 575 条の５）

事業者は、作業構台を組み立てるときは、組立図を作成し、かつ、当該組立図により組み立てなければならない。

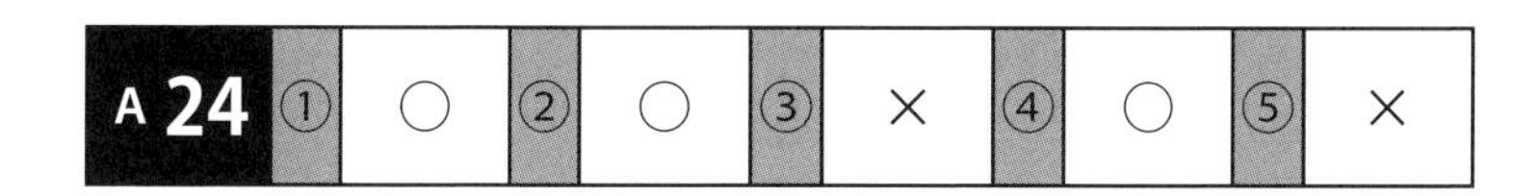

A 24	①	○	②	○	③	×	④	○	⑤	×

①～⑤（安衛則第 575 条の６）

事業者は、作業構台については、次に定めるところによらなければならない。

一　作業構台の支柱は、その滑動又は沈下を防止するため、当該作業構台を設置する場所の地質等の状態に応じた根入れを行い、当該支柱の脚部に根がらみを設け、敷板、敷角等を使用する等の措置を講ずること。

二　支柱、はり、筋かい等の緊結部、接続部又は取付部は、変位、脱落等が生じないよう緊結金具等で堅固に固定すること。

三　高さ２m以上の作業床の床材間の隙間は、３cm 以下とすること。

四　高さ２m以上の作業床の端で、墜落により労働者に危険を及ぼすおそれのある箇所には、手すり等及び中桟等（それぞれ丈夫な構造の設備であって、たわみが生ずるおそれがなく、かつ、著しい損傷、変形又は腐食がないものに限る）を設けること。

２　前項第４号の規定は、作業の性質上手すり等及び中桟等を設けることが著しく困難な場合又は作業の必要上臨時に手すり等又は中桟等を取り外す場合において、次の措置を講じたときは、適用しない。

一　要求性能墜落制止用器具を安全に取り付けるための設備等を設け、かつ、労働者に要求性能墜落制止用器具を使用させる措置又はこれと同等以上の効果を有する措置を講ずること。

二　前号の措置を講ずる箇所には、関係労働者以外の労働者を立ち入らせないこと。

…以下、略す…

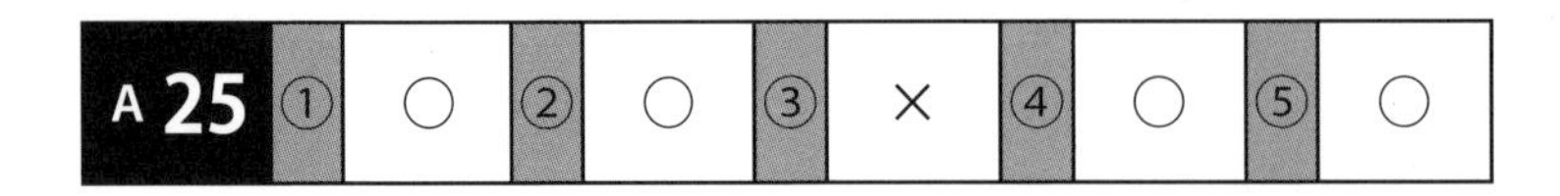

A 25	①	○	②	○	③	×	④	○	⑤	○

① （安衛令第 20 条）

法第 61 条第 1 項の政令で定める業務は、次のとおりとする。

十二　機体重量が 3 t 以上の別表第 7 第 1 号、第 2 号、第 3 号又は第 6 号に掲げる建設機械で、動力を用い、かつ、不特定の場所に自走することができるものの運転（道路上を走行させる運転を除く）

別表第 7

一　整地・運搬・積込み用機械

二　掘削用機械

三　基礎工事用機械

六　解体用機械

1　ブレーカ

2　1 に掲げる機械に類するものとして厚生労働省令で定める機械

【補足】車両系建設機械（解体用）運転技能講習

機体質量が 3 t 以上の建設機械に取り付けられたブレーカ、つかみ機、コンクリート圧砕機、鉄骨切断機を運転できる資格

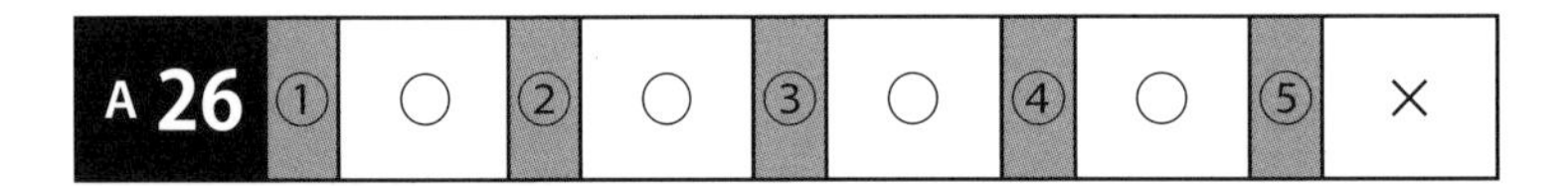

A 26	①	○	②	○	③	○	④	○	⑤	×

①～④ （安衛則第 517 条の 14）

事業者は、令第 6 条第 15 号の 5 の作業を行うときは、工作物の倒壊、物体の飛来又は落下等による労働者の危険を防止するため、あらかじめ、当該工作物の形状、き裂の有無、周囲の状況等を調査し、当該調査により知り得たところに適応する作業計画を定め、かつ、当該作業計画により作業を行わなければならない。

2　前項の作業計画は、次の事項が示されているものでなければならない。

一　作業の方法及び順序

二　使用する機械等の種類及び能力

三　控えの設置、立入禁止区域の設定その他の外壁、柱、はり等の倒壊又は落下による労働者の危険を防止するための方法

3　事業者は、第 1 項の作業計画を定めたときは、前項第 1 号及び第 3 号の事項について関係労働者に周知させなければならない。

⑤　作業計画には、「統括安全衛生責任者の情報」は、含まなくてもよい。

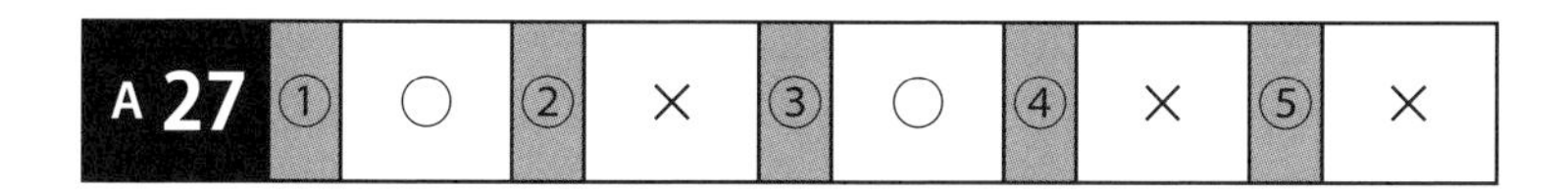

A 27	①	②	③	④	⑤
	○	×	○	×	×

① （安衛則第 517 条の 14）

事業者は、令第６条第 15 号の５の作業を行うときは、工作物の倒壊、物体の飛来又は落下等による労働者の危険を防止するため、あらかじめ、当該工作物の形状、き裂の有無、周囲の状況等を調査し、当該調査により知り得たところに適応する作業計画を定め、かつ、当該作業計画により作業を行わなければならない。

2　前項の作業計画は、次の事項が示されているものでなければならない。

一　作業の方法及び順序

二　使用する機械等の種類及び能力

三　控えの設置、立入禁止区域の設定その他の外壁、柱、はり等の倒壊又は落下による労働者の危険を防止するための方法

3　事業者は、第１項の作業計画を定めたときは、前項第１号及び第３号の事項について関係労働者に周知させなければならない。

②、③ （安衛則第 517 条の 15）

事業者は、令第６条第 15 号の５の作業を行うときは、次の措置を講じなければならない。

一　作業を行う区域内には、関係労働者以外の労働者の立入りを禁止すること。

二　強風、大雨、大雪等の悪天候のため、作業の実施について危険が予想されるときは、当該作業を中止すること。

三　器具、工具等を上げ、又は下ろすときは、つり綱、つり袋等を労働者に使用させること。

④ （安衛則第 517 条の 17）

事業者は、令第６条第 15 号の５の作業については、コンクリート造の工作物の解体等作業主任者技能講習を修了した者のうちから、コンクリート造の工作物の解体等作業主任者を選任しなければならない。

⑤ （安衛則第 90 条）

法第 88 条第３項の厚生労働省令で定める仕事は、次のとおりとする。

一　高さ 31 ｍを超える建築物又は工作物（橋梁を除く）の建設、改造、解体又は破壊（以下「建設等」という）の仕事

【補足】（安衛令第６条第 15 号の５）コンクリート造の工作物（その高さが５ｍ以上であるものに限る）の解体又は破壊の作業

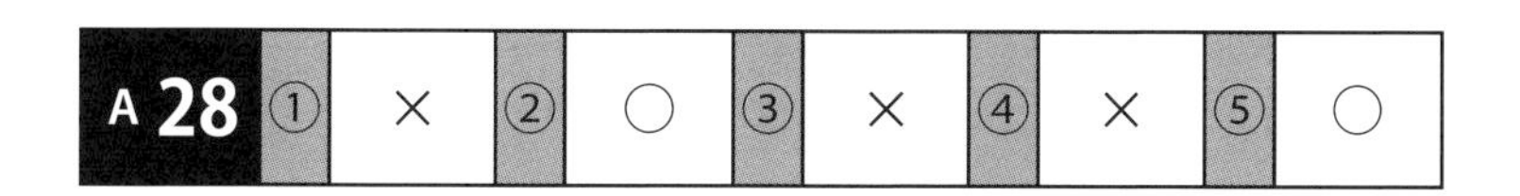

A 28	①	②	③	④	⑤
	×	○	×	×	○

① （安衛則第 431 条）

事業者は、床面からの高さが２ｍ以上のはいについて、はいくずしの作業を行なうときは、当該作業に従事する労働者に次の事項を行なわせなければならない。

一　中抜きをしないこと。

二　容器が袋、かます又は俵である荷により構成されるはいについては、ひな段状にくずし、ひ

な段の各段（最下段を除く）の高さは 1.5 m以下とすること。

② （安衛則第 427 条）

事業者は、はい（倉庫、上屋又は土場に積み重ねられた荷（小麦、大豆、鉱石等のばら物の荷を除く）の集団をいう。以下同じ）の上で作業を行なう場合において、作業箇所の高さが床面から 1.5 mをこえるときは、当該作業に従事する労働者が床面と当該作業箇所との間を安全に昇降すの設備を設けなければならない。ただし、当該はいを構成する荷によって安全に昇降できる場合は、この限りでない。

③ （安衛則第 430 条）

事業者は、床面からの高さが 2 m以上のはい（容器が袋、かます又は俵である荷により構成されるものに限る）については、当該はいと隣接のはいとの間隔を、はいの下端において 10cm 以上としなければならない。

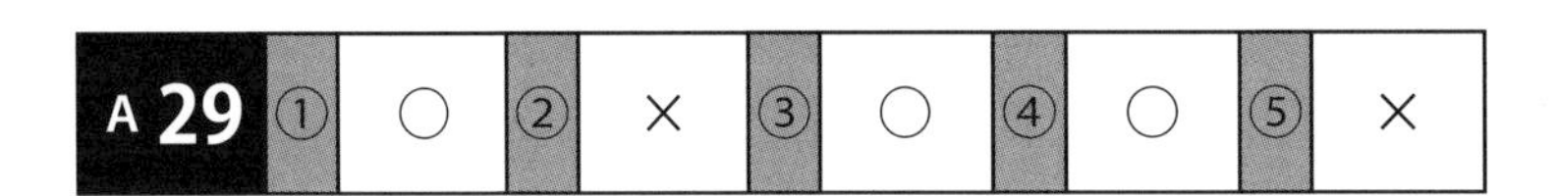

A 29	①	○	②	×	③	○	④	○	⑤	×

①、②、④ （安衛則第 429 条）

事業者は、はい作業主任者に、次の事項を行なわせなければならない。

一　作業の方法及び順序を決定し、作業を直接指揮すること。

二　器具及び工具を点検し、不良品を取り除くこと。

三　当該作業を行なう箇所を通行する労働者を安全に通行させるため、その者に必要な事項を指示すること。

四　はいくずしの作業を行なうときは、はいの崩壊の危険がないことを確認した後に当該作業の着手を指示すること。

五　第 427 条第 1 項の昇降をするための設備及び保護帽の使用状況を監視すること。

③　常時直接指揮が必要。不在の場合は、有資格者に直接指揮させること。

⑤　要求性能墜落制止用器具ではない。安全に昇降するための設備および保護帽の使用状況を監視である。

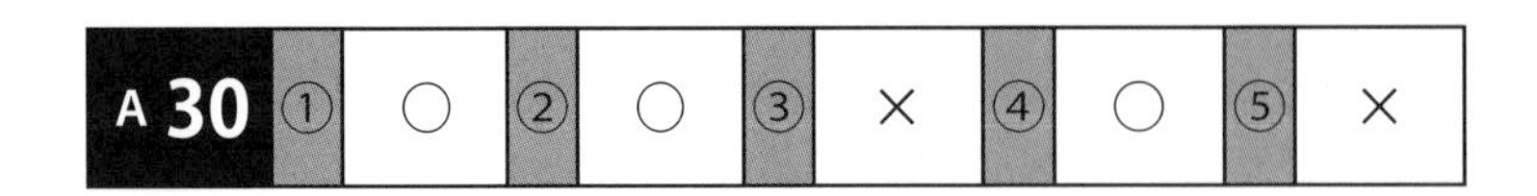

A 30	①	○	②	○	③	×	④	○	⑤	×

①～③ （安衛則第 477 条）

事業者は、伐木の作業（伐木等機械による作業を除く。以下同じ）を行うときは、立木を伐倒しようとする労働者に、それぞれの立木について、次の事項を行わせなければならない。

一　伐倒の際に退避する場所を、あらかじめ、選定すること。

二　かん木、枝条、つる、浮石等で、伐倒の際その他作業中に危険を生ずるおそれのあるものを取り除くこと。

三　伐倒しようとする立木の胸高直径が20cm以上であるときは、伐根直径の4分の1以上の深さの受け口を作り、かつ、適当な深さの追い口を作ること。この場合において、技術的に困難である場合を除き、受け口と追い口の間には、適当な幅の切り残しを確保すること。

④　（安衛則第481条第2項）

事業者は、伐木の作業を行う場合は、伐倒木等が激突することによる危険を防止するため、伐倒しようとする立木を中心として当該立木の高さの2倍に相当する距離を半径とする円形の内側には、他の労働者を立ち入らせてはならない。

⑤　（安衛則第483条）

事業者は、強風、大雨、大雪等の悪天候のため、造林等の作業の実施について危険が予想されるときは、当該作業に労働者を従事させてはならない。

第5章　感電防止［解答と解説］

A1　ウ

（安衛則第333条、第649条）

事業者は、電動機を有する機械又は器具（以下「電動機械器具」という）で、対地電圧が150 Vをこえる移動式若しくは可搬式のもの又は水等導電性の高い液体によって湿潤している場所その他鉄板上、鉄骨上、定盤上等導電性の高い場所において使用する移動式若しくは可搬式のものについては、漏電による感電の危険を防止するため、当該電動機械器具が接続される電路に、当該電路の定格に適合し、感度が良好であり、かつ、確実に作動する感電防止用漏電しゃ断装置を接続しなければならない。

A2　イ

（安衛則第334条）

前条の規定は、次の各号のいずれかに該当する電動機械器具については、適用しない。

一　非接地方式の電路（当該電動機械器具の電源側の電路に設けた絶縁変圧器の二次電圧が300 V以下であり、かつ、当該絶縁変圧器の負荷側の電路が接地されていないものに限る）に接続して使用する電動機械器具

二　絶縁台の上で使用する電動機械器具

三　電気用品安全法（昭和36年法律第234号）第2条第2項の特定電気用品であって、同法第10条第1項の表示が付された二重絶縁構造の電動機械器具

A3　ア

（安衛則第349条）

事業者は、架空電線又は電気機械器具の充電電路に近接する場所で、工作物の建設、解体、点検、修理、塗装等の作業若しくはこれらに附帯する作業又はくい打機、くい抜機、移動式クレーン等を使用する作業を行なう場合において、当該作業に従事する労働者が作業中又は通行の際に、当

該充電電路に身体等が接触し、又は接近することにより感電の危険が生ずるおそれのあるときは、次の各号のいずれかに該当する措置を講じなければならない。

一　当該充電電路を移設すること。

二　感電の危険を防止するための囲いを設けること。

三　当該充電電路に絶縁用防護具を装着すること。

四　前3号に該当する措置を講ずることが著しく困難なときは、監視人を置き、作業を監視させること。

①～④全てが求められている。

A4 ア

電力会社の推奨値は 2.0 mだが、昭和 50 年 12 月 17 日付の旧労働省労働基準局長通達では 1.0 m以上とされている。詳細は以下の表のとおり。

電路	送電電圧	最小離隔距離		碍子の数（目安）
		労働基準局長通達 昭和50年12月17日 基発第759号	電力会社の目標値	
配電線	600 V以下	1.0 m以上※	2.0 m以上	—
	6,600 V以下	1.2 m以上※	2.0 m以上	—
送電線	22,000 以下	2.0 m以上	3.0 m以上	2～4 個
	66,000 以下	2.2 m以上	4.0 m以上	5～9 個
	154,000 V以下	4.0 m以上	5.0 m以上	7～21 個
	275,000 V以下	6.4 m以上	7.0 m以上	16～30 個
	500,000 V以下	10.8 m以上	11.0 m以上	20～41 個

※絶縁防護された場合はこの限りではない。

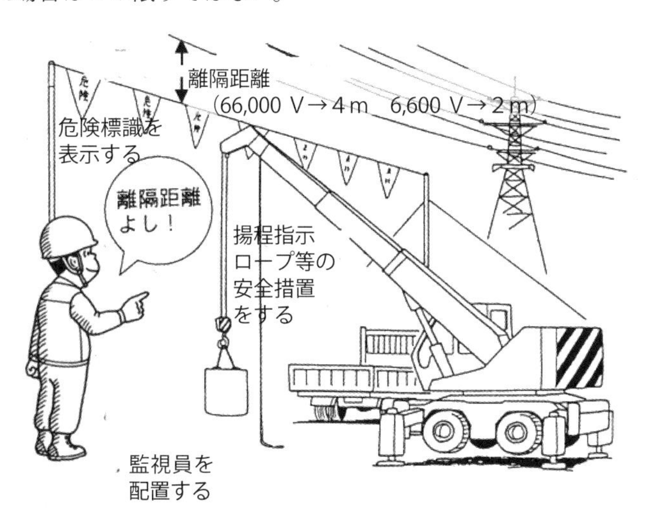

A 5	ウ

側方 0.6 m以上、通路面から 2.0 m以上の距離をとる必要がある。

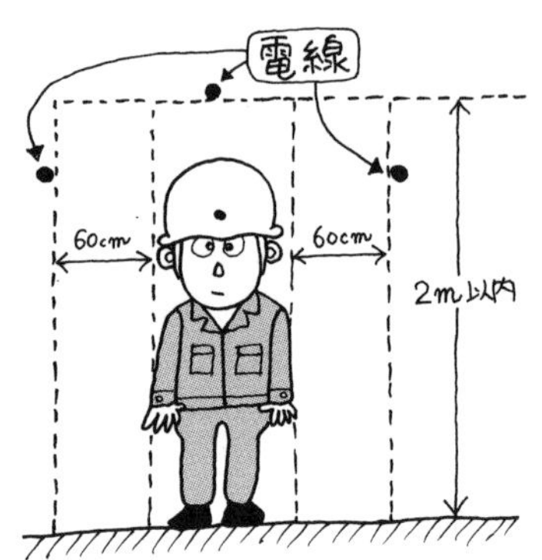

「建設現場の安全点検とそのポイント」労働新聞社刊より

A 6	①	エ	②	ア	③	ウ	④	イ

①　（安衛則第 331 条）

事業者は、アーク溶接等（自動溶接を除く）の作業に使用する溶接棒等のホルダーについては、感電の危険を防止するため必要な絶縁効力及び耐熱性を有するものでなければ、使用してはならない。

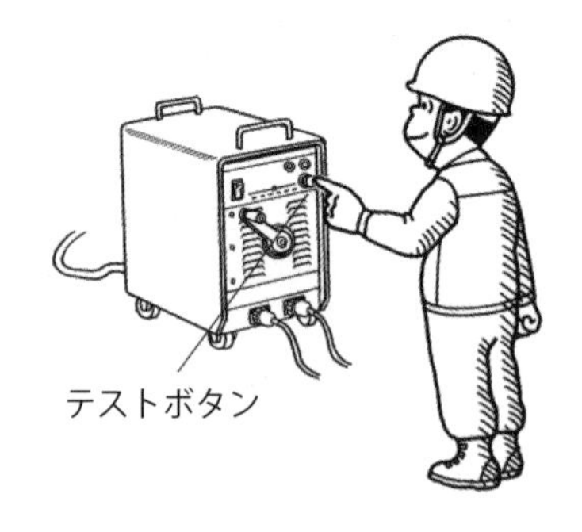

②　（安衛則第 332 条）

事業者は、船舶の二重底若しくはピークタンクの内部、ボイラーの胴若しくはドームの内部等導電体に囲まれた場所で著しく狭あいなところ又は墜落により労働者に危険を及ぼすおそれのある高さが２m以上の場所で鉄骨等導電性の高い接地物に労働者が接触するおそれがあるところにおいて、交流アーク溶接等（自動溶接を除く）の作業を行うときは、交流アーク溶接機用自動電撃防止装置を使用しなければならない。

③　（安衛則第 337 条）

事業者は、水その他導電性の高い液体によって湿潤している場所において使用する移動電線又はこれに附属する接続器具で、労働者が作業中又は通行の際に接触するおそれのあるものについては、当該移動電線又は接続器具の被覆又は外装が当該導電性の高い液体に対して絶縁効力を有するものでなければ、使用してはならない。

④　停電作業を行なう場合の措置（安衛則第 339 条）

三　開路した電路が高圧又は特別高圧であったものについては、検電器具により停電を確認し、かつ、誤通電、他の電路との混触又は他の電路からの誘導による感電の危険を防止するため、短絡接地器具を用いて確実に短絡接地すること。

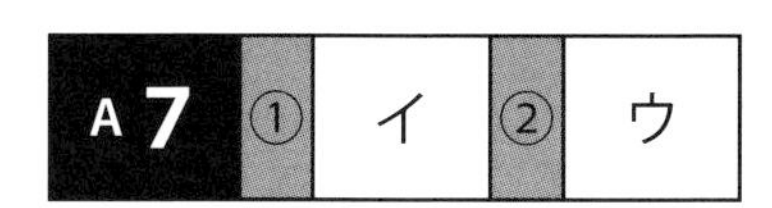

安衛則第 332 条ならびに第 648 条にて、狭あいな所または高さ 2 m以上の場所では自動電撃防止装置を使用しなければならない。

①　（安衛則第 332 条）

事業者は、船舶の二重底若しくはピークタンクの内部、ボイラーの胴若しくはドームの内部等導電体に囲まれた場所で著しく狭あいなところ又は墜落により労働者に危険を及ぼすおそれのある高さが 2 m以上の場所で鉄骨等導電性の高い接地物に労働者が接触するおそれがあるところにおいて、交流アーク溶接等（自動溶接を除く）の作業を行うときは、交流アーク溶接機用自動電撃防止装置を使用しなければならない。

②　（安衛則第 648 条）

注文者は、法第 31 条第 1 項の場合において、請負人の労働者に交流アーク溶接機（自動溶接機を除く）を使用させるときは、当該交流アーク溶接機に、法第 42 条の規定に基づき厚生労働大臣が定める規格に適合する交流アーク溶接機用自動電撃防止装置を備えなければならない。ただし、次の場所以外の場所において使用させるときは、この限りでない。

一　船舶の二重底又はピークタンクの内部その他導電体に囲まれた著しく狭あいな場所

二　墜落により労働者に危険を及ぼすおそれのある高さが 2 m以上の場所で、鉄骨等導電性の高い接地物に労働者が接触するおそれのあるところ

第6章　機械・器具［解答と解説］

ウ　再起動防止回路方式は、フェールセーフ機構である。

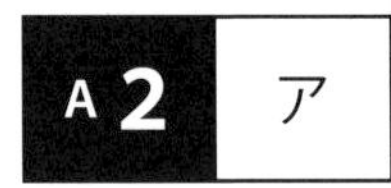

ア　両手操作機構は、フールプルーフ機構である。

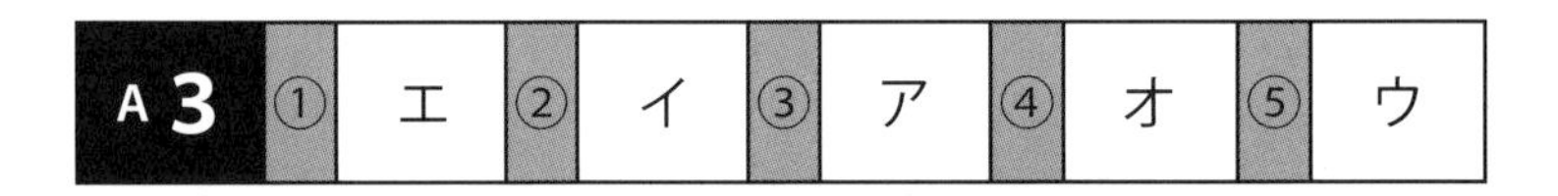

①　（安衛則第25条）

　法第43条の厚生労働省令で定める防護のための措置は、次のとおりとする。

一　作動部分上の突起物については、埋頭型とし、又は覆いを設けること。

二　動力伝導部分又は調速部分については、覆い又は囲いを設けること。

②③　（安衛則第107条）

　事業者は、機械（刃部を除く）の掃除、給油、検査、修理又は調整の作業を行う場合において、労働者に危険を及ぼすおそれのあるときは、機械の運転を停止しなければならない。

2　事業者は、前項の規定により機械の運転を停止したときは、当該機械の起動装置に錠を掛け、当該機械の起動装置に表示板を取り付ける等同項の作業に従事する労働者以外の者が当該機械を運転することを防止するための措置を講じなければならない。

④⑤　（安衛則第27条）

　事業者は、法別表第2に掲げる機械等及び令第13条第3項各号に掲げる機械等については、法第42条の厚生労働大臣が定める規格又は安全装置を具備したものでなければ、使用してはならない。

（安衛則第131条）

　事業者は、プレス機械及びシャーについては、安全囲いを設ける等当該プレス等を用いて作業を行う労働者の身体の一部が危険限界に入らないような措置を講じなければならない。
2　事業者は、作業の性質上、前項の規定によることが困難なときは、当該プレス等を用いて作業を行う労働者の安全を確保するため、次に定めるところに適合する安全装置を取り付ける等必要な措置を講じなければならない。

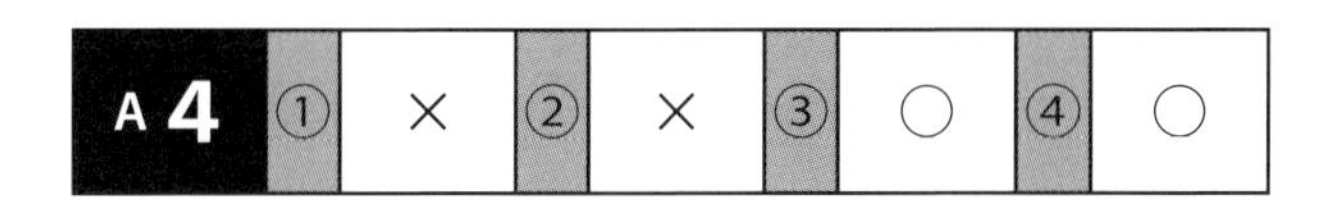

①、②（安衛則第118条）
　事業者は、研削といしについては、その日の作業を開始する前には1分間以上、研削といしを取り替えたときには3分間以上試運転をしなければならない。
③（安衛則第120条）
　事業者は、側面を使用することを目的とする研削といし以外の研削といしの側面を使用してはならない。

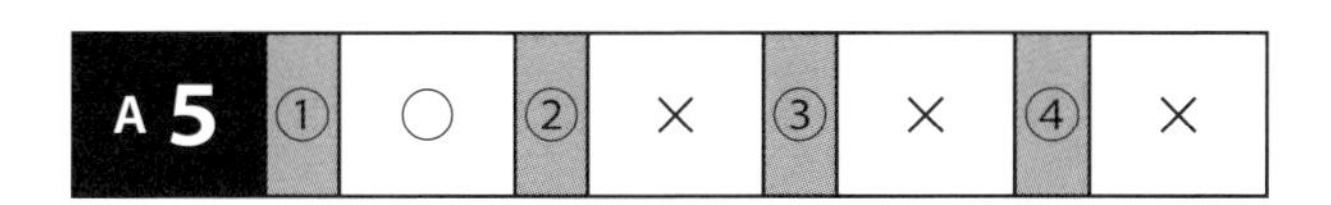

①（安衛則第101条第1項）
　事業者は、機械の原動機、回転軸、歯車、プーリー、ベルト等の労働者に危険を及ぼすおそれのある部分には、覆い、囲い、スリーブ、踏切橋等を設けなければならない。
②（安衛則第101条第3項）
　事業者は、ベルトの継目には、突出した止め具を使用してはならない。
③（安衛則第101条第4項）
　事業者は、第1項の踏切橋には、高さが90cm以上の手すりを設けなければならない。
④（安衛則第101条第2項）
　事業者は、回転軸、歯車、プーリー、フライホイール等に附属する止め具については、埋頭型のものを使用し、又は覆いを設けなければならない。

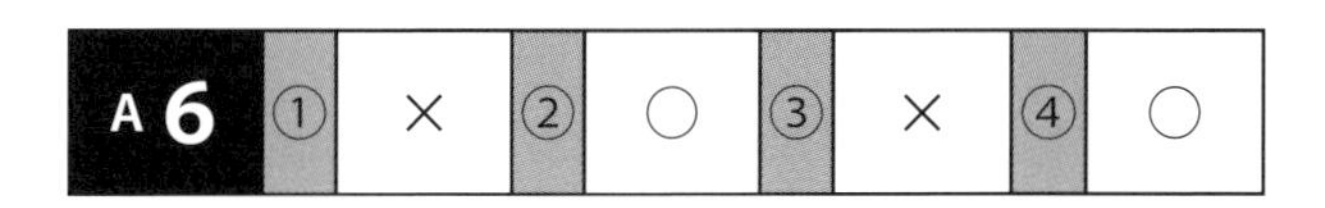

①（安衛則第107条）

事業者は、機械（刃部を除く）の掃除、給油、検査、修理又は調整の作業を行う場合において、労働者に危険を及ぼすおそれのあるときは、機械の運転を停止しなければならない。

② （安衛則第 122 条）

事業者は、木材加工用丸のこ盤（横切用丸のこ盤その他反ぱつにより労働者に危険を及ぼすおそれのないものを除く）には、割刃その他の反ぱつ予防装置を設けなければならない。

③ （安衛則第 123 条）

事業者は、木材加工用丸のこ盤（製材用丸のこ盤及び自動送り装置を有する丸のこ盤を除く）には、歯の接触予防装置を設けなければならない。

④ 平成 22 年 7 月 14 日基安発 0714 第 1 号

「建設業等において『携帯用丸のこ盤』を使用する作業に従事する者に対する安全教育の徹底について」

携帯用丸のこ盤を用いた作業に従事する者に対し、安全で正しい作業を行うために必要な知識及び技能を付与し、もって職場における安全の一層の確保に資することとする。

第7章　クレーン等［解答と解説］

A 1	イ

（クレーン則第35条）

事業者は、クレーンについて、1月以内ごとに1回、定期に、次の事項について自主検査を行なわなければならない。

【参考】事故報告書 - 様式第22号　厚生労働省ホームページ　安全衛生関係主要様式 https://www.mhlw.go.jp/stf/seisakunitsuite/bunya/koyou_roudou/roudoukijun/anzen/anzeneisei36/index_00001.html

A 2	ウ

（クレーン則第25条）

事業者は、クレーンを用いて作業を行なうときは、クレーンの運転について一定の合図を定め、合図を行なう者を指名して、その者に合図を行なわせなければならない。

【参考】一般社団法人日本クレーン協会ホームページ免許・資格の知識サイト http://www.cranenet.or.jp/sikaku/crane.html

A 3	①	イ	②	ク	③	キ	④	ケ	⑤	サ	⑥	コ

①～③（クレーン則第21条）

事業者は、次の各号に掲げるクレーンの運転の業務に労働者を就かせるときは、当該労働者に対し、当該業務に関する安全のための特別の教育を行わなければならない。

一　つり上げ荷重が5ｔ未満のクレーン

二　つり上げ荷重が5ｔ以上の跨線テルハ

（クレーン則第22条）

事業者は、令第20条第6号に掲げる業務については、クレーン・デリック運転士免許を受けた者でなければ、当該業務に就かせてはならない。
④ （安衛令第 20 条）
　法第 61 条第 1 項の政令で定める業務は、次のとおりとする。
　六　つり上げ荷重が 5 t 以上のクレーン（跨線テルハを除く）の運転の業務
⑤ （クレーン則第 224 条の 4　解釈例規参照）
⑥ （クレーン則第 22 条　解釈例規参照）
【参考】安全衛生情報センターホームページ　法令・通達 [目次]> 省令一覧 > クレーン等安全規則 > 第 174 条 > 様式第 30 号　https://www.jaish.gr.jp/anzen/hor/hombun/hor1-y/hor1-y-3-30-0.htm

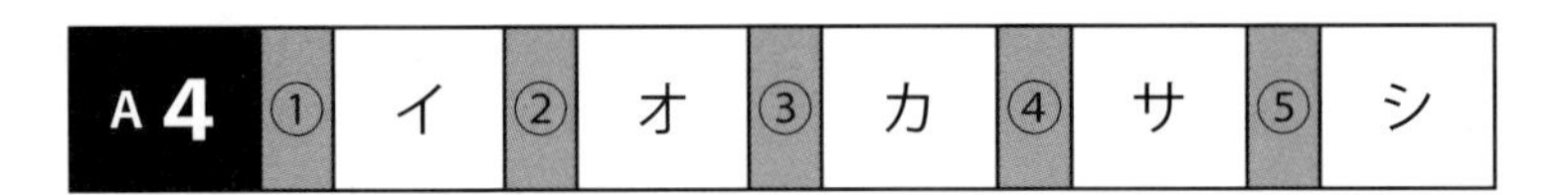

A4	①	イ	②	オ	③	カ	④	サ	⑤	シ

①～③ （安衛令第 12 条）
　法第 37 条第 1 項の政令で定める機械等は、次に掲げる機械等とする。
　七　ガイドレール（昇降路を有するものにあっては、昇降路。次条第 3 項第 18 号において同じ）の高さが 18 m以上の建設用リフト（積載荷重が 0.25 t 未満のものを除く）
（クレーン則第 172 条）
　建設用リフト（令第 12 条第 1 項第 7 号の建設用リフトに限る。以下本条から第 178 条まで、第 180 条及び第 181 条並びに、この章第 4 節において同じ）を製造しようとする者は、その製造しようとする建設用リフトについて、あらかじめ、所轄都道府県労働局長の許可を受けなければならない。
（クレーン則第 174 条）
　事業者は、建設用リフトを設置しようとするときは、法第 88 条第 1 項の規定により、建設用リフト設置届（様式第 30 号）に建設用リフト明細書（様式第 31 号）、建設用リフトの組立図、別表の上欄に掲げる建設用リフトの種類に応じてそれぞれ同表の下欄に掲げる構造部分の強度計算書及び次の事項を記載した書面を添えて、所轄労働基準監督署長に提出しなければならない。
④ （安衛法第 88 条）
　事業者は、機械等で、危険若しくは有害な作業を必要とするもの、危険な場所において使用するもの又は危険若しくは健康障害を防止するため使用するもののうち、厚生労働省令で定めるものを設置し、若しくは移転し、又はこれらの主要構造部分を変更しようとするときは、その計画を当該工事の開始の日の 30 日前までに、厚生労働省令で定めるところにより、労働基準監督署長に届け出なければならない。
⑤ （安衛則第 36 条）
　法第 59 条第 3 項の厚生労働省令で定める危険又は有害な業務は、次のとおりとする。
　十八　建設用リフトの運転の業務
（クレーン則第 183 条）
　事業者は、建設用リフトの運転の業務に労働者をつかせるときは、当該労働者に対し、当該業務に関する安全のための特別の教育を行なわなければならない。
【参考】安全衛生情報センターホームページ　法令・通達 [目次]> 省令一覧 > クレーン等安全規則 > 第 140 条 > エレベーター設置届（様式第 26 号）　https://www.jaish.gr.jp/anzen/hor/hombun/hor1-y/hor1-y-3-26-0.htm

- 安全衛生情報センターホームページ　法令・通達 [目次]> 省令一覧 > クレーン等安全規則 > 第 140 条 > エレベーター明細書（様式第 27 号）　https://www.jaish.gr.jp/anzen/hor/hombun/hor1-y/hor1-y-3-27-0.htm
- 安全衛生情報センターホームページ　法令・通達 [目次]> 省令一覧 > クレーン等安全規則 > 第 145 条 > エレベーター設置報告書（様式第 29 号）　https://www.jaish.gr.jp/anzen/hor/hombun/hor1-y/hor1-y-3-29-0.htm

（クレーン則第 186 条）

事業者は、建設用リフトの搬器に労働者を乗せてはならない。ただし、建設用リフトの修理、調整、点検等の作業を行なう場合において、当該作業に従事する労働者に危険が生じる恐れのない措置を講ずるときは、この限りでない。

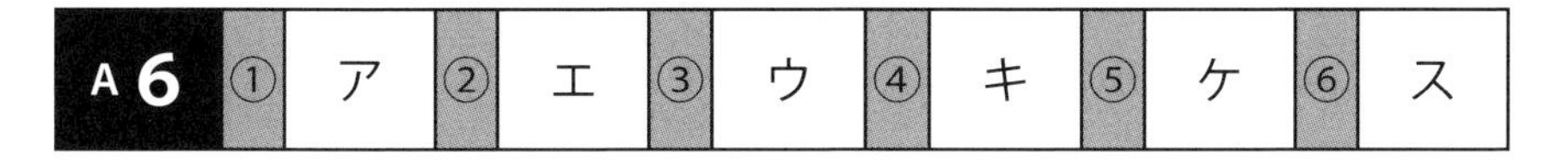

①～⑤（安衛令第 13 条）

3　法第 42 条の政令で定める機械等は、次に掲げる機械等とする。

十七　積載荷重が 0.25 t 以上 1 t 未満のエレベーター

（クレーン則第 145 条）

令第 13 条第 3 項第 17 号のエレベータを設置しようとする事業者は、あらかじめ、エレベーター設置報告書を所轄労働基準監督署長に提出しなければならない。

（クレーン則第 140 条）

事業者は、エレベーターを設置しようとするときは、法第 88 条第 1 項の規定により、エレベーター設置届にエレベーター明細書、エレベーターの組立図、別表の上欄に掲げるエレベーターの種類に応じてそれぞれ同表の下欄に掲げる構造部分の強度計算書及び次の事項を記載した書面を添えて、所轄労働基準監督署長に提出しなければならない。

②③（安衛令第 12 条）

法第 37 条第 1 項の政令で定める機械等は、次に掲げる機械等とする。

六　積載荷重が 1 t 以上のエレベーター

（クレーン則第 138 条）

エレベーターを製造しようとする者は、その製造しようとするエレベーターについて、あらかじめ、所轄都道府県労働局長の許可を受けなければならない。

（クレーン則第 140 条）

事業者は、エレベーターを設置しようとするときは、法第 88 条第 1 項の規定により、エレベーター設置届にエレベーター明細書、エレベーターの組立図、別表の上欄に掲げるエレベーターの種類に応じてそれぞれ同表の下欄に掲げる構造部分の強度計算書及び次の事項を記載した書面を添えて、所轄労働基準監督署長に提出しなければならない。

A 7	ア

（クレーン則第 151 条）

事業者は、エレベーターの運転の方法及び故障した場合における処置を、当該エレベーターを使用する労働者に周知させなければならない。

A 8	ア

当初届出書類に記載した固定方法による限り、設置場所を変えても届出は不要（ゴンドラ則第 10 条　解釈例規参照）。

【参考】安全衛生情報センターホームページ　法令・通達 [目次]> 省令一覧 > ゴンドラ安全規則 > 第 10 条 > ゴンドラ設置届（様式第 10 号）https://www.jaish.gr.jp/anzen/hor/hombun/hor1-y/hor1-y-4-10-0.htm

【ゴンドラ則第 10 条　解釈例規】ゴンドラ安全規則第 10 条第 1 項の「設置しようとする者」とは、当該ゴンドラが、可搬式である場合には、当該ゴンドラを最初に使用する者を言うこと（昭和 44 年 10 月 23 日基発第 706 号）。

【可搬式ゴンドラに係わる届出　解釈例規】可搬式のゴンドラに係わるゴンドラ安全規則第 10 条の規定による届出は、最初に設置しようとするときに届出を行えば、その後、当該設置届に記載された固定方法による限りにおいて、設置場所を変えるつど改めて届出を要しない（昭和 49 年 3 月 28 日基収第 581 号の 2）。

A 9	①	ア	②	エ※	③	オ※	④	カ※	⑤	ク	⑥	シ

※②③④は順不同で入れ替わっていても正解

①（安衛法第 59 条）

3　事業者は、危険又は有害な業務で、厚生労働省令で定めるものに労働者をつかせるときは、厚生労働省令で定めるところにより、当該業務に関する安全又は衛生のための特別の教育を行なわなければならない。
（安衛則第36条）
法第59条第3項の厚生労働省令で定める危険又は有害な業務は、次のとおりとする。
二十　ゴンドラの操作の業務
（ゴンドラ則第12条）
事業者は、ゴンドラの操作の業務に労働者をつかせるときは、当該労働者に対し、当該業務に関する安全のための特別の教育を行なわなければならない。
⑤　（ゴンドラ則第21条）
事業者は、ゴンドラについて、1月以内ごとに1回、定期に、次の事項について自主検査を行なわなければならない。ただし、1月をこえる期間使用しないゴンドラの当該使用しない期間においては、この限りではない。
3　事業者は、前2項の自主検査を行なったときは、その結果を記録し、これを3年間保存しなければならない。
②③④　（ゴンドラ則第22条）
2　事業者は、強風、大雨、大雪等の悪天候の後において、ゴンドラを使用して作業を行なうときは、作業を開始する前に、前項第3号、第4号及び第6号に掲げる事項について点検を行なわなければならない。

A 10　エ

（安衛則第194条の19）
事業者は、高所作業車のブーム等を上げ、その下で修理、点検等の作業を行うときは、ブーム等が不意に降下することによる労働者の危険を防止するため、当該作業に従事する労働者に安全支柱、安全ブロック等を使用させなければならない。

A 11	①	ア	②	イ	③	キ	④	ク	⑤	ケ	⑥	コ

①～④　（安衛法第59条第3項）
事業者は、危険又は有害な業務で、厚生労働省令で定めるものに労働者をつかせるときは、厚生労働省令で定めるところにより、当該業務に関する安全又は衛生のための特別の教育を行なわなければならない。
（安衛則第36条）
法第59条第3項の厚生労働省令で定める危険又は有害な業務は、次のとおりとする。
十の五　作業床の高さが10 m未満の高所作業車の運転の業務

（安衛法第 61 条）

事業者は、クレーンの運転その他の業務で、政令で定めるものについては、都道府県労働局長の当該業務に係る免許を受けた者又は都道府県労働局長の登録を受けた者が行う当該業務に係る技能講習を修了した者その他厚生労働省令で定める資格を有する者でなければ、当該業務に就かせてはならない。

（安衛令第 20 条）

法第 61 条第 1 項の政令で定める業務は、次のとおりとする。

十五　作業床の高さが 10 m以上の高所作業車の運転の業務

⑤⑥　（安衛令第 10 条）

法第 33 条第 1 項の政令で定める機械等は、次に掲げる機械等とする。

四　作業床の高さ（作業床を最も高く上昇させた場合におけるその床面の高さをいう。以下同じ）が 2 m以上の高所作業車

A 12　ウ

（安衛則第 194 条の 17）

事業者は、高所作業車を荷のつり上げ等当該高所作業車の主たる用途以外の用途に使用してはならない。ただし、労働者に危険を及ぼすおそれのないときは、この限りでない。

（安衛則第 194 条の 23）

事業者は、高所作業車については、1 年以内ごとに 1 回、定期に、次の事項について自主検査を行わなければならない。

（安衛則第 194 条の 24）

事業者は、高所作業車については、1 月以内ごとに 1 回、定期に、次の事項について自主検査を行わなければならない。

A 13

①	ア	②	ウ	③	オ	④	ク	⑤	ケ

昭和 50 年 4 月 10 日　基発第 218 号

「荷役、運搬機械の安全対策について」

第 2　個別事項

4　移動式クレーン

(3) 作業方法

イ　傾斜地又は軟弱な地盤の場所では、十分な広さ及び強度を有する敷板を用いて水平な状態にして、移動式クレーンを使用させること。この場合、アウトリガを備えているものにあっては、アウトリガを確実にセットして使用させること。

ロ　2台の移動式クレーンを使用して共づりをすることは、禁止させること。ただし、止むを得ずこれを行う必要がある場合で、作業指揮者の直接指揮のもとに行わせるときは、この限りでない。

ニ　旋回は、低速で行わせること。

ホ　強風のときは、作業を中止すること。

ヘ　荷をつって走行することは、原則として禁止させること。

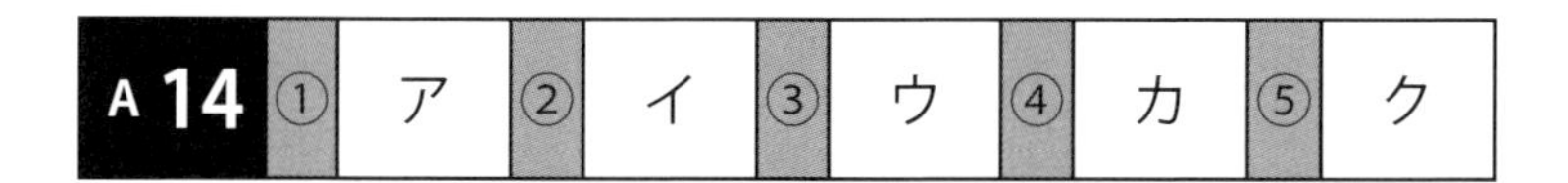

A 14	①	ア	②	イ	③	ウ	④	カ	⑤	ク

①④　（安衛法第 59 条第３項）

事業者は、危険又は有害な業務で、厚生労働省令で定めるものに労働者をつかせるときは、厚生労働省令で定めるところにより、当該業務に関する安全又は衛生のための特別の教育を行なわなければならない。

（安衛則第 36 条）

法第 59 条第３項の厚生労働省令で定める危険又は有害な業務は、次のとおりとする。

十六　つり上げ荷重が１ｔ未満の移動式クレーンの運転（道路上を走行させる運転を除く）の業務

（クレーン則第 67 条）

事業者は、つり上げ荷重が１ｔ未満の移動式クレーンの運転の業務に労働者を就かせるときは、当該労働者に対し、当該業務に関する安全のための特別の教育を行わなければならない。

②③④⑤　（クレーン則第 68 条）

事業者は、令第 20 条第７号に掲げる業務については、移動式クレーン運転士免許を受けた者でなければ、当該業務に就かせてはならない。ただし、つり上げ荷重が１ｔ以上５ｔ未満の移動式クレーンの運転の業務については、小型移動式クレーン運転技能講習を修了した者を当該業務に就かせることができる。

③⑤　（安衛令第 20 条）

法第 61 条第１項の政令で定める業務は、次のとおりとする。

七　つり上げ荷重が１ｔ以上の移動式クレーンの運転の業務

A 15	ア

（クレーン則第 70 条の２）

事業者は、移動式クレーンを用いて作業を行うときは、移動式クレーンの運転者及び玉掛けをする者が当該移動式クレーンの定格荷重を常時知ることができるよう、表示その他の措置を講じなければならない。

【参考】安全衛生情報センターホームページ　法令・通達 [目次]> 省令一覧 > クレーン等安全規則 > 第 70 条の 2（定格荷重の表示等） https://www.jaish.gr.jp/anzen/hor/hombun/hor1-2/hor1-2-18-3-0.htm

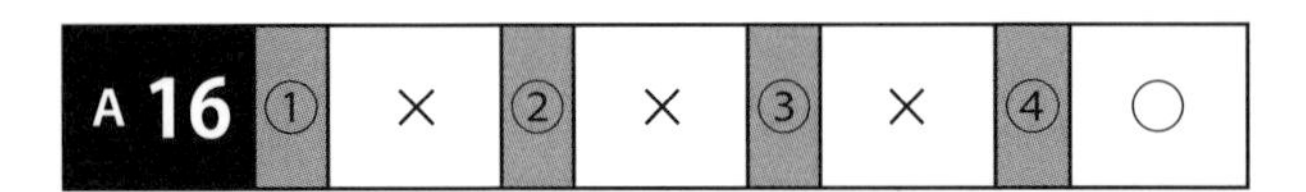

A16	①	②	③	④
	×	×	×	○

（クレーン則第 29 条）

事業者は、クレーンに係る作業を行う場合であって、次の各号のいずれかに該当するときは、つり上げられている荷（第 6 号の場合にあっては、つり具を含む）の下に労働者を立ち入らせてはならない。

一　ハッカーを用いて玉掛けをした荷がつり上げられているとき。

二　つりクランプ 1 個を用いて玉掛けをした荷がつり上げられているとき。

三　ワイヤロープ、つりチェーン、繊維ロープ又は繊維ベルトを用いて 1 箇所に玉掛けをした荷がつり上げられていとき。

四　複数の荷が一度につり上げられている場合であって、当該複数の荷が結束され、箱に入れられる等により固定されていないとき。

五　磁力又は陰圧により吸着させるつり具又は玉掛用具を用いて玉掛けをした荷がつり上げられているとき。

六　動力下降以外の方法により荷又はつり具を下降させるとき。

（クレーン則第 74 条の 2）

事業者は、移動式クレーンに係る作業を行う場合であって、次の各号のいずれかに該当するときは、つり上げられている荷の下に労働者を立ち入らせてはならない。各号は第 29 条と同じ。

（クレーン則第 115 条）

事業者は、デリックに係る作業を行う場合であって、次の各号のいずれかに該当するときは、つり上げられている荷（第 6 号の場合にあっては、つり具を含む）の下に労働者を立ち入らせてはならない。各号は第 29 条と同じ。

A17	エ

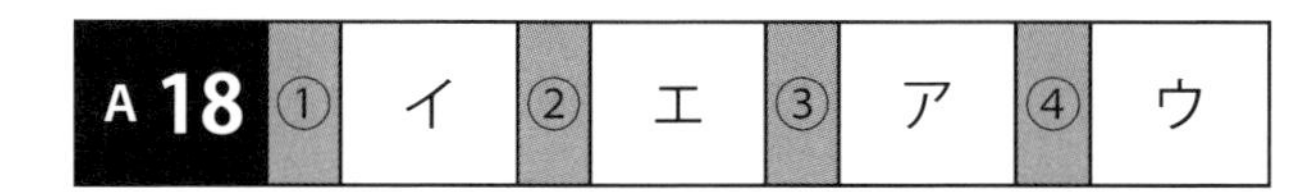

A 18	①	イ	②	エ	③	ア	④	ウ

（安衛則第 217 条）

事業者は、次のいずれかに該当するワイヤロープを巻上げ装置の巻上げ用ワイヤロープとして使用してはならない。

一　ワイヤロープ一よりの間において素線の数の 10％以上の素線が切断しているもの

二　直径の減少が公称径の７％を超えるもの

三　キンクしたもの

四　著しい形くずれ又は腐食があるもの

（クレーン則第 215 条）

事業者は、次の各号のいずれかに該当するワイヤロープをクレーン、移動式クレーン又はデリックの玉掛用具として使用してはならない。

一　ワイヤロープ一よりの間において素線の数の 10％以上の素線が切断しているもの

二　直径の減少が公称径の７％をこえるもの

三　キンクしたもの

四　著しい形くずれ又は腐食があるもの

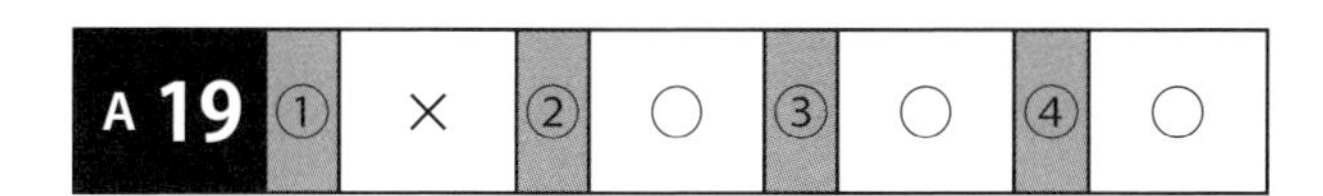

A 19	①	×	②	○	③	○	④	○

A 18 の解答の解説に同じ。

A 20	①	○	②	×	③	○	④	○

②　90 度以内であること

（厚生労働省労働基準局長通達）平成 12 年２月 24 日付け基発第 96 号

「玉掛け作業の安全に係るガイドラインの策定について」

図１

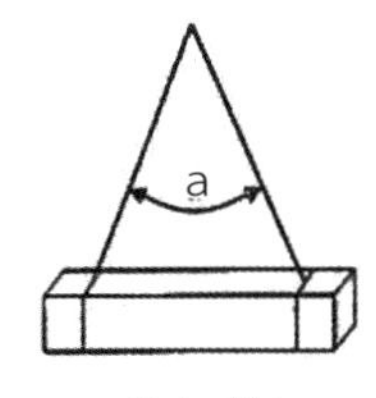

２本づり

３本づり

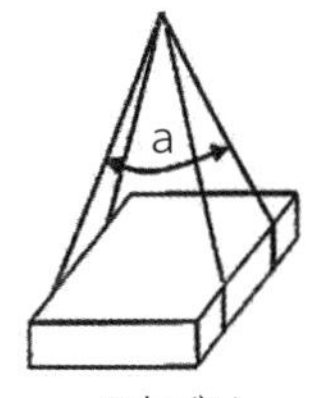

４本づり

５　玉掛けの方法の選定

事業者は、玉掛け作業の実施に際しては、玉掛けの方法に応じて以下の事項に配慮して作業を行わせること。

共通事項

ロ　つり角度（図１の a）は、原則として

90度以内であること。

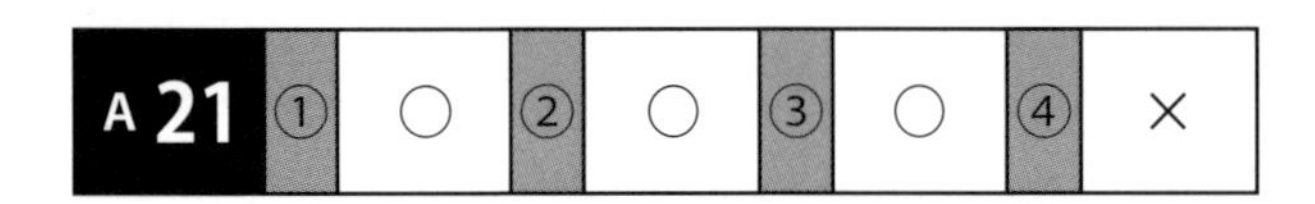

④　60度以内とする（A 20の解答解説同様）
（厚生労働省労働基準局長通達）平成12年2月24日付け基発第96号
「玉掛け作業の安全に係るガイドラインの策定について」
5　玉掛けの方法の選定
事業者は、玉掛け作業の実施に際しては、玉掛けの方法に応じて以下の事項に配慮して作業を行わせること。
玉掛用ワイヤロープによる方法
ハ　2本4点半掛けつり（図6）
つり荷の安定が悪いため、つり角度は原則として60度以内とするとともに、当て物等により玉掛け用ワイヤロープがずれないような措置を講じること。

図6

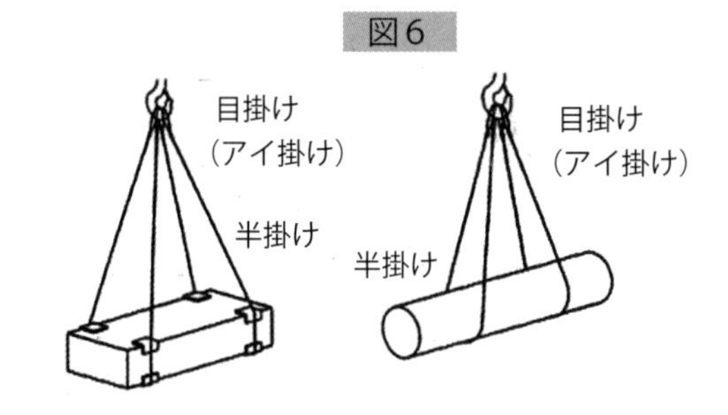

第8章　くい打機他［解答と解説］

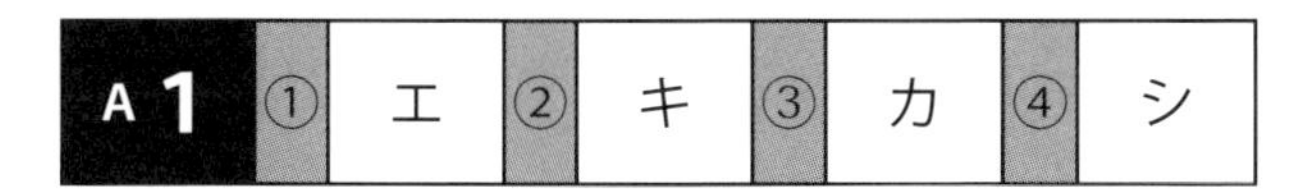

①　（安衛則第 155 条）

　事業者は、車両系建設機械を用いて作業を行なうときは、あらかじめ、前条の規定による調査により知り得たところに適応する作業計画を定め、かつ、当該作業計画により作業を行なわなければならない。

2　作業計画は、次の事項が示されているものでなければならない。

一　使用する車両系建設機械の種類及び能力

二　車両系建設機械の運行経路

三　車両系建設機械による作業の方法

3　事業者は、第１項の作業計画を定めたときは、前項第２号及び第３号の事項について関係労働者に周知させなければならない。

②　（安衛則第 158 条）

　事業者は、車両系建設機械を用いて作業を行なうときは、運転中の車両系建設機械に接触することにより労働者に危険が生ずるおそれのある箇所に、労働者を立ち入らせてはならない。ただし、誘導者を配置し、その者に当該車両系建設機械を誘導させるときは、この限りではない。

2　前項の車両系建設機械の運転者は、同項ただし書の誘導者が行なう誘導に従わなければならない。

③　（安衛則第 190 条）

事業者は、くい打機、くい抜機又はボーリングマシンの組立て、解体、変更又は移動を行うときは、作業の方法、手順等を定め、これらを労働者に周知させ、かつ、作業を指揮する者を指名して、その直接の指揮の下に作業を行わせなければならない。

④　（安衛則第 170 条）

事業者は、車両系建設機械を用いて作業を行なうときは、その日の作業を開始する前に、ブレーキ及びクラッチの機能について点検を行なわなければならない。

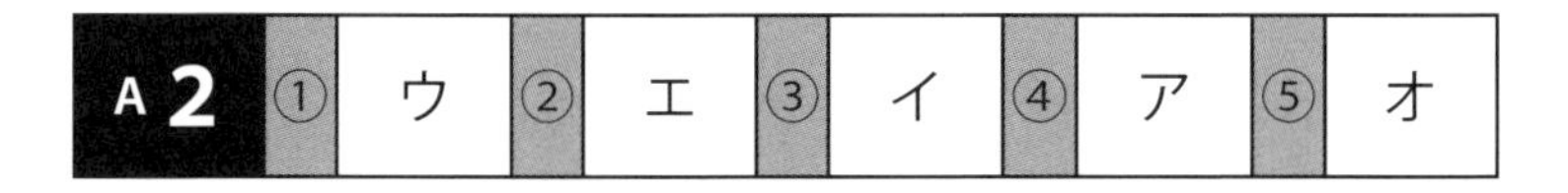

①　（安衛則第 169 条）

事業者は、前２条の自主検査を行ったときは、次の事項を記録し、これを３年間保存しなければならない。

② 土木工事安全施工技術指針第８章第１節第１項

地下埋設物、架空工作物、鉄道施設等に近接して作業を行う場合には、各関係先に連絡し、その立会を求めること。

③ （安衛則第 190 条）

事業者は、くい打機、くい抜機又はボーリングマシンの組立て、解体、変更又は移動を行うときは、作業の方法、手順等を定め、これらを労働者に周知させ、かつ、作業を指揮する者を指名して、その直接の指揮の下に作業を行わせなければならない。

④ 安衛則別表第３により、機体重量が３ｔ以上の建設機械の運転は技能講習、機体重量が３ｔ未満の機械の運転の業務は特別教育が必要です。

第9章　車両系建設機械［解答と解説］

A 1	①	カ	②	ウ	③	ア	④	イ	⑤	エ	⑥	オ

安衛令別表第7　建設機械
一　整地・運搬・積込み用機械
　1 ブル・ドーザー
　2　モーター・グレーダー
　3　トラクター・ショベル
　4　ずり積み機
　5　スクレーパー
　6　スクレープ・ドーザー
　7　１から６までに掲げる機械に類するものとして厚生労働省令で定める機械
二　掘削用機械
　1　パワー・ショベル
　2　ドラグ・ショベル
　3　ドラグライン
　4　クラムシェル
　5　バケット掘削機
　6　トレンチャー
　7　１から６までに掲げる機械に類するものとして厚生労働省令で定める機械
三　基礎工事用機械
　1　くい打機
　2　くい抜機
　3　アース・ドリル
　4　リバース・サーキュレーション・ドリル
　5　せん孔機（チュービングマシンを有するものに限る）
　6　アース・オーガー
　7　ペーパー・ドレーン・マシン
　8　１から７までに掲げる機械に類するものとして厚生労働省令で定める機械
四　締固め機
　1　ローラー
　2　１に掲げる機械に類するものとして厚生労働省令で定める機械
五　コンクリート打設用機械
　1　コンクリートポンプ車
　2　１に掲げる機械に類するものとして厚生労働省令で定める機械

六　解体用機械
　1　ブレーカ
　2　1に掲げる機械に類するものとして厚生労働省令で定める機械

A2　オ

（安衛則第155条第3項）
　事業者は、第1項の作業計画を定めたときは、前項第2号及び第3号の事項について関係労働者に周知させなければならない。

A3　ウ

（車両系 / 転倒転落）『○』
（安衛則第157条第2項）
　事業者は、路肩、傾斜地等で車両系建設機械を用いて作業を行う場合において、当該車両系建設機械の転倒又は転落により労働者に危険が生ずるおそれのあるときは、誘導者を配置し、その者に当該車両系建設機械を誘導させなければならない。
（車両系 / 接触）『○』
（安衛則第158条）
　事業者は、車両系建設機械を用いて作業を行なうときは、運転中の車両系建設機械に接触することにより労働者に危険が生ずるおそれのある箇所に、労働者を立ち入らせてはならない。ただし、誘導者を配置し、その者に当該車両系建設機械を誘導させるときは、この限りではない。
（移動式クレーン）『×』
（クレーン則第74条）
　事業者は、移動式クレーンに係る作業を行うときは、当該移動式クレーンの上部旋回体と接触することにより労働者に危険が生ずるおそれのある箇所に労働者を立ち入らせてはならない。
（高所作業車）『○』
（安衛則第194条の20）
　事業者は、高所作業車（作業床において走行の操作をする構造のものを除く。以下この条において同じ）を走行させるときは、当該高所作業車の作業床に労働者を乗せてはならない。ただし、平坦で堅固な場所において高所作業車を走行させる場合で、次の措置を講じたときは、この限りでない。
　一　誘導者を配置し、その者に高所作業車を誘導させること。…

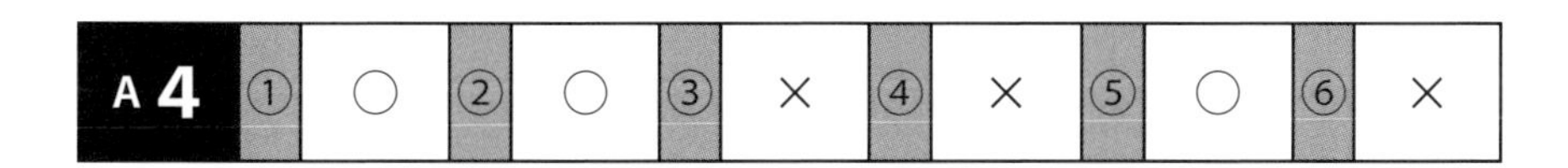

A 4	①	○	②	○	③	×	④	×	⑤	○	⑥	×

①　(安衛則第 152 条)
　事業者は、車両系建設機械には、前照灯を備えなければならない。ただし、作業を安全に行うため必要な照度が保持されている場所において使用する車両系建設機械については、この限りでない。
②　(安衛則第 153 条)
　事業者は、岩石の落下等により労働者に危険が生ずるおそれのある場所で車両系建設機械を使用するときは、当該車両系建設機械に堅固なヘッドガードを備えなければならない。
③　(安衛則第 154 条)
　事業者は、車両系建設機械を用いて作業を行なうときは、当該車両系建設機械の転落、地山の崩壊等による労働者の危険を防止するため、あらかじめ、当該作業に係る場所について地形、地質の状態等を調査し、その結果を記録しておかなければならない。
④　(安衛則第 156 条)
　事業者は、車両系建設機械を用いて作業を行なうときは、あらかじめ、当該作業に係る場所の地形、地質の状態等に応じた車両系建設機械の適正な制限速度を定め、それにより作業を行なわなければならない。
⑤　(安衛則第 157 条第２項)
　事業者は、路肩、傾斜地等で車両系建設機械を用いて作業を行う場合において、当該車両系建設機械の転倒又は転落により労働者に危険が生ずるおそれのあるときは、誘導者を配置し、その者に当該車両系建設機械を誘導させなければならない。
　(安衛則第 158 条)
　事業者は、車両系建設機械を用いて作業を行なうときは、運転中の車両系建設機械に接触することにより労働者に危険が生ずるおそれのある箇所に、労働者を立ち入らせてはならない。ただし、誘導者を配置し、その者に当該車両系建設機械を誘導させるときは、この限りでない。
⑥　(安衛則第 159 条第２項)
　前項の車両系建設機械の運転者は、同項の合図に従わなければならない。

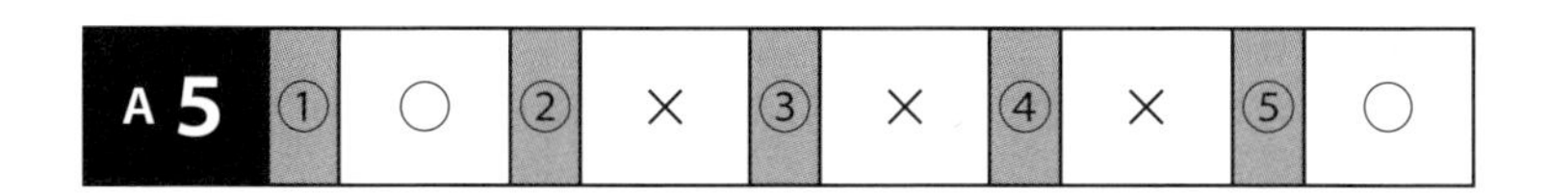

A 5	①	○	②	×	③	×	④	×	⑤	○

①　(安衛則第 160 条第１項第１号)
　　バケット、ジッパー等の作業装置を地上に下ろすこと。
②　(安衛則第 160 条第１項第２号)
　　原動機を止め、かつ、走行ブレーキをかける等の車両系建設機械の逸走を防止する措置を講ずること。
　(安衛則第 160 条第２項)
　　前項の運転者は、車両系建設機械の運転位置から離れるときは、同項各号に掲げる措置を講じ

第9章　車両系建設機械　解答と解説

なければならない。
問題文にあるような例外規定は無い。
③（安衛則第162条）
事業者は、車両系建設機械を用いて作業を行なうときは、乗車席以外の箇所に労働者を乗せてはならない。
問題文にあるような例外規定は無い。
④（安衛則第161条）
事業者は、車両系建設機械を移送するため自走又はけん引により貨物自動車に積卸しを行う場合において、道板、盛土等を使用するときは、当該車両系建設機械の転倒、転落等による危険を防止するため、次に定めるところによらなければならない。
一　積卸しは、平たんで堅固な場所において行なうこと。
二　道板を使用するときは、十分な長さ、幅及び強度を有する道板を用い、適当なこう配で確実に取り付けること。
三　盛土、仮設台等を使用するときは、十分な幅及び強度並びに適度な勾配を確保すること。
⑤（安衛則第163条）
事業者は、車両系建設機械を用いて作業を行うときは、転倒及びブーム、アーム等の作業装置の破壊による労働者の危険を防止するため、当該車両系建設機械についてその構造上定められた安定度、最大使用荷重等を守らなければならない。

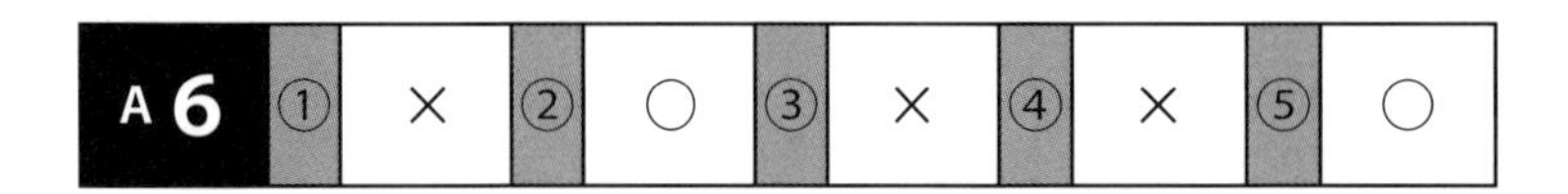

A6	①	×	②	○	③	×	④	×	⑤	○

(安衛則第164条)
荷のつり上げなどにパワー・ショベルを使用することは、原則的に禁止されているが、イ．作業の性質上やむを得ないとき又は安全な作業の遂行上必要なときであり、さらに、ロ．アーム、バケット等の作業装置に次の（1）から（3）のいずれにも該当するフック、シャックル等の金具その他のつり上げ用の器具を取り付けて使用する場合に限って認められている。
（1）負荷させる荷重に応じた十分な強度を有するものであること。
（2）外れ止め装置が使用されていること等により当該器具からつり上げられた荷が、落下するおそれのないものであること。
（3）作業装置から外れるおそれのないもの。
また、荷のつり上げなどにパワー・ショベルを使用する場合は、クレーンモードに切り替えて、有資格者の配置、作業計画の策定等の移動式クレーンとしての措置を行う必要があります。

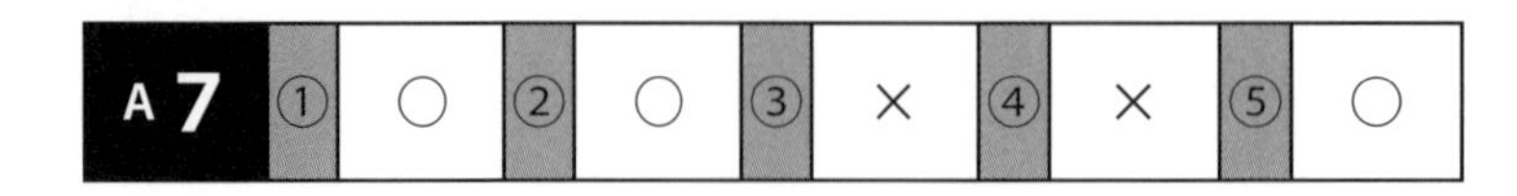

A7	①	○	②	○	③	×	④	×	⑤	○

① （安衛則第 164 条第２項第１号ロ）
　該当するフック、シャックル等の金具その他のつり上げ用の器具を取り付けて使用するとき。
　但し溶接に関して安易な現場溶接ではなく、アーム、バケット等の作業装置に取り付けるフック、シャックル、その他のつり上げ用器具等は、負荷させる荷重に応じた十分な強度を有する必要がある。
② （安衛則第 164 条第２項第１号ロ (2)）
　外れ止め装置が使用されていること等により当該器具からつり上げた荷が落下するおそれのないものであること。
③ （安衛則第 164 条第３項第１号）
　荷のつり上げの作業について…合図を行う者を指名して、その者に合図を行わせること。
④ このような条文は無い。
⑤ （安衛則第 164 条第３項第２号）
　平たんな場所で作業を行うこと。

A8	カ

ア：安衛則第 167 条に年次検査、安衛則第 168 条に月次点検が謳われており、特定自主検査（年次点検）を実施したからといって、他の検査が必要無いということはあり得ない。
イ：上記と同様に、月例検査を実施していれば、他の検査は必要無いということはありえない。
ウ：上記と同様。
エ：上記と同様。
オ：上記と同様。
カ：安衛則第 167 条と安衛則第 168 条、安衛則第 170 条にそれぞれ年次検査、月次検査、作業開始前点検が規程されており、これらを実施する必要がある。

A9	①	ウ	②	エ	③	イ	④	ウ	⑤	イ

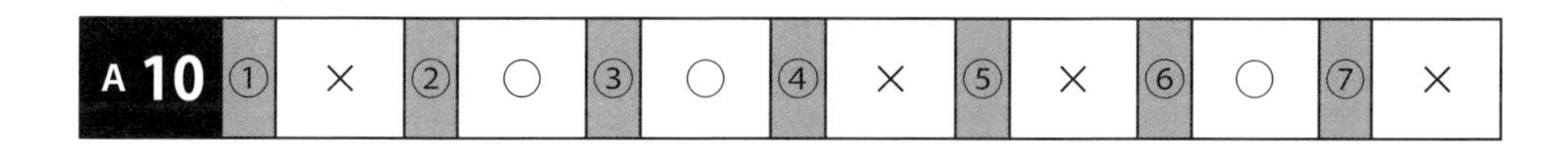

A10	①	×	②	○	③	○	④	×	⑤	×	⑥	○	⑦	×

① 安衛則第 151 条の 14 に「車両系荷役運搬機械等を荷のつり上げ、労働者の昇降等当該車両系荷役運搬機械等の主たる用途以外の用途に使用してはならない」とされている。
④ 積載した荷が大きく視界が悪いときは、後進して搬送するのが原則である。
⑤ 車体を安定させて転倒しにくくするために、荷を積載して坂道を上がるときは前進し、坂道を下るときは後進するのが原則である。なお、そうすることで荷がフォークから滑り落ちないようすることもできる。
⑦ フォークリフトは走行中の荷の安定をよくするため、フォークを下ろした状態で後傾させて走行する。このため後傾角を大きくとれるようになっている。一方、前傾角は大きくする必要がないので、それほど大きくはとれない構造になっている。

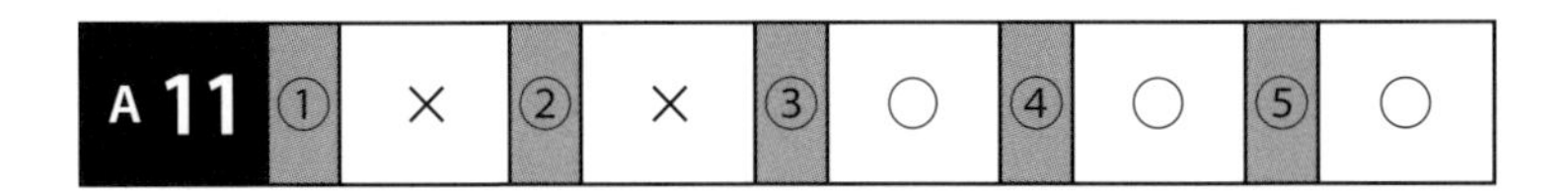

① ローラーは、使用目的上車体重量が重く作られているため、急発進、急停止、急旋回のような乱暴な運転を行うと、車輪がすべり転倒や路肩からの転落の原因となり、機械に無理を生じ損耗させる結果となるので、緊急時以外はこのようなことは行わないようにする（特別教育テキストより）。
② 死角の範囲が広く、運転手は周囲が見にくいので、作業員を近づけないこと。
締固め作業中は、他の作業者を近づけないように、バリケードとセーフティーコーン（カラーコーン）等で立入禁止措置を講じなければなりません。やむを得ず接近作業を行う場合は、作業指揮者と人員配置、作業方法、連絡合図の方法について打合せ、作業者にもその作業内容、作業方法等を周知させます。なお、状況に応じ合図者・誘導者を配置し、運転者は合図・誘導にしたがって締固め作業を行います（特別教育テキストより）。

A 12 ア

ア 違反となる。安衛則第 165 条の規定により、車両系建設機械のアタッチメントの装着の作業を複数の労働者で行うとき、当該作業を指揮する者を定めなければならない。
イ 違反とはならない。安衛則第 158 条の規定により、車両系建設機械を用いた作業において、運転中の車両系建設機械に接触することにより労働者に危険が生じるおそれのある箇所には、原則として労働者を立ち入らせてはならない。しかし、同条但書きにより、誘導者を配置し、その者に当該車両系建設機械を誘導させる場合は除かれている。
ウ 違反とはならない。安衛則第 157 条の 2 は、車両系建設機械を用いて作業を行うとき、車両系建設機械の転倒及び転落のおそれのある場所について、シートベルトを備えている車両系建設機械を使用させるように努める必要があるとしている。
これが努力義務となった背景には、法令改正の当時、シートベルトを備えていない建設機械がかなり存在していたという事情がある。最近の新しい機械は、すべてシートベルトを備えており、シートベルトをしないと運転の操作ができないようになっているものもある。

エ　違反とはならない。作業床の高さ（作業床を最も高く上昇させた場合におけるその床面の高さ）が５ｍの高所作業車の運転の業務は、安衛法第 61 条の就業制限業務に該当しない（安衛令第 20 条第 15 号）。

A 13　ア

ア　定められていない。安衛則第 170 条に、車両系建設機械の作業を開始する前の点検について定めてあるが、「ワイヤロープ、チェーン、バケットおよびジッパーの損傷の有無」ではなく「ブレーキ及びクラッチの機能」について点検を行うこととされている。

イ　定められている。安衛則第 157 条の２に、事業者は、路肩、傾斜地等であって、車両系建設機械の転倒又は転落により運転者に危険が生ずるおそれのある場所においては、転倒時保護構造を有し、かつ、シートベルトを備えたもの以外の車両系建設機械を使用しないように努めるとともに、運転者にシートベルトを使用させるように努めなければならないとされている。

ウ　定められている。安衛則第 158 条に、事業者は、車両系建設機械を用いて作業を行なうときは、運転中の車両系建設機械に接触することにより労働者に危険が生ずるおそれのある箇所に、労働者を立ち入らせてはならない。ただし、誘導者を配置し、その者に当該車両系建設機械を誘導させるときは、この限りでないとされている。

エ　定められている。安衛則第 165 条に、事業者は、車両系建設機械の修理又はアタッチメントの装着若しくは取り外しの作業を行うときは、当該作業を指揮する者を定め、その者に次の措置を講じさせなければならないとされている。

オ　定められている。安衛則第 153 条に、事業者は、岩石の落下等により労働者に危険が生ずるおそれのある場所で車両系建設機械（ブル・ドーザー、トラクター・ショベル、ずり積機、パワー・ショベル、ドラグ・ショベル及び解体用機械に限る）を使用するときは、当該車両系建設機械に堅固なヘッドガードを備えなければならないとされている。

A 14　イ

ア　正しい。安衛則第 154 条には、「事業者は、車両系建設機械を用いて作業を行なうときは、当該車両系建設機械の転落、地山の崩壊等による労働者の危険を防止するため、あらかじめ、当該作業に係る場所について地形、地質の状態等を調査し、その結果を記録しておかなければならない。」とある。

また、安衛則第 155 条には「事業者は、車両系建設機械を用いて作業を行なうときは、あらかじめ、前条の規定による調査による知り得たところに適応する作業計画を定め、かつ、当該作業計画により作業を行なわなければならない。」とある。

イ　誤り。安衛則第 166 条には「事業者は、車両系建設機械のブーム、アーム等を上げ、その下で修理、点検等の作業を行うときは、ブーム、アーム等が不意に降下することによる労働者の危険を防止するため、当該作業に従事する労働者に安全支柱、安全ブロック等を使用させなければならない。」とはあるが、本肢のような規定はない。

ウ　正しい。安衛則第 157 条の２には「事業者は、路肩、傾斜地等であって、車両系建設機械の転倒又は転落により運転者に危険が生ずるおそれのある場所においては、転倒時保護構造を有し、かつ、シートベルトを備えたもの以外の車両系建設機械を使用しないように努めるとともに、運転者にシートベルトを使用するように努めなければならない。」とある。

エ　正しい。安衛則第 158 条には「事業者は、車両系建設機械を用いて作業を行うときは、運転中の車両系建設機械に接触することにより労働者に危険が生ずるおそれのある箇所に、労働者を立ち入らせてはならない。ただし、誘導者を配置し、その者に当該車両系建設機械を誘導させるときは、この限りでない。」とある。

オ　正しい。安衛則第 156 条には「事業者は、車両系建設機械（最高速度が毎時 10km 以下のものを除く）を用いて作業を行うときは、あらかじめ、当該作業に係る場所の地形、地質の状態等に応じた車両系建設機械の適正な制限速度を定め、それにより作業を行なわなければならない。」とある。

A 15　ア

ア　違反となる。本肢のコンクリート圧砕機は、安衛則第 151 条の 175 および安衛令別表第７第６号２により解体用機械となる。そして、解体用機械では安衛則第 171 条の６により、物体の飛来等により労働者に危険が生ずるおそれのある箇所には運転者以外の労働者を立ち入らせてはならない。合図者を立ち入らせた本肢は違反となる。

イ　違反とはならない。本肢は、安衛則第 194 条の 13 第３項の措置を取った上で、運転者を走行のための運転位置から離れさせているので違反とはならない。

ウ　違反とはならない。①の解説に示した安衛則第 151 条の 175 および安衛令別表第７第６号２により、解体用つかみ機は解体用機械となる。解体用機械を用いて作業を行うとき、作業を指揮する者の指名は法令に義務付けられていないので、違反とはならない。

　なお、車両系建設機械の修理またはアタッチメントの装着若しくは取り外しの作業を行うときは、作業指揮者を定める必要がある（安衛則第 165 条）。

エ　違反とはならない。安衛則第 171 条の２は、コンクリートポンプ車を用いて作業を行うときについての規定であるが、その第２号には、作業装置の操作を行う者とホースの先端部を保持する者との連絡を確実にするために、「電話、電鈴等の装置を設け、又は一定の合図を定め」となっており、本肢は一定の合図を定めているので、電話、電鈴等の装置は設けなくても違反とはならない。

第 10 章　車両系荷役機械［解答と解説］

A 1　ウ

安衛則第 151 条の２より、車両系荷役運搬機械等とは次のいずれかに該当するものをいう。

1　フォークリフト
2　ショベルローダー
3　フォークローダー
4　ストラドルキャリアー
5　不整地運搬車
6　構内運搬車（専ら荷を運搬する構造の自動車（長さが 4.7 m以下、幅が 1.7 m以下、高さが 2.0 m以下のものに限る）のうち、最高速度が毎時 15km 以下のもの（前号に該当するものを除く）をいう）
7　貨物自動車（専ら荷を運搬する構造の自動車（前２号に該当するものを除く）をいう）

A 2　イ

A 3　イ

安衛則により、車両系荷役運搬機械等の作業計画は以下のように規定される。
（安衛則第 151 条の３）

　事業者は、車両系荷役運搬機械等を用いて作業を行うときは、あらかじめ、当該作業に係る場所の広さ及び地形、当該車両系荷役運搬機械等の種類及び能力、荷の種類及び形状等に適応する作業計画を定め、かつ、当該作業計画により作業を行わなければならない。
2　前項の作業計画は、当該車両系荷役運搬機械等の運行経路及び当該車両系荷役運搬機械等による作業の方法が示されているものでなければならない。
3　事業者は、第１項の作業計画を定めたときは、前項の規定により示される事項について関係労働者に周知させなければならない。

A4 イ

ア　誤り

毎時 10km 以下の場合、制限速度を定めなくて良い。

（制限速度）安衛則第 151 条の 5

事業者は、車両系荷役運搬機械等（最高速度が毎時 10km 以下のものを除く）を用いて作業を行うときは、あらかじめ、当該作業に係る場所の地形、地盤の状態等に応じた車両系荷役運搬機械等の適正な制限速度を定め、それにより作業を行わなければならない。

イ　正しい

立入り禁止が基本だが、誘導者を配置し車両系荷役運搬機械の誘導を行わせれば、労働者を立ち入らせてもよい。

（接触の防止）安衛則第 151 条の 7

事業者は、車両系荷役運搬機械等を用いて作業を行うときは、運転中の車両系荷役運搬機械等又はその荷に接触することにより労働者に危険が生ずるおそれのある箇所に労働者を立ち入らせてはならない。ただし、誘導者を配置し、その者に当該車両系荷役運搬機械等を誘導させるときは、この限りでない。

ウ　誤り

作業指揮者を定め作業の指揮を行わせる。作業主任者を定める規定はない。

（作業指揮者）安衛則第 151 条の 4

事業者は、車両系荷役運搬機械等を用いて作業を行うときは、当該作業の指揮者を定め、その者に前条第 1 項の作業計画に基づき作業の指揮を行わせなければならない。

エ　誤り

墜落による労働者の危険を防止するための措置を講ずれば、乗車席以外の箇所に労働者を乗せ走行してよい。

（搭乗の制限）安衛則第 151 条の 13

事業者は、車両系荷役運搬機械等（不整地運搬車及び貨物自動車を除く）を用いて作業を行うときは、乗車席以外の箇所に労働者を乗せてはならない。ただし、墜落による労働者の危険を防止するための措置を講じたときは、この限りでない。

A5 イ

安衛則別表第３により、最大荷重１ｔ以上のフォークリフトおよび不整地運搬車の運転は運転技能講習を修了した者が行う必要がある。

安衛則第36条により最大荷重１ｔ未満のフォークリフト、最大積載量１ｔ未満の不整地運搬車、最大荷重１ｔ未満のショベルローダー・フォークローダーの運転は特別教育を修了した者が行う必要がある。

A6　ウ

①　正しい

（運転位置から離れる場合の措置）安衛則第151条の11

事業者は、車両系荷役運搬機械等の運転者が運転位置から離れるときは、当該運転者に次の措置を講じさせなければならない。

一　フォーク、ショベル等の荷役装置を最低降下位置に置くこと。

二　原動機を止め、かつ、停止の状態を保持するためのブレーキを確実にかける等の車両系荷役運搬機械等の逸走を防止する措置を講ずること。

②　正しい

（安衛則第151条の6）

事業者は、車両系荷役運搬機械等を用いて作業を行うときは、車両系荷役運搬機械等の転倒又は転落による労働者の危険を防止するため、当該車両系荷役運搬機械等の運行経路について必要な幅員を保持すること、地盤の不同沈下を防止すること、…等必要な措置を講じなければならない。

③　誤り

（合図）安衛則第151条の8

事業者は、車両系荷役運搬機械等について誘導者を置くときは、一定の合図を定め、誘導者に当該合図を行わせなければならない。

④　誤り

修理・点検時の作業指揮者による作業指揮は定められていない。車両系荷役運搬機械等を用いて作業を行う際は、作業指揮者を定め作業計画に基づき作業指揮を行わせる。

A7　イ

①　誤り

（安衛則第151条の21）

事業者は、フォークリフトについては、１年を超えない期間ごとに１回、定期に、次の事項について自主検査を行わなければならない。

②　正しい

車両系荷役運搬機械で不整地運搬車だけが、２年を超えない期間ごとに１回の特定自主検査を定期に求められている。
（安衛則第 151 条の 53）

事業者は、不整地運搬車については、２年を超えない期間ごとに１回、定期に、次の事項について自主検査を行わなければならない。

③　正しい

車両系荷役運搬機械で特定自主検査の実施が規定されているものは、フォークリフトと不整地運搬車であり、その他は定期自主検査は求められるが、特定自主検査は求められない。

④　誤り

構内運搬車には、定期自主検査は求められない。

A8　ア

（前照灯および後照灯）安衛則第 151 条の 16

事業者は、フォークリフトについては、前照灯及び後照灯を備えたものでなければ使用してはならない。ただし、作業を安全に行うため必要な照度が保持されている場所においては、この限りでない。

（ヘッドガード）安衛則第 151 条の 17

事業者は、フォークリフトについては、次に定めるところに適合するヘッドガードを備えたものでなければ使用してはならない。ただし、荷の落下によりフォークリフトの運転者に危険を及ぼすおそれのないときは、この限りでない。

A9　エ

（積卸し）安衛則第 151 条の 48

事業者は、一の荷でその重量が 100kg 以上のものを不整地運搬車に積む作業（ロープ掛けの作業及びシート掛けの作業を含む）又は不整地運搬車から卸す作業（ロープ解きの作業及びシート外しの作業を含む）を行うときは、当該作業を指揮する者を定め、その者に次の事項を行わせなければならない。

一　作業手順及び作業手順ごとの作業の方法を決定し、作業を直接指揮すること。
二　器具及び工具を点検し、不良品を取り除くこと。
三　当該作業を行う箇所には、関係労働者以外の労働者を立ち入らせないこと。
四　ロープ解きの作業及びシート外しの作業を行うときは、荷台上の荷の落下の危険がないことを確認した後に当該作業の着手を指示すること。
五　第 151 条の 45 第１項の昇降するための設備及び保護帽の使用状況を監視すること。

A 10 エ

①、②、③、④　全てが該当する。その日の作業前に点検を行わなければならない（安衛則第 151 条の 75)。

また、事業者は、前条の点検を行った場合において、異常を認めたときは、直ちに補修その他必要な措置を講じなければならない（安衛則第 151 条の 76)。

A 11 ア

①　正しい

②　誤り

製造業が多い。

③　正しい

フォークリフトの方が圧倒的に多い。

④　誤り

はさまれ・巻き込まれが最多。

A 12 イ

（転落等の防止）安衛則第 151 条の 6

2　事業者は、路肩、傾斜地等で車両系荷役運搬機械等を用いて作業を行う場合において、当該車両系荷役運搬機械等の転倒又は転落により労働者に危険が生ずるおそれのあるときは、誘導者を配置し、その者に当該車両系荷役運搬機械等を誘導させなければならない。

（接触の防止）安衛則第 151 条の 7

事業者は、車両系荷役運搬機械等を用いて作業を行うときは、運転中の車両系荷役運搬機械等又はその荷に接触することにより労働者に危険が生ずるおそれのある箇所に労働者を立ち入らせてはならない。ただし、誘導者を配置し、その者に当該車両系荷役運搬機械等を誘導させるときは、この限りでない。

（合図）安衛則第 151 条の 8

事業者は、車両系荷役運搬機械等について誘導者を置くときは、一定の合図を定め、誘導者に当該合図を行わせなければならない。

第 11 章　公衆災害の防止［解答と解説］

A 1　ウ

公衆災害とは、公衆の生命、身体、財産に対する危害並びに迷惑をいう。例えば危害には、第三者が死亡または負傷した場合はもとより、第三者の所有する家屋、車両の破損等も含まれる。また、ガス、水道、電気等の施設や公共の道路に与える損傷も公衆災害に含まれる。

A 2　イ

ア　騒音規制法施行令第２条別表第２第４号により特定建設作業
イ　騒音規制法施行令第２条別表第２第６号にその基準があるが、80kw 以上のものであるので、当該作業は特定建設作業ではない
ウ　騒音規制法施行令第２条別表第２第２号により特定建設作業
エ　振動規制法施行令第２条別表第２第１号により特定建設作業

A 3　ア

物損災害を内容別に見ると、「埋設物等の損傷」「重機等の接触・転倒」「架空線等の損傷」の順に多い（次ページグラフ参照）。

《災害内容》

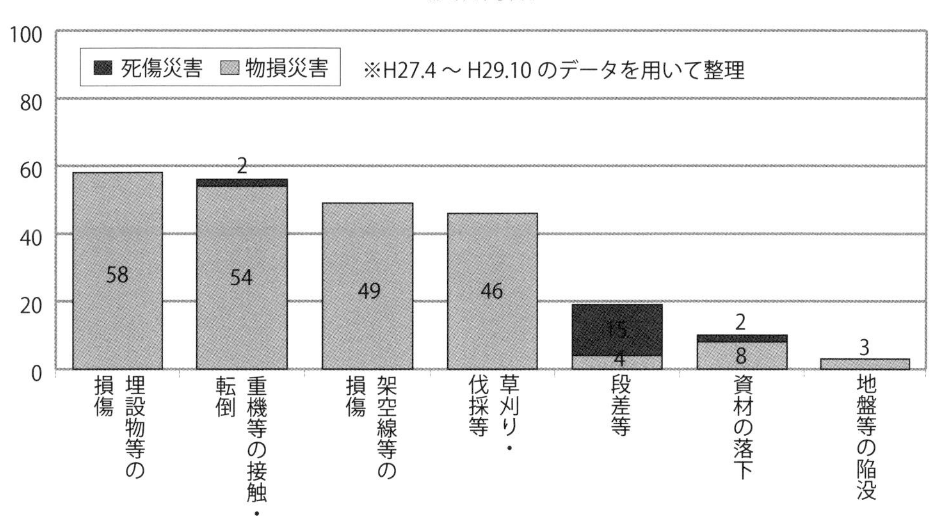

A4 イ

「建設工事公衆災害防止対策要綱」（平成５年作成、令和元年改正）によると『発注者は、工事を実施する立地条件等を把握した上で、この要綱に基づいて必要となる措置をできる限り具体的に明示し、その経費を適切に確保しなければならない。』とある。この要綱に基づいて講ずる必要な措置は、種々の制約下で安全に工事を施工するために必要不可欠なものであり、これらの経費の増加は発注者において負担されなければならない。また、施工者は発注者への工事の見積金額を提示する際には、必要となる経費を常に計上し、発注者にその必要性を十分に説明の上、理解を得ることが必要である。
※「建設工事公衆災害防止対策要綱」（土木工事編） 第１章第８、（建築工事編）第１章第８ 参照。

A5 エ

前年度における産業廃棄物発生量（特別管理産業廃棄物を除く）が 1,000 t 以上、または、前年度における特別管理産業廃棄物発生量が 50t 以上の事業者を多量排出事業者と言う。法令の内容は下記のとおりである。

廃掃法第 12 条第９項に「その事業活動に伴い多量の産業廃棄物を生ずる事業場を設置している事業者として政令で定めるもの（「多量排出事業者」という。）は…」と記載されており、“政令で定めるもの”としては廃掃法施行令第６条の３に「前年度の産業廃棄物の発生量が 1,000 t 以上」と記載されている。

また、廃掃法第12条の2第10項に「その事業活動に伴い多量の特別管理産業廃棄物を生ずる事業場を設置している事業者として政令で定めるもの（「多量排出事業者」という。）は…」と記載されており、"政令で定めるもの"としては廃掃法施行令第6条の7に「前年度の特別管理産業廃棄物の発生量が50 t以上」と記載されている。

A6　エ

典型7公害の種類別、公害苦情受付件数は下記表のようになっている。同表によれば平成20年代中盤までは大気汚染に対する苦情が圧倒的多数であったが、それ以降は騒音に対する苦情が最も多くなっている。上位3項目の合計で全体の80%以上が占められ、入れ替わりはあるものの、上位3項目の専有は40年以上続いている。平成7年頃に大気汚染に対する苦情件数が急増しているのは、阪神淡路大震災の影響と思われる。

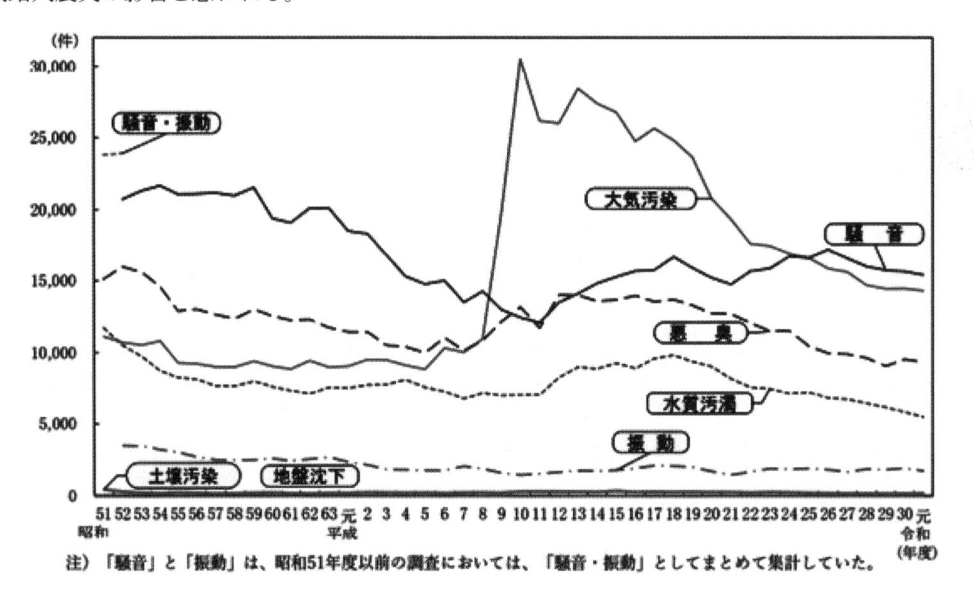

注）「騒音」と「振動」は、昭和51年度以前の調査においては、「騒音・振動」としてまとめて集計していた。

A7　イ

ア　記述のとおりである。

　施工時の公衆災害のリスクを低減するためには、計画段階において、工事範囲・期間をできるだけ小さくすることが重要である。公衆への危険性を低減するため、原則として敷地内で工事を収めるよう施工計画および工法選定を行うこととする。

イ　間違っている。

施工時の公衆への迷惑を抑止するため、原則として一般交通を制限しないことを前提として施工計画を作成しなくてはならない。

ウ　記述のとおりである。

工事に先立ち、リスクアセスメントによって公衆災害の危険性を特定し、当該リスクを低減するための措置を自主的に講じなければならない。

エ　記述のとおりである。

施工者は、上記の措置により危険性の低減が図られない場合は施工計画を作成する前に発注者と協議しなければならない。

※「建設工事公衆災害防止対策要綱」（土木工事編）　第１章第５、（建築工事編）　第１章第５　参照。

A8　ウ

ウ　周囲の状況によりやむを得ず、これらの方法によらずに飛行させようとする場合には、あらかじめ国土交通大臣の承認を受ける必要があります。

※「建設工事公衆災害防止対策要綱」（土木工事編）　第５章第37、（建築工事編）第４章第38　参照。

A9　エ

ア　ブームの位置は、最も安定した位置に固定することとなっており、立てた位置ではない。

イ　ワイヤーには適度の張りをもたせておくことが必要である。

ウ　排土板については、地面または堅固な台上に定着させておく必要がある。

エ　正しい。

※「建設工事公衆災害防止対策要綱」（土木工事編）　第５章第38、（建築工事編）第４章第39　参照。

A10　エ

エ　覆工板に、折損や著しい摩耗が生じた場合には、速やかに取り換える必要がある。このために、常に予備覆工板を用意しておかなければならない。

※「建設工事公衆災害防止対策要綱」（土木工事編）　第９章第58　参照。

A 11 ア

ア　防護棚（朝顔）の設置高さにおいて、1段目はイのとおり 10 m以下に設置することが必要である。また、２段目以上は、下の段より 10 m以下ごとに設置する必要がある。よって、２段以上設ける必要がある高さは 30 mではなく 20 mである。

※「建設工事公衆災害防止対策要綱」（建築工事編）　第１章第 23 の２　参照。

A 12 ア

ア　記述の内容は「暴風」の内容であり、「強風」の内容は「10 分間の平均風速が毎秒 10 m以上」である。

第12章　防火［解答と解説］

A1　ア

ア　そのとおり（消防法第８条、消防令第１条の２）
イ　寄宿舎の居住者50人以上の場合、選任
ウ　新築工事の場合、外壁および床または屋根を有する部分が、次の①②③に定める規模以上である建物で、電気工事等の工事中の場合、選任
　① 地階を除く階数が11以上でかつ、延べ面積が10,000 m^2以上
　② 延べ面積が50,000 m^2以上
　③ 地階の床面積の合計が5,000 m^2以上
エ　地階の床面積の合計が5,000 m^2以上の場合、選任

A2　エ

工事現場、寄宿舎の建物用途は、非特定防火対象物である。

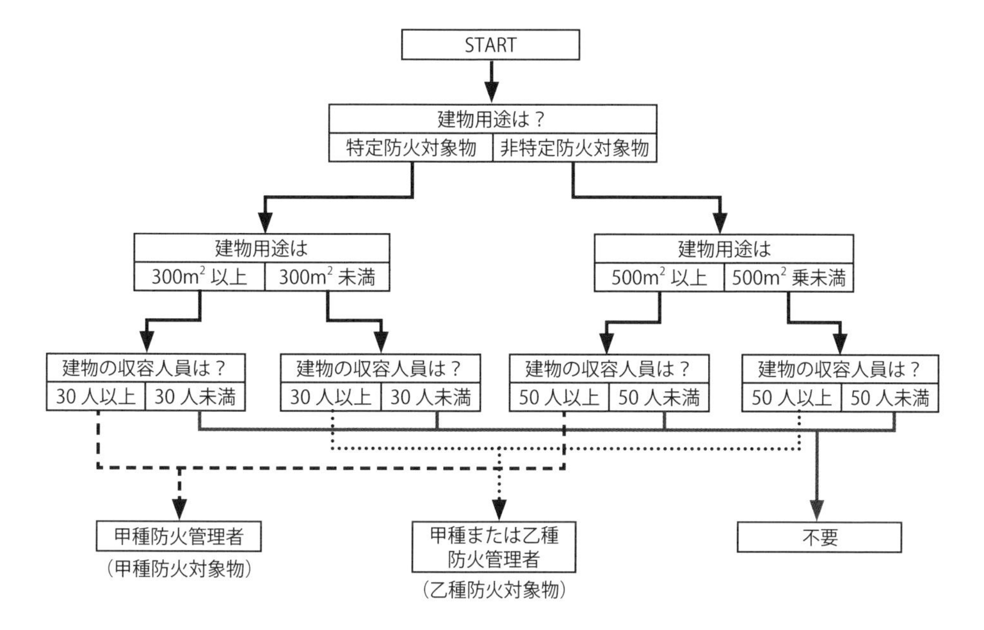

A3　ウ

ア　記述の通り
イ　記述の通り
ウ　消防則第３条第 10 項により消防令第３条の２の避難訓練を年２回以上実施しなければならない。
エ　記述の通り

A4　イ

ア　記述の通り
イ　（消防則第９条第１項第１号）
　　消火器具は、床面からの高さが 1.5 m以下の箇所に設けること。
ウ　記述の通り
エ　記述の通り

A5　イ

ア　記述の通り
イ　都道府県火災予防条例より「少量危険物貯蔵取扱所設置届出書」は指定数量の 1/5 以上指定数量未満で提出する必要がある。
ウ　記述の通り
エ　記述の通り

A6　エ

ア　ガソリンの指定数量は 200 Ｌであり、その 1/5 以上は届出が必要なので 40 Ｌは必要。

イ　軽油の指定数量は 1,000 L であり、その 1/5 以上は届出が必要なので 200 L は必要。
ウ　圧縮アセチレンガスは液化石油ガスに相当し、40kg 以上の貯蔵または取扱いの開始（廃止）する場合に届出が必要。
エ　重油の指定数量は 2,000 L であり、その 1/5 以上は届出が必要なので 400 L から必要である。よって、設問の 300 L では不要となる。

A 7　エ

ア　記述の通り
イ　記述の通り
ウ　記述の通り
エ　安衛則第 314 条により、ガス溶接作業主任者免許を有する者のうちから、ガス溶接作業主任者を選任しなければならない。

A 8　ウ

ウはそのとおり（安衛則第 262 条第 6 号）。
アイエは下記参照。

ガス溶断火花の飛散の例（水平）

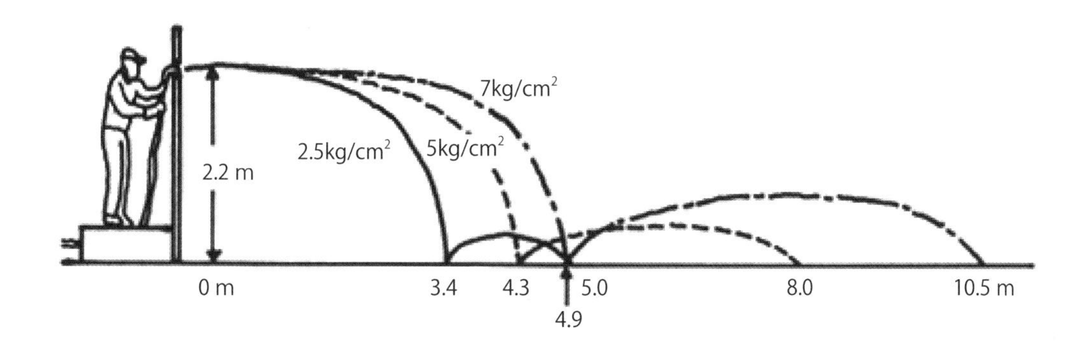

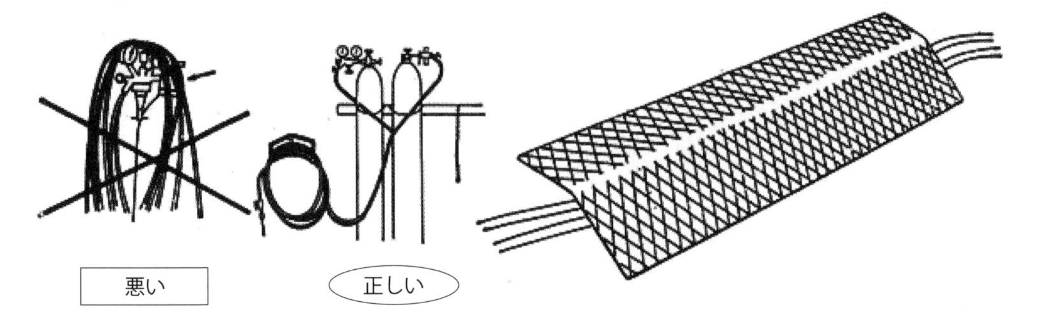
ゴムホースの取扱い例
通路上のゴムホースの保護板
悪い
正しい

第13章　健康障害防止［解答と解説］

A1	①	イ	②	オ	③	ケ	④	ソ	⑤	テ

①　第一種酸素欠乏危険作業を行う作業場については、その日の作業を開始する前に、当該作業場における空気中の酸素濃度を測定しなければならない（酸欠則第３条第１項（作業環境測定等））。
②　第二種酸素欠乏危険作業を行う作業場については、その日の作業を開始する前に、当該作業場における空気中の酸素および硫化水素の濃度を測定しなければならない（酸欠則第３条第１項（作業環境測定等））。
③　測定を行ったときは、そのつど、次の事項を記録して、これを３年間保存しなければならない（酸欠則第３条第２項（作業環境測定等））。
④　酸素欠乏危険作業に労働者を従事させる場合は、当該作業を行う場所の空気中の酸素の濃度を18％以上に保つように換気しなければならない（酸欠則第５条第１項（換気））。
⑤　酸素欠乏危険作業に労働者を従事させるときは、労働者を当該作業を行なう場所に入場させ、および退場させる時に、人員を点検しなければならない（酸欠則第８条（人員の点検））。

A2	①	ウ	②	カ	③	コ

①　建設工事計画届（石綿則）および特定粉じん排出等作業実施届出書（大気汚染防止法）は施工14日前迄に提出しなければならない（石綿則第５条（作業の届出）、大気汚染防止法第18条の17（特定粉じん排出等作業の実施の届出））。
②　石綿事前調査の電子報告は、請負金額100万以上（税込み）の改修工事は報告が必要である（石綿則第４条の２（事前調査の結果等の報告））。
③　石綿事前調査に関して、2006年９月１日以降に着工した建物であれば、設計図書等の文書で着工日等を確認すればよい（石綿則第３条第３項（事前調査および分析調査））。

A3	エ

脳梗塞が疑われる場合を示します。脳梗塞は症状として、熱中症の症状に加えて、顔や腕に「麻痺」がでます。

口や眉毛など片方だけ歪み、片腕だけ力が入らなかったり、水を口に含んでも上手く飲み込めずこぼしてしまう。夏季は脳梗塞にも注意が必要です。

・熱中症の症状は下記（建災防リーフレットより参照）

事業主さん、働く皆さん
「職場における熱中症予防対策」をご存じですか？

熱中症とは、高温多湿な環境下において、体内の水分及び塩分（ナトリウムなど）のバランスが崩れたり、体内の調整機能が破綻するなどして発症する障害の総称で、次のような症状が現れます。

めまい・失神　**筋肉痛・筋肉の硬直**　**大量発汗**
頭痛・気分の不快・吐き気・嘔吐・倦怠感・虚脱感
意識障害・痙攣・手足の運動障害　**高体温**

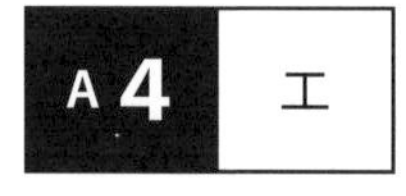

屋外や輻射熱がある場所でのWBGT指数の計測には黒球付きが望ましいです。

黒球がないなど日本産業規格に適合しない測定器では、屋外や輻射熱がある屋内の作業場所で、WBGT値が正常に測定されない場合があります。

（厚生労働省令和4年「ストップ熱中症　クールワークキャンペーン」より）

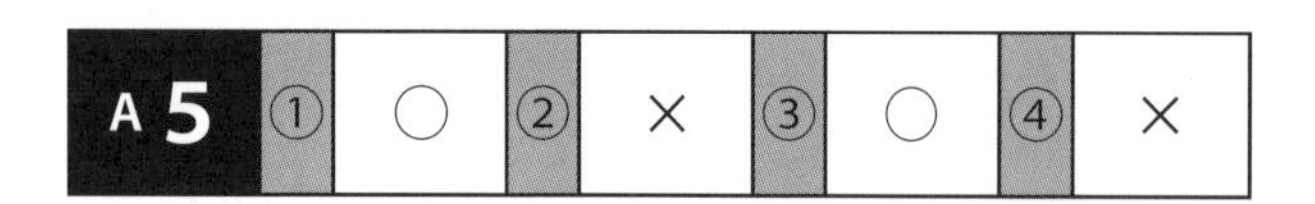

①　水を飲み過ぎると、体液中のナトリウム濃度を下げまいとして尿量が増え、800mlの水を一気に飲んだとしても2～3時間経つとすべて尿で出るといわれています。スポーツドリンクなどで塩分をとるようにしましょう。

②　熱中症により亡くなった人の約半数が屋内であったというデータがあります。エアコン等冷房器具類をうまく活用しましょう。

③　体調不良のときは、水分や体温の調整がうまくいかずに熱中症なりやすくなります。

④　気温や湿度の高い中、屋内といえども長時間の運動は厳禁です。こまめに休憩をとって水分補給をすることが大切です。（協会けんぽ広報誌より）

A6 ウ

水分補給にあまり適さない飲み物は、アイスコーヒーです。コーヒーや紅茶、お酒には利尿作用があるため、飲んだ直後は喉が潤ったとしても、飲み過ぎることで逆に脱水症状を起こしやすくなります。熱中症予防のための水分補給として、おすすめな飲み物は麦茶や水、スポーツドリンクなどです。また、適度の塩分補給です。

A7 エ

中腰作業はなくすため、適切な作業台を利用すること。
（下記中災防リーフレットより参照）

作業姿勢、動作

- 前屈、中腰、ひねり、後屈ねん転等の不自然な姿勢はとらないようにすること。
- 重量物を持ち上げたり押したりする動作では、身体を対象物に近づけ、重心を低くする姿勢をとること。
- 床面から荷物を持ち上げる場合には、片足を少し前に出し、膝を曲げ腰を十分に降ろして荷物をかかえ、膝を伸ばすことで立ち上がること。
- 荷物を持ち上げるときは呼吸を整え、腹圧を加えて行うこと。
- はい付け・はいくずし作業では、はいを肩より上で取り扱わないこと。
- 中腰作業をなくすため、適切な高さの作業台を利用すること。

物の持ち上げ方
重いものを持ち運ぶとき、ムリな姿勢で運ぶと、腰、腕などを痛めてしまう。特に
・腕だけの力で重いものを持つ
・腰だけの力で重いものを持つ
この持ち方では、関節にムリがくるため、重いものは、身体の重心に乗せることと、物を体に近づけて背骨をまっすぐに立てたまま脚の屈伸で持ち上げることがコツとなる。

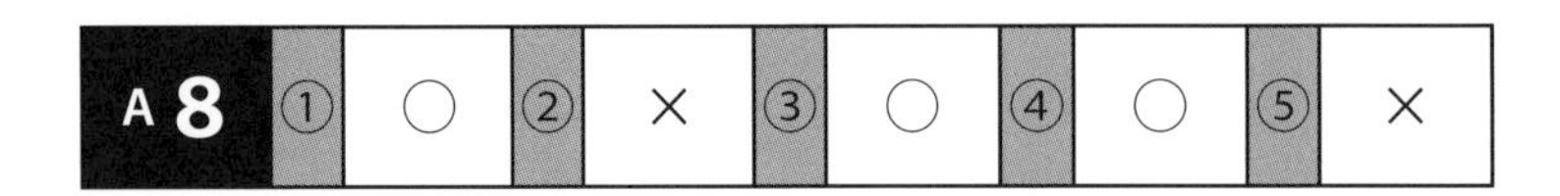

② 「体重の概ね 60%以下」ではなく「体重の概ね 40%以下」です。
⑤ 「満 20 歳以上の女性」ではなく「満 18 歳以上の女性」です。

人力による重量物の取扱い

- 人力による重量物取扱い作業が残る場合には、作業速度、取り扱い重量の調整等により腰部に負担がかからないようにすること。
- 満 18 歳以上の男子労働者が人力のみにより取扱う物の重量は、体重の概ね 40%以下、女性は男性の 60%くらいまでとなるよう努めること。
- 適切な姿勢にて、身長差の少ない２人以上で作業させようと努めること。また、そのうち１人を指揮者とし、その者の合図・掛け声で調子を合わせること。

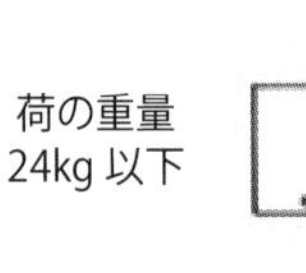

取り扱う重量の上限（例）
〈体重 60kg の男性の場合〉
60kg × 0.4 ＝ 24kg
〈体重 60kg の女性の場合〉
60kg × 0.4 × 0.6 ＝ 14.4kg

一般に女性の持上げ能力は、男性の 60%位である。また、女性労働基準規則では、満 18 歳以上の断続作業 30kg、継続作業 20kg 以上の重量物を取扱うことが禁止されている。

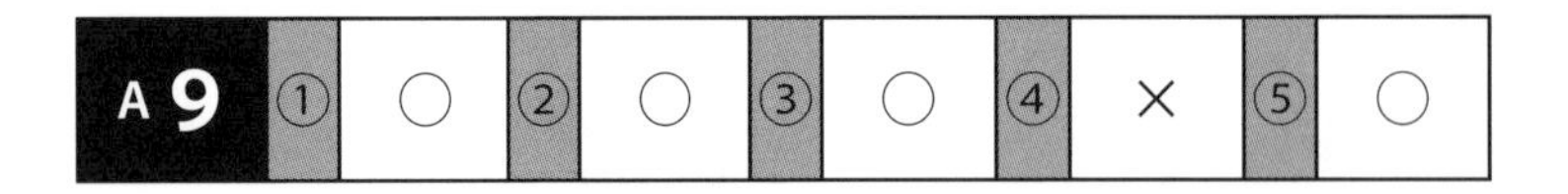

《根拠》 チェーンソー以外の振動工具の取扱い業務に係る振動障害予防対策指針（抄）
基発 0710 第２号平成 21 年７月 10 日

1　対象業務の範囲
この指針は、次の業務を対象とするものであること。
(1) さく岩機、チッピングハンマー、リベッテングハンマー、コーキングハンマー、ハンドハンマー、ベビーハンマー、コンクリートブレーカ、スケーリングハンマー、サンドランマー等のピストンによる打撃機構を有する工具を取り扱う業務
(2) エンジンカッター等の内燃機関を内蔵する工具で、可搬式のもの（チェーンソーを除く）を取り扱う業務

3　振動作業の作業時間の管理

1の(1)から(6)までに掲げる業務(以下「振動業務」という)の作業時間については、次によること。
(1) 1の(1)に掲げる業務のうち、金属または岩石のはつり、かしめ、切断、鋲(びょう)打および削孔の業務については、【イは省略】
ロ　1日における振動業務の作業時間(休止時間を除く。以下同じ)は、2時間以内とすること。
ハ　振動業務の一連続作業時間は、おおむね10分以内とし、一連続作業の後5分以上の休止時間を設けること。
(2)　前記(1)以外の業務について【イは省略】
ロ　1日における振動業務の作業時間は、内燃機関を内蔵する可搬式の工具にあっては1日2時間以内とし、その他の工具にあってはできるだけ短時間とすること。
ハ　振動作業の一連続作業時間は、おおむね30分以内とし、一連続作業の後5分以上の休止時間を設けること。

A 10　ア

《根拠》　チェーンソー以外の振動工具の取扱い業務に係る振動障害予防対策指針(抄)
基発0710第2号平成21年7月10日

9　保護具の支給および使用
(1) 防振保護具について
軟質の厚い防振手袋等を支給し、作業者にこれを使用させること。
(2) 防音保護具について
90dB(A))以上の騒音を伴う作業の場合には、作業者に耳または耳覆いを支給し、これを使用させること。

騒音レベル［dB］		音の大きさのめやす	
極めてうるさい	140	ジェットエンジンの近く	聴覚機能に異常をきたす
	130	**肉体的な苦痛を感じる限界**	
	120	飛行機のプロペラエンジンの直前・近くの雷鳴	
	110	ヘリコプターの近く・自動車のクラクションの直前	
	100	電車が通る時のガード下・自動車のクラクション	
	90	大声・犬の鳴き声・大声による独唱・騒々しい工場内	極めてうるさい
	80	地下鉄の車内(窓を開けたとき)・ピアノの音・**聴力障害の限界**	
うるさい	70	掃除機・騒々しい街頭・キータイプの音	うるさい
	60	普通の会話・チャイム・時速40kmで走る自動車の内部	
普通	50	エアコンの室外機・静かな事務所	日常生活で望ましい範囲
	40	静かな住宅地・深夜の市内・図書館	
静か	30	ささやき声・深夜の郊外	静か
	20	ささやき声・木の葉のふれあう音	

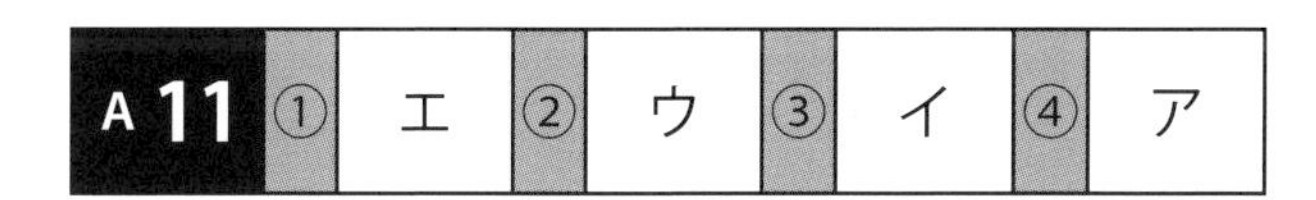
A 11　① エ　② ウ　③ イ　④ ア

厚生労働省では、粉じん防止対策をより一層推進するため「第９次粉じん障害防止総合対策（平成30年度～平成34年度）」を策定しています。

第９次粉じん障害防止総合対策の重点事項
1．屋外における岩石・鉱物の研磨作業またはばり取り作業および屋外における鉱物等の破砕作業に係る粉じん障害防止対策
2．ずい道等建設工事における粉じん障害防止対策
3．呼吸用保護具の使用の徹底および適正な使用の推進
4．じん肺健康診断の着実な実施
5．離職後の健康管理の推進
6．その他地域の実情に即した事項 ・アーク溶接作業や岩石等の裁断等の作業 ・金属等の研磨作業　など

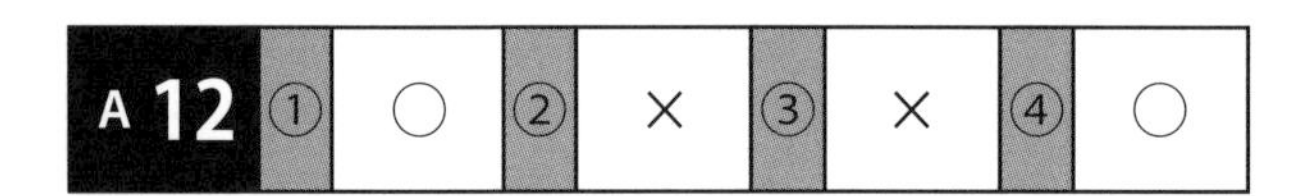

A 12	①	○	②	×	③	×	④	○

①　安衛則第36条第1項第36号により正しい。

②　安衛則第592条の3　当該作業に係る設備の内部に付着したダイオキシン類を含む物を除去した後に作業を行わなければならない。

③　安衛則第592条の4　当該作業を行う作業場におけるダイオキシン類を含む物の発散源を湿潤な状態のものとしなければならない。

④　安衛則第592条の5　ダイオキシン類の濃度及び含有率の測定の結果に応じて、当該作業に従事する労働者に保護衣、保護眼鏡、呼吸用保護具等適切な保護具を使用させなければならない。ただし、ダイオキシン類を含む物の発散源を密閉する設備の設置等当該作業に係るダイオキシン類を含む物の発散を防止するために有効な措置を講じたときは、この限りでない。

A 13	①	エ	②	ウ	③	イ	④	ア

有機則第19条の2により、有機溶剤作業主任者の職務は以下の通りである。

一　作業に従事する労働者が有機溶剤により汚染され、又はこれを吸入しないように、作業の方法を決定し、労働者を指揮すること。

二　局所排気装置、プッシュプル型換気装置又は全体換気装置を1月を超えない期間ごとに点検すること。

三　保護具の使用状況を監視すること。

四　タンクの内部において有機溶剤業務に労働者が従事するときは、第26条各号（第2号、第4号及び第7号を除く）に定める措置が講じられていることを確認すること。

2022年5月31日よりSDS等による通知方法が柔軟化され、文書による交付だけでなく、記録媒体での交付、FAX、電子メール、ホームページのアドレス・二次元コード等の伝達による通知が可能となりました（厚生労働省HP「労働安全衛生規則等の一部を改正する省令（令和4年厚生労働省令第91号（令和4年5月31日交付））等の内容」参照）。今後も改正省令に伴う改正項目が順次施行されます。

2023年4月施行

・リスクアセスメント対象物質にばく露される濃度の低減措置

2024年4月施行

・化学物質管理者の選任・保護具着用管理責任者の選任

・雇入れ時等における化学物質等に係る教育の拡充

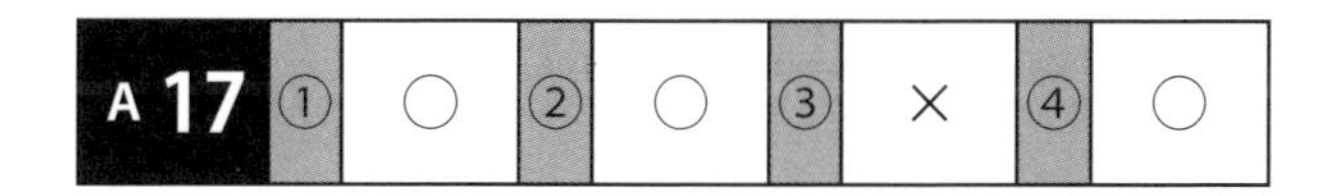

第13章　健康障害防止　解答と解説

①　（有機則第 29 条第３項）

…有機溶剤等に係るものに常時従事する労働者に対し、雇入れの際、当該業務への配置替えの際及びその後６月以内ごとに１回、定期に…医師による健康診断を行わなければならない。

②　（特化則第 39 条第１項）

事業者は、令第 22 条第１項第３号の業務に常時従事する労働者に対し、…雇入れ又は当該業務への配置替えの際及びその後同表の中欄に掲げる期間以内ごとに１回、定期に、同表の下欄に掲げる項目について医師による健康診断を行わなければならない。

（特化則第 39 条第２項）

事業者は、令第 22 条第２項の業務に常時従事させたことのある労働者で、現に使用しているものに対し、…労働者が常時従事した同項の業務の区分に応じ、同表の中欄に掲げる期間以内ごとに１回、定期に、…医師による健康診断を行わなければならない。

（特化則第 39 条第３項）

事業者は、前２項の健康診断の結果、他覚症状が認められる者、自覚症状を訴える者その他異常の疑いがある者で、医師が必要と認めるものについては、…医師による健康診断を行わなければならない。

③　（じん肺法第８条）

事業者は、次の各号に掲げる労働者に対して、それぞれ当該各号に掲げる期間以内ごとに１回、定期的に、じん肺健康診断を行わなければならない。

一　常時粉じん作業に従事する労働者（次号に掲げる者を除く）　３年

二　常時粉じん作業に従事する労働者でじん肺管理区分が管理２又は管理３であるもの　１年

三　常時粉じん作業に従事させたことのある労働者で、現に粉じん作業以外の作業に常時従事しているもののうち、じん肺管理区分が管理２である労働者（厚生労働省令で定める労働者を除く）　３年

四　常時粉じん作業に従事させたことのある労働者で、現に粉じん作業以外の作業に常時従事しているもののうち、じん肺管理区分が管理３である労働者（厚生労働省令で定める労働者を除く）　１年

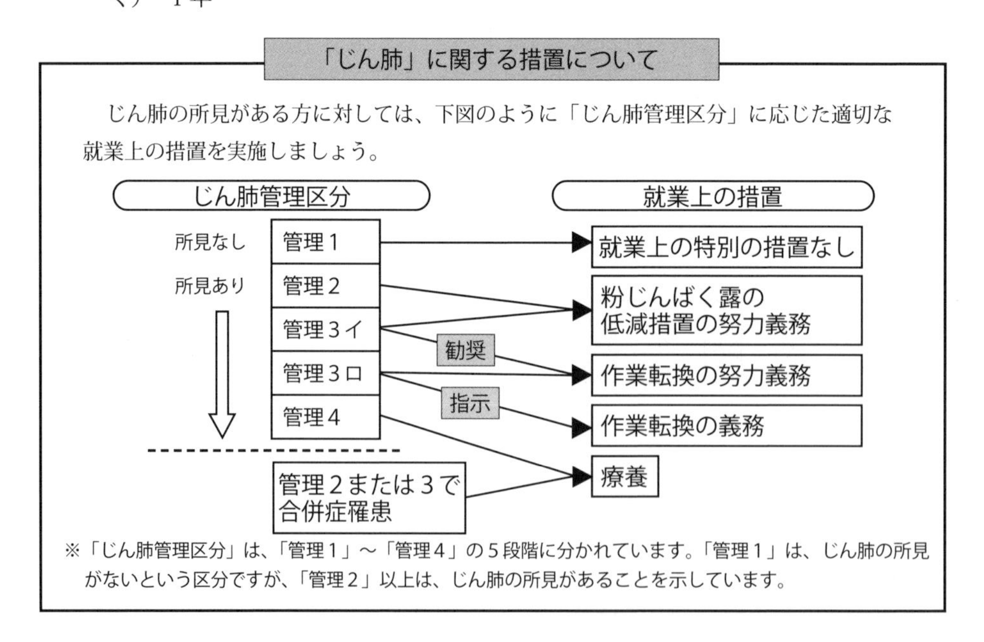

④　（石綿則第 40 条）

下記の労働者はじん肺法の、じん肺健康診断管理区分から、その措置方法が定められています。
（第９次粉じん障害防止パンフレット参照）

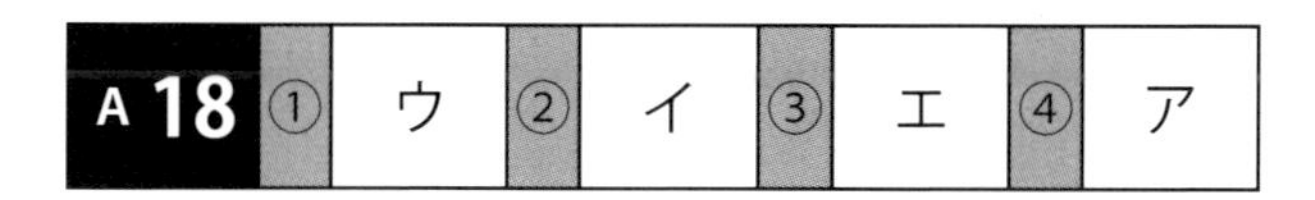

厚生労働省：職場の安全サイト「メンタルヘルス対策の実施方法」より抜粋

メンタルヘルス対策については、労働安全衛生法第 70 条の２に基づき、事業場において事業者が講ずるように努めるべき労働者の心の健康の保持増進のための措置が適切かつ有効に実施されるよう「労働者の心の健康の保持増進のための指針」が厚生労働大臣によって定められています。この指針の特徴としては、事業場においては、セルフケア（労働者自らのケア、事業者はこれを支援する）、ラインによるケア（管理監督者によるケアで、部下の健康管理や職場環境等の改善など）、産業保健スタッフ等によるケア（産業医や人事労務管理担当者などによるケア）、事業場外資源によるケア（中央労働災害防止協会健康確保推進部や産業保健総合支援センターなどの公的な機関の行う研修やコンサルティング事業などの活用や、精神科医やいわゆるＥＡＰを活用した専門的なケアなど）の４つのメンタルヘルスケアが継続的かつ計画的に行われるよう、教育研修・情報提供を行うとともに、４つのケアを効果的に推進し、職場環境等の改善、メンタルヘルス不調への対応、職場復帰のための支援等が円滑に行われるようにする必要があります。

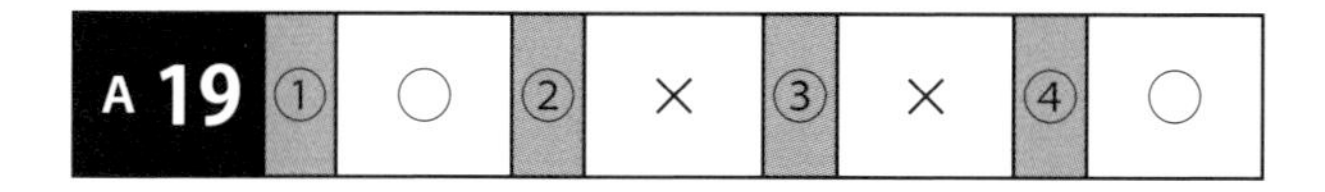

令和３年 12 月１日に「事務所衛生基準規則および労働安全衛生規則の一部改正する省令（令和３年厚生労働省令第 188 号）が公布され、照度基準が見直されました（令和４年４月１日施行）。

② 一般的な事務作業には 300 ルクス以上必要である（精密な作業の区分は無くなりました）。

③ 付随的な事務作業（資料の袋詰め等、事務作業の内、文字を読み込んだり資料を細かく識別したりする必要のないもの）は 150 ルクス以上でよい（粗な作業、普通の作業区分は無くなりました）。

改正前

作業の区分	基準
精緻な作業	300 ルクス以上
普通の作業	150 ルクス以上
粗な作業	70 ルクス以上

改正後

作業の区分	基準
一般的な事務作業	300 ルクス以上
付随的な事務作業※	150 ルクス以上

※資料の袋詰め等、事務作業のうち、文字を読み込んだり資料を細かく識別したりする必要のないものが該当します。

A 20　イ

エイジフレンドリーガイドラインのポイントとして、事業者に求められる具体的な取り組みは以下の通りです。

(1) 安全衛生管理体制の確立（経営トップ自らが安全衛生方針を表明し、担当する組織や担当者を指定するとともに、高年齢労働者の身体機能の低下等による労働災害についてリスクアセスメントを実施）

(2) 職場環境の改善（照度の確保、段差の解消、補助機器の導入等、身体機能の低下を補う設備・装置の導入などのハード面の対策とともに、勤務形態等の工夫、ゆとりのある作業スピード等、高年齢労働者の特性を考慮した作業管理などのソフト面の対策も実施）

(3) 高年齢労働者の健康や体力の状況の把握（健康診断や体力チェックにより、事業者、高年齢労働者双方が当該高年齢労働者の健康や体力の状況を客観的に把握）

(4) 高年齢労働者の健康や体力の状況に応じた対応（健康診断や体力チェックにより把握した個々の高年齢労働者の健康や体力の状況に応じて、安全と健康の点で適合する業務をマッチングするとともに、集団及び個々の高年齢労働者を対象に身体機能の維持向上に取り組む）

(5) 安全衛生教育（十分な時間をかけ、写真や図、映像等文字以外の情報も活用した教育を実施するとともに、再雇用や再就職等で経験のない業種や業務に従事する高年齢労働者には、特に丁寧な教育訓練を実施）

A 21　ア

ア 「整理」は、必要なものと不必要なものを区分し、<u>区分後、不要、不急なものを取り除くことまで行うこと</u>をいいます。

イ 「整頓」は、必要なものを、決まられた場所に、決められた量だけいつでも使える状態に容易に取り出せるようにしてくことです。

ウ 「清潔」は、職場や機械、用具などのゴミや汚れをきれいに取って清掃した状態を続ける事と、作業者自身も身体、服装、身の回りを汚れの無い状態にしておくことです。

エ 「清掃」は、ゴミ、ほこり、くずなどを取り除き、油や溶剤など隅々まできれいに清掃し、仕事をやりやすく、問題点がわかるようにすることです。

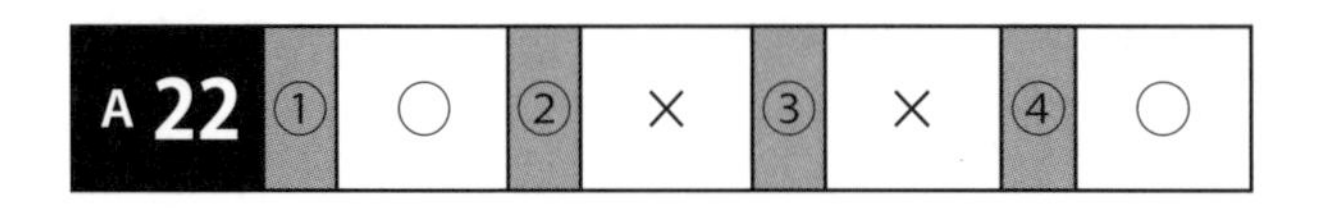

A 22	①	○	②	×	③	×	④	○

① 記述の通り。年少則第７条に規定されている。

② 年少則第８条第１項第 23 号により、「深さ２m以上」ではなく「深さ５m以上」の地穴で作業をさせてはならない。

③ 年少則第８条第１項第 24 号により、「高さ２m以上」ではなく「高さ５m以上」で墜落転落の危害を受ける恐れのある場所で作業をさせてはならない。

④ 記述の通り。年少則第８条第１項第 25 号に規定されている。

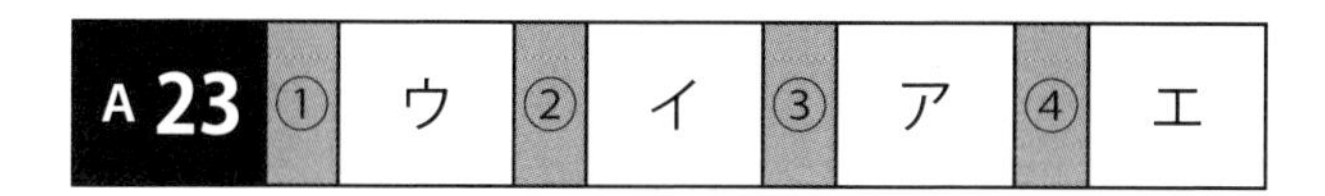

厚生労働省：「騒音障害防止のためのガイドライン」別紙１における『3．評価結果に基づく措置』より以下のように定められている。

(1) 第Ⅰ管理区分の場合

当該場所における作業環境の継続的維持に努めること。

(2) 第Ⅱ管理区分の場合

ア 標識によって、当該場所が第Ⅱ管理区分であることを明示する等の措置を講ずること。

イ 施設、設備、作業工程又は作業方法の点検を行い、その結果に基づき、施設又は設備の設置又は整備、作業工程又は作業方法の改善その他の作業環境を改善するため必要な措置を講じ、管理区分が第Ⅰ管理区分となるよう努めること。

ウ 騒音作業に従事する労働者に対し、必要に応じ、聴覚保護具を使用させること。

(3) 第Ⅲ管理区分の場合

ア 標識によって、当該場所が第Ⅲ管理区分であることを明示する等の措置を講ずること。

イ 施設、設備、作業工程又は作業方法の点検を行い、その結果に基づき、施設又は設備の設置又は整備、作業工程又は作業方法の改善その他の作業環境を改善するため必要な措置を講じ、管理区分が第Ⅰ管理区分又は第Ⅱ管理区分となるよう努めること。なお、作業環境を改善するための措置を講じたときは、その効果を確認するため、当該場所について、当該措置を講ずる直前に行った作業環境測定と同様の方法で作業環境測定を行い、その結果の評価を行うこと。

ウ 騒音作業に従事する労働者に聴覚保護具を使用させた上で、その使用状況を管理者に確認させるとともに、聴覚保護具の使用について、作業中の労働者が容易に知ることができるよう、見やすい場所に掲示すること。

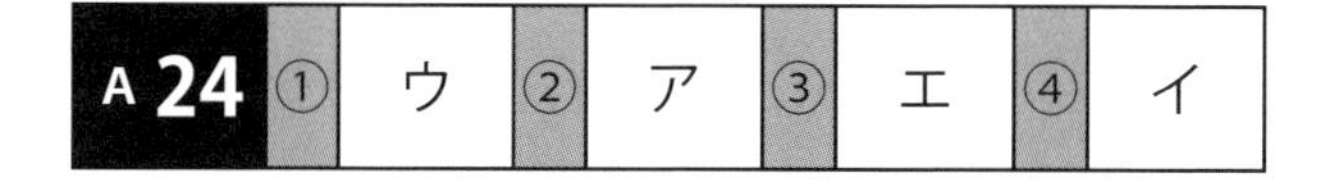

厚生労働省ホームページでは、生活習慣病に関する知見をわかりやすく説明し、生活習慣の改善のための具体的な方法を紹介しています。生活習慣病を正しく理解し、みなさまの健康のお役に立ててください。

https://www.mhlw.go.jp/stf/seisakunitsuite/bunya/kenkou_iryou/kenkou/seikatsu/seikatusyuukan.html

第14章　職長・安全衛生責任者［解答と解説］

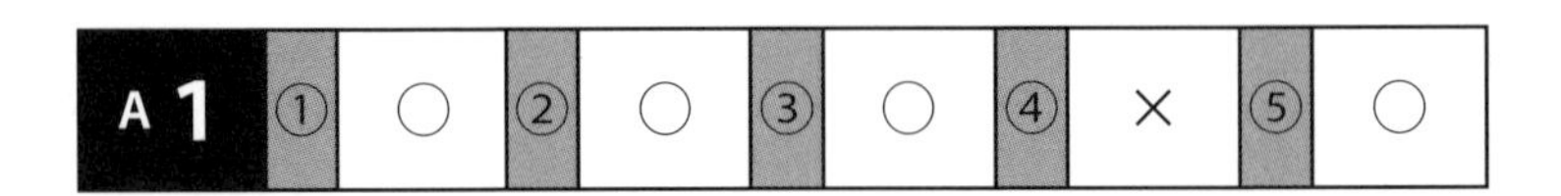

A1	①	○	②	○	③	○	④	×	⑤	○

安全衛生責任者の職務は、法令（安衛則第19条）により規定されたもので主に統括安全衛生瀬責任者との連絡等、建設現場における安全衛生管理が職務となる。一方、職長の職務は、作業方法の決定など教育事項から派生した事柄となっている。

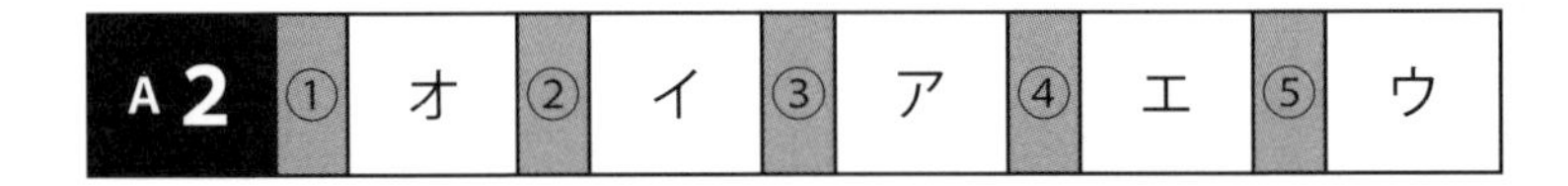

A2	①	オ	②	イ	③	ア	④	エ	⑤	ウ

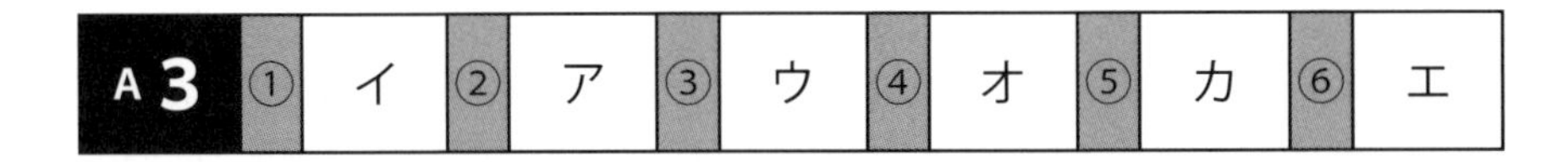

A3	①	イ	②	ア	③	ウ	④	オ	⑤	カ	⑥	エ

作業手順書の基本は、現場に合致したものでなければならない。また、作成にあたっては現場作業員の意見を取り入れ、職長中心に全員の参加で行うことが望ましい。

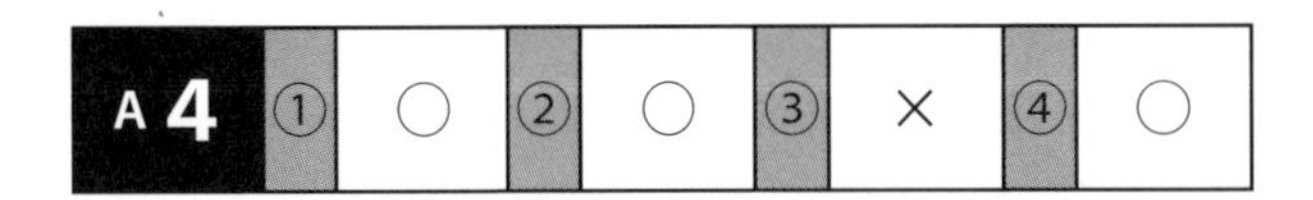

A4	①	○	②	○	③	×	④	○

作業手順書の内容は、日々の作業の中で適正であるかを確認・評価することが大切。作業がやりにくい等確認できたら、関係者により作業手順の問題点をチェックし、発見したら改善していく。

A5	①	エ	②	オ	③	イ	④	ア	⑤	ウ

A6	①	ア	②	オ	③	カ	④	ウ	⑤	イ	⑥	エ

水分補給にあまり適さない飲み物は、アイスコーヒーです。コーヒーや紅茶、お酒には利尿作用があるため、飲んだ直後は喉が潤ったとしても、飲み過ぎることで逆に脱水症状を起こしやすくなります。熱中症予防のための水分補給として、おすすめな飲み物は麦茶や水、スポーツドリンクなどです。また、適度の塩分補給です。

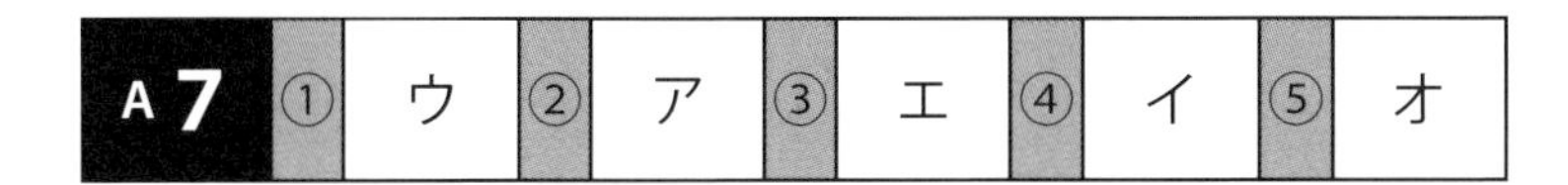

A7	①	ウ	②	ア	③	エ	④	イ	⑤	オ

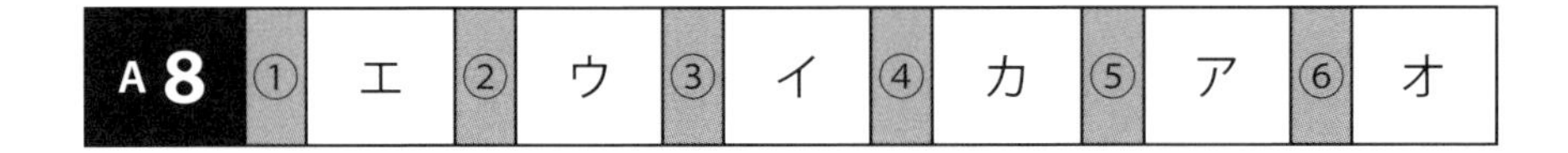

A8	①	エ	②	ウ	③	イ	④	カ	⑤	ア	⑥	オ

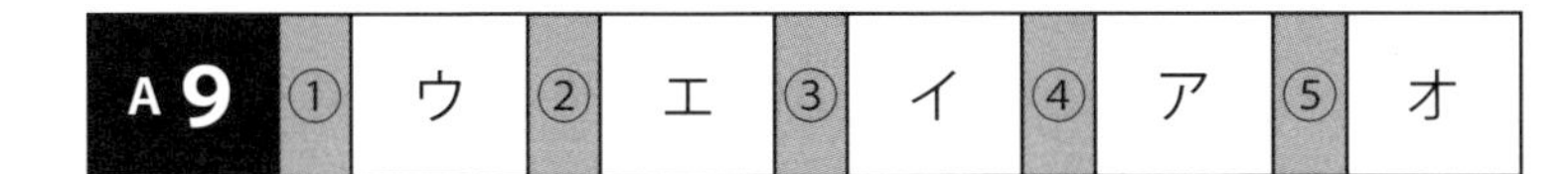

A9	①	ウ	②	エ	③	イ	④	ア	⑤	オ

A 10	①	カ	②	オ	③	ウ	④	イ	⑤	エ	⑥	ア	⑦	キ	⑧	ク

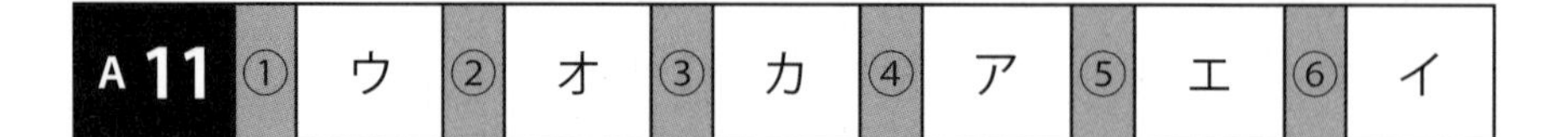

A 11	①	ウ	②	オ	③	カ	④	ア	⑤	エ	⑥	イ

A 12	①	オ	②	イ	③	カ	④	ア	⑤	ウ	⑥	エ

A 13	①	エ	②	イ	③	オ	④	ウ	⑤	ア	⑥	カ

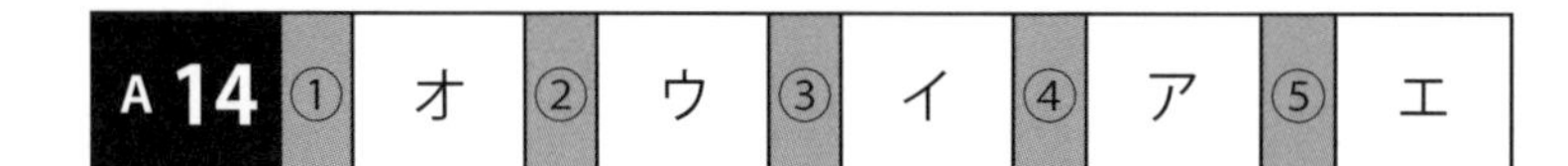

A 14	①	オ	②	ウ	③	イ	④	ア	⑤	エ

A 15	①	ウ	②	エ	③	オ	④	ア	⑤	イ

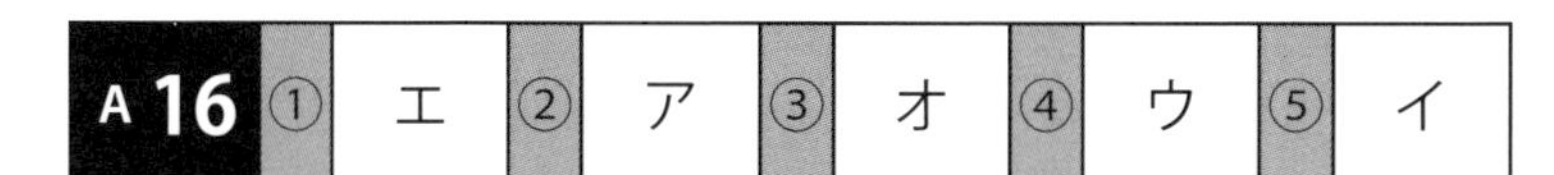

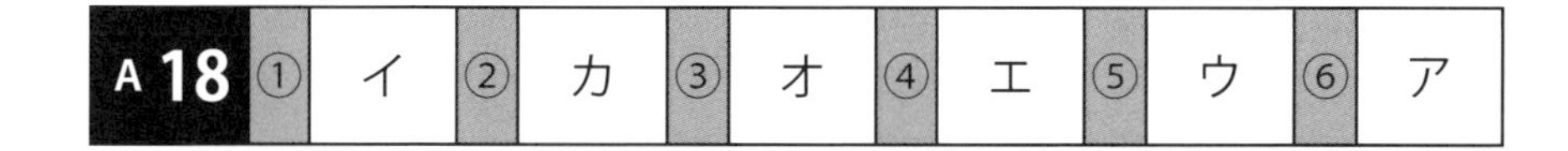

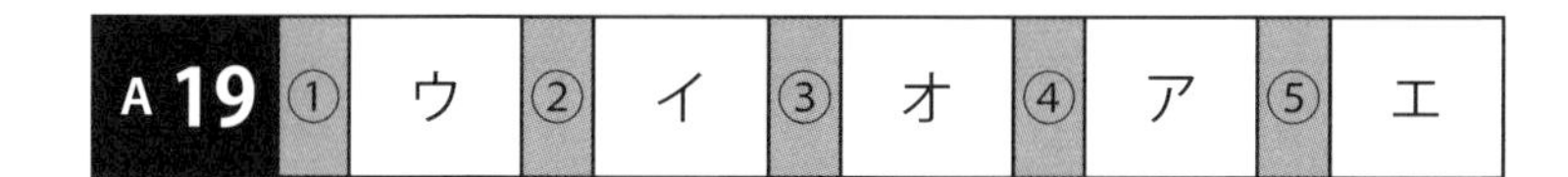

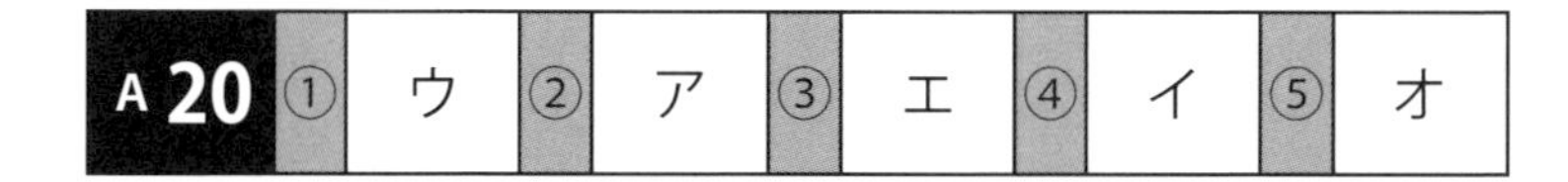

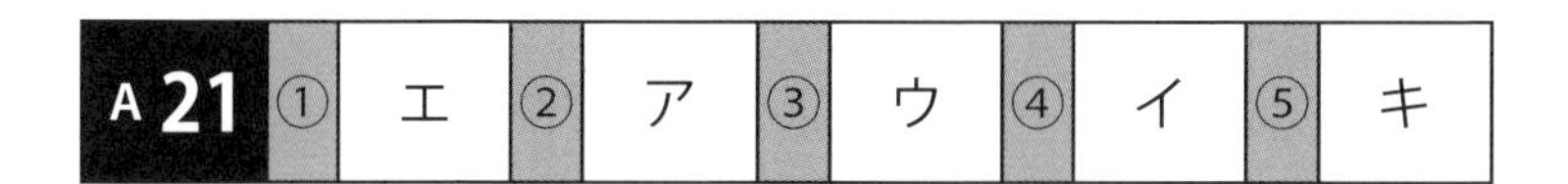

（参考）建設業のみ「安全衛生責任者教育」として、以下の教育を受けなければならない。平成 12 年 3 月 28 日基発第 179 号「建設業における安全衛生責任者に対する安全衛生教育の推進について」

・安全、衛生で、技術革新等に変化していくと思われること

・最近の災害事例と対策
・安全衛生責任者の職務
・統括安全衛生管理の進め方
＜補足＞
　リスクアセスメントの具体的実施方法については、「危険性又は有害性等の調査等に関する指針」が示されている（平成 18 年 3 月 10 日　指針公示第 1 号）。平成 18 年以前に職長教育を受けた者は、それ以降にリスクアセスメントについての追加教育を受けていないと教育事項を満たしていないことになる。
＜関係法令等＞
・職長教育　（安衛法第 60 条、安衛令第 19 条、安衛則第 40 条）
・安全衛生責任者　（安衛法第 16 条、安衛則第 19 条）

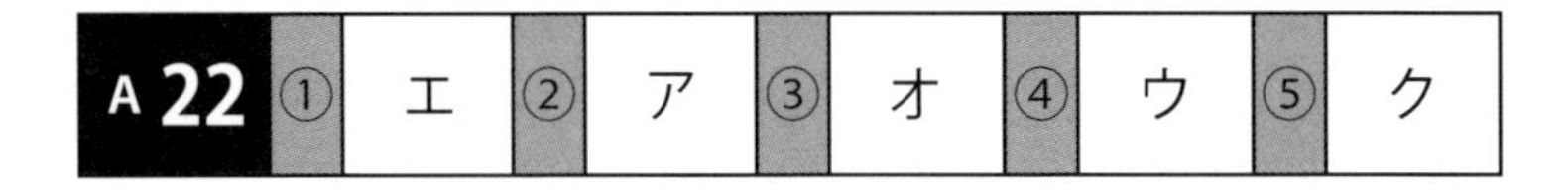

A22	①	②	③	④	⑤
	エ	ア	オ	ウ	ク

A23	①	②	③	④	⑤	⑥
	カ	ア	イ	オ	ク	ウ

※第 14 章については「クイズで学ぶ安全の基礎知識」内海政美　著（2009 年 8 月）労働新聞社発行　から設問・回答を抜粋している部分があります。

建設現場の安全クイズ

2023年10月24日　初版

編　　者　建設労務安全研究会
発 行 所　株式会社労働新聞社
〒173-0022　東京都板橋区仲町29-9
TEL：03-5926-6888（出版）　03-3956-3151（代表）
FAX：03-5926-3180（出版）　03-3956-1611（代表）
https://www.rodo.co.jp　　pub@rodo.co.jp
表　　紙　尾﨑　篤史
印　　刷　株式会社ビーワイエス

ISBN 978-4-89761-951-4